TABLES DE L'ALIMENTATION DES BOVINS OVINS & CAPRINS

INSTITUT NATIONAL DE LA RECHERCHE AGRONOMIQUE
147, rue de l'Université, 75007 PARIS

ISBN : 2-7380-0072-X

Présentation

L'Institut National de la Recherche Agronomique (INRA) a récemment révisé et complété ses Tables des Apports alimentaires recommandés et des Aliments pour les ruminants. Cela, dans un livre publié en mars 1988, l'Alimentation des Bovins, Ovins et Caprins, dont on trouvera le sommaire et les auteurs au verso. Les tables y sont précédées d'un précis de la nutrition (chapitres 1 à 7) et insérées dans des textes sur l'alimentation des différentes catégories de ruminants.

Même s'il a été conçu à l'intention d'un large public, du niveau BTA-BTS, ce livre ne peut guère sortir du bureau en raison de son volume (470 pages) et de son format. Voici donc l'aide mémoire de poche qui doit le prolonger sur le terrain. Il contient les Tables in extenso, et tous les tableaux nécessaires au calcul des rations, accompagnés d'un bref commentaire. Les définitions des principaux termes utilisés, notamment des unités pour l'énergie (UF), l'azote (PDI) et l'ingestion (UE) sont rappelées dans l'annexe 9-6, à la fin de cette brochure.

Les chercheurs de Theix-Clermont-Ferrand et de Saint-Gilles-Rennes ont simultanément préparé un logiciel de référence, INRAtions, pour le calcul automatique des rations sur micro-ordinateurs.

SOMMAIRE DE L'OUVRAGE SUR L'ALIMENTATION DES BOVINS, OVINS ET CAPRINS

Ce livre est en vente au Service des Publications de l'INRA, Route de Saint Cyr, 78026 Versailles Cedex.

Sommaire

1. Alimentation des vaches laitières

Vaches en pleine lactation

Calcul des besoins et des apports

Le tableau 1.1 donne les besoins alimentaires totaux (entretien + production) en énergie (UFL), azote (PDI) et minéraux (Ca, P) des vaches laitières adultes de 600 kg selon leur niveau de production, sur la base d'un besoin de production de 0,44 UFL, 48 g PDI, 3,5 g Ca et 1,7 g P par kg de lait à 4 p. 100. Il faut y ajouter un besoin par kg de gain de 4,5 UFL pour la reconstitution des réserves et de 3,5 UFL pour les primipares devant assurer une croissance de 30 kg (vêlage à « 3 ans ») ou 60 kg (vêlage à « 2 ans ») au cours de leur lactation.

La capacité d'ingestion, exprimée en matière sèche (kg MS) et en Unité d'encombrement pour la vache laitière (UEL), est celle des vaches en pleine lactation (à partir du 3e mois) recevant les fourrages à volonté. Entre vaches, au même stade de lactation, les quantités de MS totales ingérées s'accroissent d'environ 330 g par kg de lait à 4 p. 100, dont 250 g apportés par les aliments concentrés.

La quantité de fourrage ingérée et la production laitière permise par l'énergie qu'elle apporte (kg MS × UFL/kg MS) sont présentées dans les tableaux 1.2 et 1.3. Ce sont des valeurs moyennes pour des vaches adultes de 600 kg en pleine lactation produisant 25 kg de lait et alimentées selon leur besoins.

La quantité d'UFL réellement amenée par la ration totale n'est pas égale à la somme des quantités apportées par les différents fourrages et aliments concentrés distribués (kg MS × valeur UFL/kg MS de chaque aliment). Elle est généralement inférieure en raison de la diminution de la digestibilité de la ration entraînée par les accroissements de la proportion d'aliment concentré et du niveau d'alimentation (apports UFL/besoins d'entretien UFL). Cette diminution est donc d'autant plus importante que la ration de base est de moins bonne qualité et que la quantité de lait produite est élevée ; elle peut atteindre jusqu'à 2 UFL/jour. Il est nécessaire d'en tenir compte dans le calcul des rations pour couvrir les besoins des vaches laitières de production élevée.

En pleine lactation, les besoins en PDI doivent toujours être satisfaits avec le meilleur équilibre possible entre les PDIN et les PDIE de façon à assurer la meilleure utilisation de la ration et à maximiser la synthèse de protéines microbiennes dans le rumen. Un léger déficit en PDIN exprimé en g de (PDIN — PDIE) par UFL peut cependant être admis dans les limites de 4 à 8 g selon le degré de satisfaction du besoin PDI de l'animal.

Principes du calcul de la ration pour couvrir les besoins

Pour rationner un troupeau de vaches laitières, on détermine successivement (tabl. 1.4) :

1/ la quantité de fourrage de la ration de base ingérée,

2/ le niveau de production permis (UFL, PDI, Ca, P...) par la ration de base,

3/ la quantité d'aliment concentré à apporter (niveaux, nature, « rythmes » de distribution...) selon la production laitière.

Si les fourrages sont apportés à volonté, les deux premiers paramètres peuvent être lus directement dans les tableaux 1.2 et 1.3, en fonction des caractéristiques des fourrages. Les quantités d'aliment concentrés (brut) à ajouter pour couvrir strictement les besoins énergétiques sont indiquées au tableau 1.5 ; elles tiennent compte des corrections énergétiques liées à la diminution de digestibilité de la ration. Elles sont dans ce cas de 1 kg de concentré brut contenant 1 UFL par tranche de 1,8 kg de lait à 4 p. 100 au dessus du niveau de production permis par la ration de fourrage indiqué dans les tableaux 1.2 et 1.3 ; on parle alors d'un « rythme » de 1 pour 1,8.

Les primipares ont une capacité d'ingestion de 10 p. 100 inférieure à celle des multipares et ont encore des besoins de croissance. On peut conserver le même schéma de rationnement en aliment concentré que pour les vaches adultes à condition de majorer la production de lait réelle des primipares de 5 kg dans le cas d'un vêlage « à 2 ans » et de 3 kg pour les vêlages tardifs.

La complémentation azotée nécessaire pour couvrir les besoins en PDI des animaux est fonction du rapport PDI/UFL de la ration de base et des quantités de concentré calculées ci-dessus pour couvrir le besoin énergétique. Les rations de base hivernales les plus couramment utilisées (ensilage de maïs) sont déficitaires en azote et contiennent moins de 110 g PDI/UFL. Il faut alors les corriger avec des aliments riches en protéines (tourteaux, protéagineux...) afin d'obtenir une ration de base équilibrée en tous ses éléments (UFL, PDIN, PDIE). On distribue ensuite proportionnellement à la quantité de lait un aliment concentré fermier ou un aliment composé du commerce de type « production », de préférence à haute valeur énergétique (>0,90 UFL/kg brut). La teneur en PDI/UFL sera d'au moins 110 g et d'autant plus importante que le « rythme » d'apport de concentré sera faible. Le tableau 1.4 précise cette démarche mais d'autres solutions peuvent être envisagées. Le tableau 1.6 donne les quantités d'aliments protéiques à apporter pour combler un déséquilibre de 1 kg de lait entre les apports UFL et PDI et guide simultanément l'utilisateur dans le choix des matières premières. En cas d'utilisation de sources azotées non protéiques d'origine industrielle comme l'urée, les quantités à apporter sont calculées en divisant l'écart PDIE-PDIN de la ration de base par la valeur PDIN de cette source.

Les recommandations en éléments minéraux et vitamines sont présentées respectivement en annexes 9.2, 9.3 et 9.4. Cette complémentation correspond à un apport systématique de 50 à 250 g par jour d'un aliment minéral vitaminisé (A - D_3 - E) équilibré et bien adapté au type de fourrage distribué. Les animaux doivent par ailleurs avoir du sel à leur libre disposition (pierres de sel à lécher). L'aliment concentré de type production doit contenir environ 2,5 p. 100 de minéraux. Des exemples de calcul de la complémentation minérale sont fournis par le tableau 1.7.

Modifications possibles par rapport à la couverture stricte des besoins

Toute modification de la quantité d'aliment concentré par rapport à celle nécessaire à la couverture stricte des besoins est en partie compensée par une variation en sens inverse des quantités de fourrages ingérées (tabl. 1.8). Du fait de cette substitution, la variation de l'apport d'UFL total (fourrage + concentré) est inférieure à celle de l'apport d'UFL par l'aliment concentré. Par ailleurs, l'augmentation de la quantité de lait produite par UFL supplémentaire suit la loi des rendements décroissants ; elle devient de plus en plus faible au fur et à mesure que les apports approchent de la couverture des besoins et, surtout, qu'ils la dépassent. Ainsi, l'exemple du tableau 1.8 montre qu'une réduction de 2 kg de l'apport d'un aliment concentré à 0,9 UFL par rapport à la couverture stricte des besoins se traduit par des diminutions des apports d'UFL et de la production de lait à 4 p. 100 de $-1{,}1$ et $-0{,}8$ kg respectivement. A l'inverse, l'apport supplémentaire de 2 kg d'aliment concentré se traduit par des accroissements de $+0{,}9$ UFL et $+0{,}5$ kg de lait.

Si on choisit de réduire les apports nutritifs, mais sans porter préjudice à la santé de l'animal (mais avec une légère diminution de la persistance de la production laitière et du taux protéique du lait), on peut utiliser des « rythmes » moins libéraux d'aliments concentrés. Ceux-ci dépendent essentiellement de la qualité de la ration de base et des recommandations pratiques sont fournies par le tableau 1.9. Cependant, une sous-alimentation énergétique durable en pleine lactation diminue notablement la persistance de la production laitière et le taux protéique et empêche la reconstitution des réserves corporelles.

Vaches en début de lactation (2 à 3 premiers mois)

Principes du rationnement

Dès les deux premières semaines de lactation, les vaches ont des besoins maximum alors que leur capacité d'ingestion est de 20 à 30 p. 100 inférieure à sa valeur observée en pleine lactation. Elles ne peuvent donc pas satisfaire la totalité de leurs besoins énergétiques et doivent mobiliser leurs graisses de réserve, et ce d'autant plus qu'elles ont un potentiel de production plus élevé. Ainsi, pour des vaches en bon état au vêlage (note de 3,5 à 4 - tabl. 2.1) et atteignant un pic de 40 kg de lait, le déficit est en moyenne de 3,5 UFL par jour durant les 10 premières semaines de la lactation (tabl. 1.10). Des sous-alimentations plus importantes sont souvent à l'origine des pertes de poids vif excessives et de difficultés de reproduction.

Les vaches ne disposant que de faibles quantités de protéines corporelles mobilisables, le déficit total en PDI ne doit pas dépasser 10 kg au cours des 2 premiers mois de lactation pour des animaux à fort potentiel en bonne condition au vêlage. A la différence de l'énergie, il est facile de limiter ce déficit en augmentant la teneur en PDI de la ration.

Méthode de rationnement (tabl. 1.12)

La quantité d'aliment concentré à apporter en début de lactation peut être déterminée selon l'écart entre (tabl. 1.11) :

— La production maximum de lait à 4 p. 100 attendue de chaque vache (peu différente de PM kg lait brut). Elle peut être estimée à partir soit des performances de la vache lors de la lactation précédente (PM en 2e lactation = PM en 1re × 1,33), soit de la production laitière initiale : PI kg lait = production moyenne des 4e - 5e - 6e jours de la lactation. La PM attendue est alors égale à PI × 1,5 pour les primipares et PI × 1,33 pour les multipares.

— La production laitière permise par la ration de base (= PLRB kg lait 4 p. 100) distribuée à l'ensemble des vaches du troupeau (tabl. 1.2 et 1.3) (qui est en réalité légèrement plus faible que celle indiquée puisque les vaches n'ont pas encore atteint leur capacité d'ingestion maximum).

Complémentation énergétique (concentré à 1 UFL/kg brut)

La quantité d'aliment concentré brut à distribuer est d'autant plus importante que l'écart PM-PLRB est élevé. Elle est indiquée dans le tableau 1.11 de 3 semaines avant à 7 semaines après le vêlage. Elle augmente de 1 kg tous les 3 jours à partir du vêlage, soit d'environ 2 kg par semaine, jusqu'à atteindre la quantité maximum indiquée.

Cet apport maximum est maintenu durant les 5e, 6e et 7e semaines pour les vaches à haut potentiel ; cependant il peut être ajusté afin de tenir compte de la production réelle de chaque vache, à raison de $\pm$ 1 kg de concentré pour tout écart supérieur à 3 kg de lait par rapport à l'objectif.

La quantité de concentré distribuée diminue régulièrement entre la 8e et la 12e semaine de la lactation et se raccorde à la quantité calculée précédemment en « pleine » lactation en supposant que la production laitière en 12e semaine est égale à 90 p. 100 de la PM observée.

Complémentation azotée et minérale

On calcule le déficit en PDI en 5e semaine (besoins PDI correspondant à la PM — apports PDI des fourrages) et on détermine la quantité d'aliment riche en protéines (>250 g PDIE/kg) nécessaire pour le couvrir compte tenu du type d'aliment concentré utilisé pour le troupeau (concentré « de production » généralement). Les fourrages étant consommés en plus faibles quantités en 5e semaine de lactation, on admettra que leurs apports PDI sont égaux à 93 p. 100 de ceux observés en pleine lactation.

La quantité de cet aliment protéique ainsi déterminée est distribuée dès la 1re semaine de la lactation et vient en substitution de l'aliment concentré de « production » utilisé. Elle sera maintenue durant les 3 (faibles productrices) à 5 (fortes productrices) premières semaines de la lactation. De 0,5 à 1 kg de cet aliment sera apporté en dernière semaine de gestation. Un exemple de rationnement est fourni par le tableau 1.12.

La complémentation minérale et vitaminique en début de lactation repose sur les mêmes principes que ceux présentés pour les vaches en pleine lactation. Durant les dernières semaines de gestation, il est cependant recommandé d'arrêter la complémentation phospho-calcique et de procéder à une injection de vitamines D_3 de 8 à 2 jours avant le vêlage afin de limiter les risques de fièvre vitulaire.

Valeur sanitaire des rations

Chez les vaches à haut potentiel (>8 000 kg de lait), les quantités d'aliments concentrés à distribuer sont élevées (>8 à 10 kg MS/jour) pendant le 1er tiers de la lactation, même avec des fourrages de bonne qualité. Il est alors particulièrement important de conserver un minimum d'aliments fibreux dans la ration et de mieux répartir l'apport d'aliment concentré sur la journée afin d'assurer un fonctionnement correct du rumen et éviter tout ennui sanitaire. Des rations constituées de fortes proportions de particules de petites tailles (ensilages très finement hachés, fortes proportions de concentrés...) peuvent entraîner une salivation insuffisante due à des temps de mastication (ingestion + rumination) trop courts. L'introduction de fourrages grossiers (foin) ou de substances tampons (bicarbonate de sodium, magnésie) dans la ration permet généralement de limiter les risques. Il est également souhaitable d'avoir recours à d'autres méthodes de distribution (distributeurs à étalement maximum, « rations complètes »...) qui permettent de fractionner les apports d'aliments concentrés.

Tous les calculs de ration, en début comme en pleine lactation, peuvent par ailleurs être effectués sur micro-ordinateur à l'aide du logiciel INRAtions qui prend en compte l'ensemble des principes précédents.

TABLEAU 1.1. — Apports alimentaires recommandés et capacité d'ingestion des vaches laitières multipares

Vache de 600 kg					UFL	PDI g	Ca g	P g	Quantités ingérées kg MS(1)	Capacité d'ingestion UEL
Vache tarie gestante :										
— avant le 7e mois de gestation					5,0	395	36	27	(11	(11,5
— 7e mois de gestation					5,9	470	45	30	à	à
— 8e mois de gestation					6,6	530	52	32		
— 9e mois de gestation					7,6	600	61	35	15)	15,5)
Vache en production :										
taux butyreux en g par kg	32	36	40	44						
	3,0	2,5	2,5	2,5	6,1	515	47	30	(11	(11,5
	5,5	5,5	5,0	4,5	7,2	635	57	35	à	à
	8,5	8,0	7,5	7,0	8,3	755	67	40	15)	15,5)
	11,5	10,5	10,0	9,5	9,4	875	78	45	13,4	15,3
	14,0	13,5	12,5	12,0	10,5	995	89	50	14,2	15,6
	17,0	16,0	15,0	14,0	11,6	1 115	100	54	15,1	15,9
	20,0	18,5	17,5	16,5	12,7	1 235	108	58	15,9	16,2
	22,5	21,5	20,0	19,0	13,8	1 355	115	62	16,7	16,5
kg de lait	25,5	24,0	22,5	21,0	14,9	1 475	123	66	17,6	16,7
	28,5	26,5	25,0	23,5	16,0	1 595	130	71	18,4	17,0
	31,5	29,5	27,5	26,0	17,1	1 715	135	73	19,2	17,2
	34,0	32,0	30,0	28,5	18,2	1 835	140	75	20,1	17,5
	37,0	34,5	32,5	30,5	19,3	1 955	145	77	20,9	17,7
	40,0	37,0	35,0	33,0	20,4	2 075	150	80	21,7	17,9
	42,5	40,0	37,5	35,5	21,5	2 195	155	82	22,5	18,1
	45,5	42,5	40,0	37,5	22,6	2 315	160	85	23,4	18,3
	48,0	45,5	42,5	40,0	23,7	2 435	165	88	—	18,5
	51,0	48,0	45,0	42,5	24,8	2 555	170	91	—	18,7
Corrections pour une variation de poids vif de 100 kg					0,6	50	6	5	0,8 à 1,5	1

(1) Valeurs calculées pour une ration à base d'ensilage de maïs de bonne qualité.

TABLEAU 1.2. — Évaluation approximative pour un troupeau des quantités de fourrage ingérées (en kg de MS et en quantité d'UEL par vache et par jour)[1] selon la valeur d'encombrement et la valeur énergétique du fourrage (UEL et UFL par kg de MS). Production de lait à 4 p. 100 (kg) permise par l'apport énergétique du fourrage

Valeur UFL du fourrage	Quantité ingérée (MS et UEL) Lait permis	Valeur UEL du fourrage						
		0,95	1,00	1,05	1,10	1,15	1,20	1,25
0,95	MS fourrage (kg)	17,9	16,9	15,4	14,1	13,1	12,2	
	UEL fourrage	17,0	16,9	16,2	15,5	15,1	14,6	
	Lait (kg)	27,3	25,1	21,9	19,1	16,9	15,0	
0,90	MS fourrage (kg)	17,8	16,2	14,9	13,7	12,8	11,9	
	UEL fourrage	16,9	16,2	15,6	15,1	14,7	14,3	
	Lait (kg)	25,0	21,8	19,1	16,7	14,8	13,0	
0,85	MS fourrage (kg)	17,0	15,6	14,4	13,4	12,5	11,7	
	UEL fourrage	16,2	15,6	15,1	14,7	14,4	14,0	
	Lait (kg)	21,5	18,8	16,5	14,5	12,8	11,2	
0,80	MS fourrage (kg)	16,5	15,2	14,1	13,1	12,3	11,5	10,8
	UEL fourrage	15,7	15,2	14,8	14,4	14,1	13,8	13,5
	Lait (kg)	18,6	16,3	14,3	12,5	11,0	9,5	8,3
0,75	MS fourrage (kg)	16,1	14,9	13,8	12,9	12,1	11,3	10,6
	UEL fourrage	15,3	14,9	14,5	14,2	13,9	13,6	13,3
	Lait (kg)	16,1	14,0	12,2	10,6	9,3	7,9	6,7
0,70	MS fourrage (kg)			13,6	12,7	11,9	11,1	
	UEL fourrage			14,3	14,0	13,7	13,3	
	Lait (kg)			10,3	8,8	7,6	6,3	
0,65	MS fourrage (kg)			13,3	12,4	11,6		
	UEL fourrage			14,0	13,6	13,3		
	Lait (kg)			8,3	7,0	5,8		

[1] Valeurs déterminées pour une production laitière moyenne de 25 kg de lait.

TABLEAU 1.3. — Niveaux d'ingestion et quantités de lait permises par quelques rations de base offertes à volonté à des vaches laitières multipares en pleine lactation — 25 kg de lait et 600 kg de poids vif —

Aliment	Aliment numéro Table	UFL/ kg MS	UEL/ kg MS	Quantités ingérées kg MS	Production permise kg lait 4%
Foin de luzerne 1er cycle					
Bourgeonnement	552	0,67	1,03	14,0	10,0
	553	0,60	1,09	12,5	5,5
Floraison	555	0,62	1,04	13,5	7,5
	556	0,55	1,10	12,0	3,5
Foin de prairie naturelle					
• Plaine					
Épiaison	460	0,72	1,11	12,5	9,0
	462	0,65	1,22	10,0	4,5
Floraison	464	0,63	1,16	11,5	5,0
	466	0,58	1,26	10,0	1,5
• Montagne					
Épiaison	482	0,73	1,04	14,0	11,5
	484	0,66	1,16	11,5	6,0
Floraison	486	0,63	1,11	12,0	6,0
	488	0,58	1,22	10,5	2,5
Ensilage de prairie naturelle de plaine					
• Début épiaison, brins courts					
sans conservateur	295	0,90	1,18	12,5	13,5
avec conservateur	296	0,89	1,09	14,0	16,5
• Épiaison, brins courts					
sans conservateur	300	0,81	1,26	11,0	8,5
avec conservateur	301	0,80	1,17	12,0	10,5
• Épiaison, brins longs					
sans conservateur	302	0,81	1,40	9,0	5,5
avec conservateur	303	0,79	1,30	10,0	7,0
Ensilage de maïs					
Matière sèche p. 100 20	—	0,85	1,28	10,5	9,0
25	426	0,90	1,22	11,5	12,5
30	427	0,90	1,13	13,0	15,5
35	428	0,90	1,03	15,5	20,0

TABLEAU 1.4. — Exemple de rationnement

Caractéristiques générales :

- Troupeau de vaches adultes en milieu de lactation
- Ration de base : foin prairie naturelle de montagne (n° 482) : 3 kg MS + ensilage de ray grass anglais (n° 396) : à volonté

Par kg MS	N° table	UFL	PDINg	PDIEg	UEL
Foin prairie naturelle	482	0,73	66	78	1,04
Ensilage ray-grass anglais (RGA)	396	0,84	67	70	1,18

Schéma de complémentation selon la couverture des besoins :

- Détermination du niveau de la ration de base (RB) comme si elle était composée uniquement d'ensilage de RGA (tableau 8.4) :

UELRB pour 1,18 UEL et 0,84 UFL	14,2
Déduction UEL du foin (3 × 1,04)	−3,1
UEL sous forme d'ensilage RGA	11,1 soit 9,4 kg MS

- Obtention d'une ration de base « mixte » de 12,4 kg MS à 0,81 UFL et 1,15 UEL/kg MS, d'un niveau de production (UFL) de 11,5 kg lait 4 p. 100 (tableau 8.4 ou abaques).
- Apport d'aliment concentré (1 UFL/kg) en fonction de la production individuelle (tableau 8.3) : par exemple 6,8 kg à 25 kg de lait (y compris effets interaction énergie).
- Complémentation azotée : composition de l'aliment concentré

	UFL	PDIN	PDIE
Apports par la ration de base	10	828	892
Lait permis (kg 4 p. 100)	11,5	9	10

−2,5 (écart UFL-PDIN)

Correction par 0,6 kg tourteau soja 48 (tableau 8.9) suite à écart UFL-PDIN de 2,5 kg.

	UFL	PDIN	PDIE
Lait permis par « ration corrigée » (kg 4%)	12,5	13	12,5

- Concentré production (1 UFL/kg − 109 PDI/UFL) à distribuer (25 kg lait) : concentré total − tourteau soja = 6,8 − 0,6 = 6,2 kg

Vérification

		Lait couvert par (kg 4%) :		
	kg MS	UFL	PDIN	PDIE
Ration de base	12,4	11,5	9	10
Ration totale	18,3	25	27	27

Cette ration est un peu excédentaire en PDI (en raison des effets d'interaction sur l'énergie). On pourrait donc utiliser un aliment concentré légèrement moins riche en azote (105 PDI/kg).

Par ailleurs, il serait aussi possible de corriger la ration de base en prenant en compte l'écart UFL-PDIE (1,5 kg lait) et apporter 0,4 kg de tourteau tanné. L'apport d'aliment concentré production est alors de 6,4 kg (6,8 − 0,4).

TABLEAU 1.5. — Quantité d'aliment concentré (kg de matière brute) à apporter pour couvrir les besoins énergétiques des vaches selon leur production laitière (kg de lait à 4 p. 100), la valeur énergétique (UFL par kg de MS) et la valeur d'encombrement (UEL par kg de MS) du fourrage et la valeur énergétique du concentré (UFL par kg de matière brute)

Lait (kg/j)		15			20			25			30			35		
Concentré UFL/kg brut		1,00	0,90	0,80	1,00	0,90	0,80	1,00	0,90	0,80	1,00	0,90	0,80	1,00	0,90	0,80
Fourrage UFL	UEL															
0,95	0,95	0,0	0,0	0,0	0,0	0,0	0,0	0,0	0,0	0,0	1,9	2,3	3,0	5,0	6,0	7,7
	1,00	0,0	0,0	0,0	0,0	0,0	0,0	0,1	0,2	0,3	3,3	4,1	5,3	6,3	7,7	9,8
	1,05	0,0	0,0	0,0	0,0	0,0	0,0	1,5	1,8	2,4	4,6	5,6	7,3	7,6	9,2	
	1,10	0,0	0,0	0,0	0,0	0,0	0,0	2,7	3,3	4,4	5,8	7,0	9,1	8,7	10,5	
	1,15	0,0	0,0	0,0	0,6	0,7	0,9	3,8	4,6	6,1	6,8	8,3	10,6	9,8		
	1,20	0,0	0,0	0,0	1,6	2,0	2,6	4,7	5,8	7,6	7,8	9,4		10,7		
0,90	0,95	0,0	0,0	0,0	0,0	0,0	0,0	0,2	0,3	0,3	3,3	4,0	5,1	6,2	7,5	9,5
	1,00	0,0	0,0	0,0	0,0	0,0	0,0	1,6	1,9	2,5	4,6	5,5	7,1	7,5	9,0	11,3
	1,05	0,0	0,0	0,0	0,0	0,0	0,0	2,8	3,4	4,3	5,8	7,0	8,8	8,7	10,4	
	1,10	0,0	0,0	0,0	0,8	1,0	1,2	3,8	4,7	6,0	6,8	8,2	10,4	9,7		
	1,15	0,0	0,0	0,0	1,8	2,2	2,8	4,8	5,9	7,6	7,8	9,4		10,7		
	1,20	0,0	0,0	0,0	2,7	3,3	4,3	5,7	7,0	9,0	8,7	10,5				
0,85	0,95	0,0	0,0	0,0	0,0	0,0	0,0	1,7	2,0	2,5	4,6	5,5	6,9	7,4	8,9	11,1
	1,00	0,0	0,0	0,0	0,0	0,0	0,0	2,9	3,5	4,4	5,8	6,9	8,7	8,6	10,3	
	1,05	0,0	0,0	0,0	1,0	1,2	1,5	3,9	4,8	6,0	6,8	8,2	10,3	9,7		
	1,10	0,0	0,0	0,0	2,0	2,4	3,0	4,9	5,9	7,6	7,8	9,4		10,7		
	1,15	0,0	0,0	0,0	2,9	3,5	4,5	5,8	7,0	8,9	8,7	10,5				
	1,20	0,7	0,8	1,0	3,7	4,5	5,8	6,7	8,1	10,2	9,6	11,5				
0,80	0,95	0,0	0,0	0,0	0,1	0,1	0,2	3,0	3,5	4,4	5,8	6,9	8,6	8,6	10,2	
	1,00	0,0	0,0	0,0	1,2	1,4	1,8	4,1	4,8	6,1	6,9	8,2	10,2	9,7	11,5	
	1,05	0,0	0,0	0,0	2,2	2,6	3,3	5,0	6,0	7,6	7,9	9,4		10,7		
	1,10	0,2	0,2	0,2	3,1	3,7	4,7	5,9	7,1	9,0	8,8	10,5				
	1,15	1,0	1,2	1,5	3,9	4,7	6,0	6,8	8,2	10,2	9,7	11,5				
	1,20	1,7	2,0	2,6	4,6	5,6	7,2	7,6	9,1	11,4	10,5					
	1,25	2,4	2,9	3,7	5,4	6,5	8,3	8,3	10,0		11,2					
0,75	0,95	0,0	0,0	0,0	1,4	1,7	2,1	4,2	5,0	6,2	7,0	8,2	10,1	9,7		
	1,00	0,0	0,0	0,0	2,4	2,8	3,5	5,2	6,2	7,6	8,0	9,5		10,8		
	1,05	0,5	0,6	0,7	3,3	3,9	4,9	6,1	7,3	9,0	8,9	10,6				
	1,10	1,3	1,5	1,9	4,1	4,9	6,1	6,9	8,3	10,3	9,8					
	1,15	2,0	2,4	3,0	4,9	5,8	7,3	7,7	9,2	11,5	10,6					
	1,20	2,7	3,2	4,0	5,6	6,7	8,4	8,5	10,1		11,3					
	1,25	3,3	4,0	5,1	6,2	7,5	9,5	9,2	10,9							
	1,30	3,9	4,7	6,0	6,9	8,3	10,5	9,8								
0,70	1,05	1,6	1,9	2,3	4,3	5,1	6,4	7,1	8,4	10,4	9,9					
	1,10	2,3	2,7	3,4	5,1	6,1	7,5	7,9	9,4	11,5	10,7					
	1,15	3,0	3,5	4,4	5,8	6,9	8,6	8,6	10,3		11,5					
	1,20	3,6	4,3	5,4	6,5	7,7	9,6	9,3	11,1							
	1,25	4,2	5,0	6,3	7,1	8,5	10,6	10,0								
	1,30	4,7	5,7	7,2	7,7	9,2	11,5	10,6								
0,65	1,05	2,6	3,1	3,8	5,3	6,3	7,8	8,1	9,6							
	1,10	3,3	3,9	4,8	6,0	7,2	8,8	8,8	10,5							
	1,15	3,9	4,6	5,7	6,7	8,0	9,8	9,5	11,3							
	1,20	4,5	5,3	6,6	7,3	8,7	10,8	10,2								
	1,25	5,0	6,0	7,5	7,9	9,5		10,8								
	1,30	5,5	6,7	8,4	8,5	10,1		11,4								

TABLEAU 1.6. — Correction des rations de base déséquilibrées en PDI et UFL — Quantité d'aliment nécessaire (kg brut) pour combler un déséquilibre de 1 kg de lait 4 p. 100 entre les productions permises par les PDI et les UFL de la ration de base

Numéro Table	Aliment concentré	Équilibre sur les	
		PDIN	PDIE
	1) Ration déficitaire en PDI (excédentaire en UFL)		
660	Tourteau arachide 48	0,25	0,80
674	Tourteau soja 44	0,24	0,47
676	Tourteau soja 48	0,22	0,43
677	Tourteau soja 50	0,21	0,40
665	Tourteau colza 35	0,36	1,02
680	Tourteau tournesol 35	0,34	1,33
671	Tourteau lin expeller	0,44	0,98
678	Tourteau soja tanné	0,19	0,21
667	Tourteau colza tanné	0,32	0,37
656	Graines soja	0,45	—
655	Pois	1,92	—
654	Lupin	0,58	—
650	Féverole	1,15	—
	2) Ration excédentaire en PDI (déficitaire en UFL)		
616	Orge	1,10	1,85
614	Maïs	0,97	2,94
612	Blé	1,25	2,75
622	Sorgho	1,42	5,00
610	Avoine	1,42	1,92
623	Triticale	1,24	2,27
599	Pulpes betteraves	1,09	4,88

TABLEAU 1.7. — Exemples de calcul de complémentation minérale de quelques rations de base usuelles pour des vaches laitières en production

Ration de base	Apports par la ration de base			Besoins (g)		Déficit (g)		Ca/P du déficit	Aliment minéral		
	M.S.	P	Ca	P	Ca	P	Ca		Ca/P	Type	g/jour
Pâturage 1er cycle Début épiaison (17 kg de lait)*	14	42	85	56	106	14	21	1,5	1,5	10-15	140
Maïs ensilé Tourteau de soja (16 kg de lait)*	12 1,75	42	50	55	102	13	52	4,0	4,0	5-20	260
Maïs ensilé Ensilage herbe (prairie naturelle) Tourteau de soja (12,5 kg de lait)*	6 6 0,45	40	62	50	90	10	28	2,8	2,9	7-20	150
Pulpes de betteraves Maïs ensilé Foin de luzerne (2e cycle) Urée (18 kg de lait)*	8 4 2,5 0,15	25	170	60	110	35	0		0,25	20-5	175

* Production laitière permise par l'énergie de la ration de base.

TABLEAU 1.8. — Influence d'une variation de l'apport d'aliment concentré par rapport à celui correspondant aux recommandations alimentaires chez la vache laitière multipare en pleine lactation produisant 25 kg de lait

Différences par rapport au niveau recommandé			
Apport de concentré[1] (kg brut)	Fourrage[1] (kg MS)	Énergie (UFL)	Production laitière (kg lait 4 p. 100)
+3	−1,6	+1,3	+0,7
+2	−1,0	+0,9	+0,5
+1	−0,5	+0,5	+0,3
−1	+0,5	−0,5	−0,3
−2	+0,9	−1,1	−0,8
−3	+1,2	−1,7	−1,3

[1] Concentré à 0,9 UFL par kg de matière brute et fourrage à 0,85 UFL par kg de MS.

TABLEAU 1.9. — « Rythmes » de distribution du « concentré production » au dessus de la quantité de lait permise par les UFL de la ration de base selon la valeur énergétique du concentré et la qualité de la ration de base

Ration de base		Rapport PDI/UFL du concentré	Rythme de distribution du concentré (Valeur UFL/kg brut du concentré)		
Qualité	lait permis par les UFL avant correction kg 4 p. 100	(g)	1,0	0,9	0,8
1. Fourrages offerts à volonté					
médiocre	5	105	1 kg/2,2 kg de lait	1 kg/2 kg de lait	1 kg/1,8 kg de lait
moyenne	5 à 10	115	1 kg/2,4 kg de lait	1 kg/2,2 kg de lait	1 kg/2 kg de lait
bonne	10 à 15	135	1 kg/2,8 kg de lait	1 kg/2,6 kg de lait	1 kg/2,2 kg de lait
excellente	15	145	1 kg/3 kg de lait	1 kg/2,8 kg de lait	1 kg/2,4 kg de lait
2. Fourrages offerts sans refus					
	moins de 7,5	105	1 kg/2,2 kg de lait	1 kg/2 kg de lait	1 kg/1,8 kg de lait
	plus de 7,5	115	1 kg/2,4 kg de lait	1 kg/2,2 kg de lait	1 kg/2 kg de lait

TABLEAU 1.10. — Sous-alimentation énergétique et perte de poids vif observées au début de la lactation

Production maximum kg lait		Sous-alimentation énergétique (UFL)		Pertes de poids vif « corrigées » kg[1]
Primipares	Multipares	Durée (semaines)	Total UFL	
10 à 15	15 - 20	4 - 5	20	10
17 à 22	20 - 25	5 - 6	40	20
	25 - 30	6 - 7	70	30
23 à 27	30 - 35	7 - 8	130	40
	35 - 40	8 - 9	200	50
⩾28	40 - 45	9 - 10	250	60

(1) En supposant une augmentation de 4 kg des contenus digestifs par kg MS totale consommé en plus.

TABLEAU 1.11. — Rationnement des vaches multipares au début de la lactation[1]
Quantité d'aliment concentré (kg brut/j) à apporter selon l'écart (Δ) entre la production laitière maximum attendue (PM) et la quantité de lait permise par la ration de base
(Concentré contenant 1 UFL par kg brut)

Δ[2] kg lait	Avant le vêlage			Après le vêlage		
	Semaines −3	−2	−1	Augmentation	Quantité totale	Nombre semaines
5	0	0	1	+1	1 à 2	1
5 - 10	0	1	2	+1 à 2	3 à 4	2
10 - 15	1	2	3	+2 à 3	5 à 6	2 à 3
15 - 20	2	2	3	+4 à 5	7 à 8	4 à 5
> 20	2	3	3	+6 à 8	9 à 11	5 à 6

(1) Pour les primipares, ajouter 5 kg de lait à la production maximum (PM) attendue.
(2) Δ = PM − lait permis par la ration de base.

TABLEAU 1.12. — Exemple de rationnement en début de lactation (12 premières semaines)

Caractéristiques générales

	UFL	PDIN	PDIE	UEL
• Troupeau de vaches adultes de 650 kg et produisant 40 kg lait au pic de production				
— Ration de base : ensilage maïs à 30 p. 100 de MS (n° 427) à volonté/kg MS :	0,90	52 g	66 g	1,13
— Production laitière (lait 4 p. 100) permise par la ration de base (PLRB) (tabl. 1.3) :	16	6	10	
• Aliments concentrés utilisés et principes de la complémentation :				
1/ tourteau de soja 48 (n° 676) par kg brut :	1	328 g	224 g	
— en tant qu'aliment « correcteur » de la ration de base (tabl. 1.6) à raison de 2,5 kg permettant (kg lait 4 p. 100) :	21,5	23	21,5	

— et pour assurer la couverture des besoins en PDI en début de lactation.

2/ aliment concentré « production » : 1 UFL/kg brut ; en distinguant 2 cas :
— cas 1 : les besoins énergétiques en semaine 12 sont couverts (tabl. 1.5). Aliment à 110 PDI/UFL au moins (48/0,44).
— cas 2 : les besoins énergétiques ne sont pas couverts strictement : on adopte un « rythme » de distribution du concentré de 1 kg/3 kg lait au dessus de la PLRB corrigée (>21,5 kg lait 4 p. 100). Distribué en quantité plus faible, l'aliment concentré doit être plus riche en PDI : environ 145 g PDI/kg brut.

Démarche du rationnement

• Détermination de l'écart PM − PLRB = 40 − 16 soit 24 kg lait 4 p. 100
• Quantité maximum d'aliment concentré à 1 UFL/kg (tableau 1.11) = 10 kg brut (semaines 5, 6 et 7)
• Calcul de la complémentation azotée permettant de couvrir les besoins PDI en 5e semaine :
(besoins PDI 40 kg lait − apports PDIE ration de base × 0,93) = déficit à assurer par la complémentation
2340 − 835 = 1505 g
soit des apports de 3,5 kg de tourteau de soja 48 + 6,5 kg d'aliment concentré « production »
• Vérification des apports de PDIN en 5e semaine : 2520 g (ration non limitante en N dégradable)
• De la 1re à la 5e semaine : apport prioritaire des 3,5 kg de tourteau en substitution du concentré « production »

TABLEAU 1.12 (suite) — Exemple de rationnement en début de lactation (12 premières semaines)

• En 6e et 7e semaines : 2,5 kg de tourteau (« correcteur » de la ration de base) + 7,5 kg d'aliment « production »
• De la 8e à la 12e semaine : détermination des quantités d'aliments concentrés en supposant une production de 36 kg de lait 4 p. 100 en 12e semaine (PM × 0,9) :
* Cas 1 = 10 kg brut (tableau 1.5)
soit aucune modification du plan de complémentation : 2,5 kg tourteau + 7,5 kg d'aliment « production »
* Cas 2 = apport de 2,5 kg de tourteau soja (aliment « correcteur »)
+ apport de 1 kg de concentré production/3 kg lait > PLRB corrigée = (36 − 21,5)/3 = arrondi à 5 kg soit une réduction progressive de (7,5 − 5) = 2,5 kg de concentré production entre les 8e et 12e semaines de la lactation.

Résumé des 2 plans de complémentation

Semaines par rapport au vêlage

	−3	−2	−1	1	2	3	4	5	6+7	8+9+10	11+12	
Tourteau de soja 48 (kg/j)	—	—	1	3,5	3,5	3,5	3,5	3,5	2,5	2,5	2,5	cas 1+2
Concentré « production » (kg/j)	2	3	2	1	3	4,5	6,5	6,5	7,5	7,5 6,5	7,5 5	cas 1 = besoins cas2 = recommandations pratiques
Principes rationnement	prédéterminé selon tableau 1.11									Selon schéma vaches en pleine lactation		

2. Alimentation des vaches allaitantes

Diversité des apports alimentaires recommandés

Leur production étant modeste, les vaches allaitantes en bon état peuvent aisément tolérer un déficit alimentaire temporaire. C'est généralement le cas au cours de la période hivernale. Elles réduisent alors leurs dépenses d'entretien et mobilisent leurs réserves corporelles qui doivent ensuite être reconstituées au pâturage.

Les tableaux 2.2 à 2.5 donnent les apports journaliers recommandés pour la période hivernale, ainsi que la capacité d'ingestion exprimée en UEB. Ils admettent parfois une certaine mobilisation des réserves corporelles, dont l'état est apprécié à l'aide du tableau 2.1. Ils visent à maintenir une production normale et un taux de gestation élevé dans un délai de trois mois après

TABLEAU 2.1. — Détermination de la note d'état d'engraissement

Note	0	1	2	3	4	5
Main gauche : sur ligament sacro-tubéral (attache de la queue)	Peau adhérente	Peau tendue	Peau se décolle	Peau souple		Peau rebondie
	Pincement difficile	Pincement possible	Léger dépôt identifiable	Poignée de gras	Bonne poignée de gras	Pleine poignée de gras
Main droite : à plat sur les deux dernières côtes	Peau tendue et collée sur les côtes		Peau souple	Peau 'roule' entre la main et l'os		Un épais 'matelas' recouvre les côtes
	Côtes sèches	Côtes saillantes	Côtes encore bien distinctes	Dépression intercostale	Plus de dépression intercostale	

Si les appréciations données par les mains droite et gauche ne concordent pas, on fait la moyenne des deux appréciations.

vêlage, sachant que l'intervalle entre le vêlage et la 1re chaleur et la fertilité dépendent à la fois du niveau d'alimentation en cours et de l'état des réserves corporelles au début de la période de reproduction.

On a distingué :

1°) Trois types de vaches correspondant à des races qui diffèrent par leur production laitière, leur capacité d'ingestion et leur **poids après vêlage.**

2°) Trois époques de vêlage :
— vaches vêlant moins d'un mois et demi avant la mise à l'herbe et dont la reproduction a lieu exclusivement au pâturage. Elles tolèrent un état médiocre à la sortie de l'hivernage, car elles vont trouver au pâturage une alimentation suffisamment abondante pour assurer la reproduction ;
— vaches vêlant plus d'un mois et demi avant la mise à l'herbe et souvent mises à la reproduction avant la fin de l'hivernage. Elles doivent avoir une note d'état au vêlage d'environ 2,5 et la maintenir jusqu'à la fin de la reproduction ;
— vaches vêlant à la fin de l'été ou au début de l'automne, dont la reproduction débute au pâturage mais ne se termine souvent qu'après la rentrée à l'étable. Les apports alimentaires ne peuvent être réduits qu'après la fin de la période de reproduction.

3°) Trois classes d'état des vaches au début de l'hivernage. Les apports sont d'autant plus faibles que les vaches sont en bon état.

4°) Les femelles au premier vêlage (tabl. 2.5), qui ont encore une croissance importante à réaliser, sont les plus sensibles à un déficit alimentaire et doivent être mieux nourries que les vaches plus âgées de même poids et de même production. Il en serait de même pour des vaches au second vêlage qui seraient mal développées. Les primipares de deux ans doivent bénéficier d'un supplément d'environ 1 UFL et 120 g de PDI.

Il a été admis que la ration devait être établie pour tout ou partie du troupeau, selon le stade physiologique moyen des vaches :
— vaches taries et en milieu de gestation : la majorité d'entre elles sont à plus de 2 mois du vêlage ;
— vaches en fin de gestation : moins du tiers des vaches ont vêlé ;
— vaches autour du vêlage : de un à deux tiers d'entre elles ont vêlé ;
— vaches en début de lactation : plus des deux tiers d'entre elles ont vêlé ;
— vaches en reproduction ;
— vaches en milieu et en fin de lactation.

Les apports recommandés découlent de ceux présentés pour des stades précis dans les tableaux 9.6 et 9.7 du livre de l'INRA intitulé « *Alimentation des bovins, ovins et caprins* ».

5°) En plus du lait bu, les veaux doivent recevoir sous forme de fourrages et d'aliment concentré, pour un croît de un kg/jour :
— à l'âge de 3 mois : 1 UFL ou 0,4 UFL selon qu'ils boivent 6 ou 9 kg de lait, et 100 g de PDI/UFL ;
— à l'âge de 8 mois : 3,8 UFL ou 3,3 UFL selon qu'ils consomment 2 ou 4 kg de lait, et 100 g de PDI/UFL.

Calcul des rations

Il est illustré dans le tableau 2.6 pour des vaches charolaises adultes en début de lactation, qui ont vêlé en fin d'hiver et qui reçoivent un foin de prairie permanente en quantité limitée et une paille d'orge à volonté.

On estime la quantité maximale de fourrages que la vache peut ingérer, ici la quantité de paille consommée en plus du foin, à partir de la capacité d'ingestion (en UEB) diminuée de la quantité d'UEB apportée par le foin. On en déduit les quantités d'UFL, PDI et minéraux majeurs apportées par l'ensemble des deux fourrages.

Dans cet exemple, l'énergie apportée par les fourrages est inférieure de 1,16 UFL aux apports recommandés, et on a choisi de couvrir ce déficit par des aliments concentrés. L'apport de concentré est faible, inférieur à 1,5 kg brut par jour, et on peut alors considérer qu'il ne réduit pas la quantité de fourrages ingérée. Par kg de concentré au-delà de 1,5 kg, et pour les fourrages dont la valeur UEB est inférieure à 1,5, on adoptera une réduction de la quantité de matière sèche de fourrage ingérée :
— de 0,5 kg lorsque sa valeur UEB est inférieure à 1,2,
— de 0,3 kg lorsque sa valeur UEB est comprise entre 1,2 et 1,4.

On augmentera alors d'autant les UFL apportées sous forme de concentré.

Le complément de PDI nécessaire est calculé sur la base des PDI (E ou N) les plus limitants apportés par la ration de base, soit 175 g de PDIN dans l'exemple présent. On calcule la quantité et la composition de l'aliment concentré (équation à deux inconnues), ici les quantités d'orge et de tourteau nécessaires pour apporter 1,16 UFL et 175 g de PDIN. On vérifie ensuite que les autres PDI (E ou N) apportés par la ration complète ne sont pas inférieurs aux apports recommandés.

De plus, pour les rations relativement plus riches en PDIE qu'en PDIN (foins, pailles, ensilages de maïs,..), l'écart (PDIE-PDIN)/UFL doit rester inférieur à 22 g en gestation et 17 g en lactation, faute de quoi la ration serait moins bien ingérée et digérée que prévu. Les apports PDIN sont alors accrus (au-dessus des apports recommandés) pour réduire cet écart au niveau tolérable ; pour cela, dans l'exemple donné, une partie de l'orge est remplacée par du tourteau. Enfin, si on utilise de l'azote non protéique (urée par exemple) avec ces rations riches en PDIE, on admettra qu'il ne doit pas couvrir plus de la moitié du déficit total en PDIN.

L'aliment minéral est choisi d'après les teneurs en P et Ca de la ration totale et les apports recommandés au bas des tableaux. Les oligo-éléments seront fournis dans l'aliment minéral ou les blocs à lécher, selon l'annexe 9.3. Un complément quotidien d'environ 40 000 UI de vitamine A est recommandé tout au cours de l'hivernage (annexe 9.4).

Tableau 2.2. — Apports journaliers recommandés pour des vaches à viande de grand format (Charolaises, Maine-Anjou, croisées laitières)

Vaches de 600 kg (Veau de 43 kg. Production laitière maximale : 7,0 à 7,5 kg/jour)									
	État à la rentrée à l'étable								
	Bon (>3,0)			Moyen (2,0-3,0)			Mauvais (<2,0)		
	UFL	PDI	UEB	UFL	PDI	UEB	UFL	PDI	UEB
Vêlages de début et de milieu d'hiver									
Fin de gestation (8e, 9e mois)	5,9	495	10,9	6,3	530	12,1	7,3	610	13,3
Autour du vêlage	6,8	630	12,3	7,3	680	13,2	8,3	770	14,1
Début d'allaitement	7,6	710	13,4	8,0	755	14,3	9,1	840	15,2
Période de reproduction	8,2	765	13,9	8,7	810	14,8	9,6	885	15,7
Vêlages de fin d'hiver et début de printemps									
Milieu de gestation (6e, 7e mois)	4,6	380	11,2	4,9	410	12,4	5,3	435	13,6
Fin de gestation (8e, 9e mois)	5,4	455	10,9	6,1	520	12,1	6,8	570	13,3
Autour du vêlage	5,9	545	12,3	6,8	630	13,2	7,8	715	14,1
Début d'allaitement	6,4	595	13,4	7,3	685	14,3	8,2	770	15,2
Vêlages de fin d'été									
Période de reproduction	8,2	765	13,9	8,7	810	14,8	9,6	885	15,7
Milieu de lactation (4e à 6e mois)	6,0	545	13,6	6,6	600	14,5	7,3	670	15,4
Fin de lactation (7e à 9e mois)	5,5	485	13,2	6,0	535	14,1	6,8	605	15,0
Vaches de 700 kg (Veau de 48 kg. Production laitière maximale : 8,0 à 8,5 kg/jour)									
	État à la rentrée à l'étable								
	Bon (>3,0)			Moyen (2,0-3,0)			Mauvais (<2,0)		
	UFL	PDI	UEB	UFL	PDI	UEB	UFL	PDI	UEB
Vêlages de début et de milieu d'hiver									
Fin de gestation (8e, 9e mois)	6,6	550	12,0	7,0	595	13,4	8,2	690	14,8
Autour du vêlage	7,8	715	13,6	8,3	775	14,6	9,4	870	15,6
Début d'allaitement	8,6	815	14,9	9,2	865	15,9	10,5	965	16,9
Période de reproduction	9,4	875	15,5	9,9	925	16,5	11,0	1000	17,5
Vêlages de fin d'hiver et début de printemps									
Milieu de gestation (6e, 7e mois)	5,1	425	12,3	5,4	455	13,7	5,8	495	15,1
Fin de gestation (8e, 9e mois)	6,0	510	12,0	6,8	575	13,4	7,6	640	14,8
Autour du vêlage	6,7	615	13,6	7,8	720	14,6	8,9	820	15,6
Début d'allaitement	7,2	675	14,9	8,3	780	15,9	9,4	885	16,9
Vêlages de fin d'été									
Période de reproduction	9,4	875	15,5	9,9	925	16,5	11,0	1000	17,5
Milieu de lactation (4e à 6e mois)	6,8	620	15,1	7,5	685	16,1	8,4	765	17,1
Fin de lactation (7e à 9e mois)	6,2	550	14,7	6,8	605	15,7	7,7	685	16,7

Apports recommandés en Ca, P et Mg par 100 kg de poids vif : 9,0 5,5 et 2 g en gestation ; 11,0 6,5 et 2 g en lactation.

Corrections :

1. Pour les poids intermédiaires les apports peuvent être calculés par intrapolation.
2. Ajouter 0,5 UFL et 50 PDI en lactation pour les Maine-Anjou et les Races à viande × Races laitières.
3. Stabulation libre sans paille : +0,5 UFL. Plein air intégral : +1 UFL.

TABLEAU 2.3. — Apports journaliers recommandés pour des vaches à viande à capacité d'ingestion limitée (Limousines, Blondes...)

Vaches de 550 kg (Veau de 37 kg. Production laitière maximale : 6,0 à 6,5 kg/jour)									
	État à la rentrée à l'étable								
	Bon (>3,0)			Moyen (2,0-3,0)			Mauvais (<2,0)		
	UFL	PDI	UEB	UFL	PDI	UEB	UFL	PDI	UEB
Vêlages de début et de milieu d'hiver									
Fin de gestation (8e, 9e mois)	5,4	450	9,3	5,8	485	10,4	6,7	555	11,5
Autour du vêlage	6,4	590	10,6	6,8	635	11,4	7,8	720	12,2
Début d'allaitement	6,9	645	11,5	7;3	685	12,3	8,3	765	13,1
Période de reproduction	7,4	690	12,0	7,8	730	12,8	8,7	800	13,6
Vêlages de fin d'hiver et début de printemps									
Milieu de gestation (6e, 7e mois)	4,2	350	9,4	4,5	380	10,5	4,9	410	11,6
Fin de gestation (8e, 9e mois)	5,0	415	9,3	5,6	465	10,4	6,2	520	11,5
Autour du vêlage	5,6	512	10,6	6,4	595	11,4	7,3	670	12,2
Début d'allaitement	5,8	540	11,5	6,6	625	12,3	7,5	705	13,1
Vêlages de fin d'été									
Période de reproduction	7,4	690	12,0	7,8	730	12,8	8,7	800	13,6
Milieu de lactation (4e à 6e mois)	5,4	490	11,8	5,9	540	12,6	6,6	605	13,4
Fin de lactation (7e à 9e mois)	4,8	425	11,3	5,3	475	12,1	6,1	545	12,9

Vaches de 650 kg (Veau de 41 kg. Production laitière maximale : 7,0 à 7,5 kg/jour)									
	État à la rentrée à l'étable								
	Bon (>3,0)			Moyen (2,0-3,0)			Mauvais (<2,0)		
	UFL	PDI	UEB	UFL	PDI	UEB	UFL	PDI	UEB
Vêlages de début et de milieu d'hiver									
Fin de gestation (8e, 9e mois)	6,0	500	10,5	6,5	545	11,7	7,5	630	12,9
Autour du vêlage	7,2	660	11,6	7,7	715	12,5	8,7	805	13,4
Début d'allaitement	7,9	745	12,7	8,4	795	13,6	9,6	885	14,5
Période de reproduction	8,5	795	13,2	9,0	840	14,1	10,0	920	15,0
Vêlages de fin d'hiver et début de printemps									
Milieu de gestation (6e, 7e mois)	4,8	395	10,6	5,1	425	11,8	5,6	465	13,0
Fin de gestation (8e, 9e mois)	5,5	465	10,5	6,2	525	11,7	7,0	590	12,9
Autour du vêlage	6,2	570	11,6	7,3	665	12,5	8,2	760	13,4
Début d'allaitement	6,6	620	12,7	7,6	715	13,6	8,6	815	14,5
Vêlages de fin d'été									
Période de reproduction	8,5	795	13,2	9,0	840	14,1	10,0	920	15,0
Milieu de lactation (4e à 6e mois)	6,1	555	13,0	6,8	620	13,9	7,6	695	14,8
Fin de lactation (7e à 9e mois)	5,6	495	12,5	6,1	540	13,4	7,0	620	14,3

Apports recommandés en Ca, P et Mg par 100 kg de poids vif : 9,0 5,5 et 2 g en gestation ; 11,0 6,5 et 2 g en lactation.

Corrections :

1. Pour les poids intermédiaires les apports peuvent être calculés par intrapolation.
2. Ajouter 0,3 UFL et 20 PDI en gestation pour les Blondes d'Aquitaine (650 kg environ).
3. Stabulation libre sans paille : +0,5 UFL. Plein air intégral : +1 UFL.

TABLEAU 2.4. — Apports journaliers recommandés pour des vaches de races rustiques (Salers, Aubrac...)

Vaches de 550 kg (Veau de 39 kg. Production laitière maximale : 8,0 à 8,5 kg/jour)

	État à la rentrée à l'étable								
	Bon (>3,0)			Moyen (2,0-3,0)			Mauvais (<2,0)		
	UFL	PDI	UEB	UFL	PDI	UEB	UFL	PDI	UEB
Vêlages de début et de milieu d'hiver									
Fin de gestation (8e, 9e mois)	5,5	465	10,4	5,9	495	11,5	6,8	565	12,6
Autour du vêlage	6,8	625	12,1	7,2	670	12,9	8,1	750	13,7
Début d'allaitement	7,7	730	13,1	8,2	770	13,9	9,2	845	14,7
Période de reproduction	8,4	775	13,6	8,8	815	14,4	9,6	885	15,2
Vêlages de fin d'hiver et début de printemps									
Milieu de gestation (6e, 7e mois)	4,3	355	10,6	4,6	380	11,7	4,9	415	12,8
Fin de gestation (8e, 9e mois)	5,1	425	10,4	5,7	480	11,5	6,3	530	12,6
Autour du vêlage	5,9	545	12,1	6,8	625	12,9	7,6	705	13,7
Début d'allaitement	6,6	620	13,1	7,5	700	13,9	8,3	785	14,7
Vêlages de fin d'été									
Période de reproduction	8,4	775	13,6	8,8	815	14,4	9,6	885	15,2
Milieu de lactation (4e à 6e mois)	6,3	575	13,2	6,9	625	14,0	7,6	690	14,8
Fin de lactation (7e à 9e mois)	5,7	510	12,9	6,2	550	13,7	6,9	610	14,5

Vaches de 650 kg (Veau de 42 kg. Production laitière maximale : 9,0 à 9,5 kg/jour)

	État à la rentrée à l'étable								
	Bon (>3,0)			Moyen (2,0-3,0)			Mauvais (<2,0)		
	UFL	PDI	UEB	UFL	PDI	UEB	UFL	PDI	UEB
Vêlages de début et de milieu d'hiver									
Fin de gestation (8e, 9e mois)	6,0	505	11,4	6,5	550	12,7	7,5	630	14,0
Autour du vêlage	7,6	695	13,4	8,1	750	14,3	9,1	840	15,2
Début d'allaitement	8,9	840	14,6	9,4	885	15,5	10,6	980	16,4
Période de reproduction	9,7	900	15,2	10,2	945	16,1	11,2	1025	17,0
Vêlages de fin d'hiver et début de printemps									
Milieu de gestation (6e, 7e mois)	4,8	395	11,7	5,1	420	13,0	5,6	465	14,3
Fin de gestation (8e, 9e mois)	5,5	460	11,4	6,2	520	12,7	7,0	590	14,0
Autour du vêlage	6,6	605	13,4	7,6	700	14,3	8,6	790	15,2
Début d'allaitement	7,6	715	14,6	8,6	810	15,5	9,6	905	16,4
Vêlages de fin d'été									
Période de reproduction	9,7	900	15,2	10,2	945	16,1	11,2	1025	17,0
Milieu de lactation (4e à 6e mois)	7,2	660	14,9	7,9	720	15,8	8,7	795	16,7
Fin de lactation (7e à 9e mois)	6,5	580	14,4	7,1	630	15,3	7,9	700	16,2

Apports recommandés en Ca, P et Mg par 100 kg de poids vif : 9,0 5,5 et 2 g en gestation ; 11,0 6,5 et 2 g en lactation.

Corrections :

1. Pour les poids intermédiaires les apports peuvent être calculés par intrapolation.
2. Stabulation libre sans paille : +0,5 UFL. Plein air intégral : +1 UFL.

TABLEAU 2.5. — Apports journaliers recommandés pour des vaches primipares de races à viande et rustiques

Vaches Charolaises (560 kg env. Veau de 43 kg. Production laitière maxi. : 6,0 à 6,5 kg/jour)									
	Vêlages d'hiver État satisfaisant			**Vêlages d'automne** État à la rentrée à l'étable					
				Moyen à bon (>2,0)			Mauvais (<2,0)		
	UFL	PDI	UEB	UFL	PDI	UEB	UFL	PDI	UEB
Milieu de gestation (6e, 7e mois)	5,8	490	10,4						
Fin de gestation (8e, 9e mois)	6,7	450	10,2						
Autour du vêlage	7,2	660	10,8						
Début d'allaitement	8,3	780	12,6						
Période de reproduction	8,7	810	13,6	8,9	830	13,6	9,9	920	14,4
Milieu de lactation (4e à 6e mois)				7,1	660	14,2	7,9	735	15,0
Fin de lactation (7e à 9e mois)				6,5	605	14,6	7,3	680	15,4
Vaches Limousines (510 kg env. Veau de 36 kg. Production laitière maxi. : 5,0 à 5,5 kg/jour)									
	Vêlages d'hiver État satisfaisant			**Vêlages d'automne** État à la rentrée à l'étable					
				Moyen à bon (>2,0)			Mauvais (<2,0)		
	UFL	PDI	UEB	UFL	PDI	UEB	UFL	PDI	UEB
Milieu de gestation (6e, 7e mois)	5,5	460	8,6						
Fin de gestation (8e, 9e mois)	6,0	505	8,4						
Autour du vêlage	6,5	595	9,1						
Début d'allaitement	7,5	695	10,9						
Période de reproduction	7,8	730	11,7	8,0	745	11,7	9,0	835	12,5
Milieu de lactation (4e à 6e mois)				6,3	585	12,3	7,1	660	13,1
Fin de lactation (7e à 9e mois)				5,8	540	12,6	6,6	615	13,4
Vaches Salers (530 kg env. Veau de 40 kg. Production laitière maximale : 7,0 à 7,5 kg/jour)									
	Vêlages d'hiver État satisfaisant			**Vêlages d'automne** État à la rentrée à l'étable					
				Moyen à bon (>2,0)			Mauvais (<2,0)		
	UFL	PDI	UEB	UFL	PDI	UEB	UFL	PDI	UEB
Milieu de gestation (6e, 7e mois)	5,6	470	9,8						
Fin de gestation (8e, 9e mois)	6,4	540	9,7						
Autour du vêlage	7,1	655	10,3						
Début d'allaitement	8,6	800	12,1						
Période de reproduction	9,0	835	13,1	9,2	855	13,1	10,2	950	13,9
Milieu de lactation (4e à 6e mois)				7,5	695	13,7	8,3	770	14,5
Fin de lactation (7e à 9e mois)				6,9	640	14,1	7,7	715	14,9

Apports recommandés en Ca, P et Mg par 100 kg de poids vif : 9,0 5,5 et 2 g en gestation ; 11,0 6,5 et 2 g en lactation.

Corrections :

1. Pour les Blondes d'Aquitaine ajouter 0,4 UFL, 40 PDI et 0,6 UEB aux recommandations « Limousines ». Pour les Maine-Anjou et croisées laitières ajouter 0,3 UFL, 30 PDI et 0,2 UEB aux recommandations « Charolaises ». Pour les races rustiques de petit format retrancher 0,5 UFL, 50 PDI et 1,0 UEB aux recommandations « Salers ».
2. Stabulation libre sans paille : +0,5 UFL. Plein air intégral : +1 UFL.

TABLEAU 2.6. — Exemple de calcul d'une ration à base de foin et de paille pour un troupeau de vaches Charolaises adultes à la fin de la gestation et au début de la lactation

Apports alimentaires recommandés et capacité d'ingestion

Vache de 650 kg après vêlage, rentrée en état satisfaisant, vêlant tardivement.
Hypothèses : veau pesant 45 kg à la naissance ; production laitière de 7,5 kg/jour.

	UFL	PDI (g)	Ca	P	UEB
Fin de gestation	6,4	545	58	36	13,0
Début de lactation	7,8	730	72	43	15,1

Aliments disponibles		UFL	PDIN	PDIE	Ca	P	UEB
Foin de prairie permanente	n° 464	0,63	55	69	5,5	3,0	1,31

(distribué en quantité limitée : 9 kg (7,65 kg MS) en gestation et 11 kg (9,35 kg MS) en lactation)

		UFL	PDIN	PDIE	Ca	P	UEB
Paille d'orge	n° 571	0,44	24	46	3,5	1,0	1,70
Orge	n° 616	1,16	79	102	0,9	4,0	—
Tourteau soja 50	n° 677	1,18	388	268	3,3	7,5	—

Quantités de fourrages ingérées et apports correspondants (en lactation)

	UFL	PDIN	PDIE	Ca	P	UEB
Foin : 9,35 kg MS (limité)	5,89	514	645	51,4	28,0	12,2

Paille : à volonté pour 15,2 – 12,2 = 3,0 UEB soit 3,0/1,7 = 1,7 kg de MS

	UFL	PDIN	PDIE	Ca	P	UEB
1,7 kg MS	0,75	41	78	6,0	1,7	2,9
Apports par les fourrages	6,64	555	723	57,4	29,7	15,1

Aliments concentrés complémentaires en lactation (pour 1,16 UFL et 175 g de PDIN) soit 0,31 kg de MS de tourteau et 0,68 kg de MS d'orge (par 2 équations à 2 inconnues).

	UFL	PDIN	PDIE	Ca	P	UEB
Aliments concentrés	1,16	175	153	1,6	5,0	—
Total ration	7,80	730	876	59,0	34,7	15,1

Il manque 730 – 876 = – 146 g de PDIN par rapport aux PDIE, soit un déficit de – 146/7,8 = – 18,7 g par UFL, qui doit être ramené à – 17 g/UFL. Il suffit pour cela de remplacer 0,15 kg MS d'orge par du tourteau de soja.

Rations

Gestation = 7,65 kg MS foin + 1,6 kg MS paille + 0,16 kg MS tourteau + 0,59 kg MS orge
Lactation = 9,35 kg MS foin + 1,7 kg MS paille + 0,46 kg MS tourteau + 0,53 kg MS orge
soit en kg d'aliments :
Gestation = 9 kg foin + 2 kg paille (à volonté) + 200 g tourteau soja + 650 g d'orge
Lactation = 11 kg foin + 2 kg paille (à volonté) + 550 g tourteau soja + 600 g d'orge

Complémentation minérale
Déficit en gestation = 58 – 50 = 8 g de Ca et 36 – 28 = 8 g de P
Déficit en lactation = 72 – 59 = 13 g de Ca et 43 – 35 = 8 g de P
On peut distribuer uniformément durant la période hivernale 80 à 100 g d'un composé minéral du type 14-14, soit 11 à 14 g de P et 11 à 14 g de Ca.
Ce composé minéral devra apporter suffisamment de Mg (environ 5 g/jour), d'oligoéléments (en particulier Zn : 400 mg et Cu : 80 mg), et de vitamine A (30 à 40 000 UI/jour) ; les vaches disposeront aussi du bloc de sel à lécher.

3. Alimentation du veau de boucherie

Le veau de boucherie reçoit un régime liquide exclusivement lacté, qui peut être du lait entier ou un lait de remplacement préparé à partir d'un aliment d'allaitement. Ces aliments liquides sont digérés dans la caillette et l'intestin grêle. Ils doivent donc être bien pourvus en acides aminés indispensables et semi-indispensables, ainsi qu'en vitamines, notamment hydrosolubles (tabl. 3-1). Les besoins en minéraux doivent naturellement être couverts, sauf celui en fer, car il en résulterait une viande trop colorée.

Le lait entier et les laits de remplacement sont très digestibles et ont une valeur nutritive très élevée (tabl. 3-2). Le 1er juin 1988, le taux minimum réglementaire de poudre de lait écrémé a été ramené de 60 à 45 p. 100. Cela permet d'accroître le taux de poudre de lactosérum et d'introduire des protéines de substitution. Celles-ci sont généralement moins digestibles que celles du lait (tabl. 3-3), moins bien pourvues en acides aminés indispensables et plus riches en fer. A titre d'exemple, la formule d'un autre aliment de finition pourrait maintenant être la suivante en p. 100 : poudre de lait écrémé 45, poudre de lactosérum 20, concentrat protéique de soja 4,2, matières grasses 22, produits amylacés 6,4, dl méthionine 0,2, lysine HCI 0,15 et complément minéral vitaminisé 2. Cet aliment contient 225 g de matières azotées de digestibilité 0,94 et 4,82 Mcal d'énergie métabolisable par kg de matière sèche.

Les apports énergétiques sont exprimés en énergie métabolisable car le rendement de celle-ci pour la croissance est à peu près constant. Des exemples d'apports recommandés figurent dans le tableau 3-4 pour des veaux mâles pie-noirs et normands nourris au seau. A même quantité d'énergie ingérée, le croît journalier est inférieur d'environ 5 p. 100 chez les génisses, il est plus élevé chez les veaux de race à viande ou croisés et il est accru d'environ 20 p. 100 au cours des 4 ou 5 premières semaines qui suivent l'implantation d'anabolisants. Enfin, l'alimentation au nourrisseur automatique entraîne une augmentation de 5 à 7 p. 100 de la quantité d'énergie nécessaire par kg de croît. Le tableau 3.5 donne un exemple de plan d'alimentation.

TABLEAU 3.1. — Besoins du veau et teneurs moyennes des aliments en acides aminés indispensables et semi-indispensables, minéraux et vitamines

Acides aminés (g/kg MS)			Minéraux (macro-éléments : g/kg MS, oligo-éléments : mg/kg MS)			Vitamines (mg/kg MS sauf vit. A et D : UI/kg MS)		
	Besoins[1]	Aliments[2]		Besoins[3]	Lait entier		Besoins[4]	Lait entier
Thréonine	13,5-10	12,1-10,2	Ca	13-10	10	A. ascorbique	100	120
Valine	16-13	16,2-13,6	P	7	7,5	Thiamine	1,0-5,3	3,3
Méthionine + cystine	11,5-9	8,7-7,3	Mg	1,5	1	Riboflavine	0,8-2,5	12,2
Isoleucine	15-12	13,4-11,2	K	10	12	Niacine	10-14	9,5
Leucine	23-18,5	24,1-20,3	Na	4	4	Pyridoxine	2,0	4,4
Phénylalanine + tyrosine	16-13	25,5-21,4	Cl	8	8,5	A. pantothénique	5-11	25,9
Lysine	22,5-18	21,2-17,8	Fe	40	1-4	A. folique	0,8	0,56
Histidine	7-5,5	6,7-5,7	Cu	5-10	0,1-1,1	Vit. B12	0,02-0,06	0,05
Arginine	10-7,5	9,0-7,6	Zn	50	15-38	Biotine	0,11	0,30
Tryptophane	2,1	2,9-2,4	Mn	50	0,2-0,4	Choline	1 440	1 080
			I	0,12	0,1-0,2	Vit. K	2	0,64
			Se	0,1	0,02-0,15	Vit. A	48 000	11 500
			Co	0,1	0,004-0,008	Vit. D	2 800	307
			Cr	2	0,08-0,15	Vit. E	10-30	7,8

(1) Pour des aliments contenant 4,7 Mcal d'énergie métabolisable/kg de matière sèche. Sauf pour le tryptophane, il s'agit de valeurs INRA estimées d'après l'évolution observée dans les taux sanguins ou musculaires d'acides aminés libres en faisant varier les quantités ingérées par des veaux de 50 (1re valeur) ou 130 kg (2e valeur) de poids vif, gagnant 1 100 g/j (excepté pour la lysine : 2e valeur obtenue avec des veaux de 150 à 200 kg gagnant 1 600 g/j). La valeur concernant le tryptophane provient de travaux néerlandais basés sur l'évolution de la rétention azotée selon l'apport alimentaire, chez des veaux de 60 kg gagnant 900 g/j. Pour certains des autres acides aminés, les valeurs néerlandaises, obtenues dans les mêmes conditions que pour le tryptophane, sont plus faibles (thréonine $\leqslant$ 12,3, valine 11,7, acides aminés soufrés 7,9, lysine 19,3, histidine 4,8 et arginine 6,6) que celles rapportées dans la 1re colonne.

(2) Aliment d'allaitement de « croissance » (1re valeur) ou de « finition » (2e valeur) contenant respectivement 250 ou 210 g de protéines de lait par kg de MS.

(3) Les apports recommandés sont voisins des besoins, sauf pour le fer car il en résulterait une viande trop colorée. La maîtrise de la coloration, tout en évitant un état d'anémie préjudiciable à la croissance, est délicate car elle dépend non seulement de la teneur en fer de l'aliment d'allaitement, mais aussi du stock hépatique à la naissance, de la teneur en fer et de la dureté de l'eau utilisée pour préparer le lait de remplacement etc.

(4) Les incertitudes sur les besoins vitaminiques conduisent à utiliser des marges de sécurité importantes. En ce qui concerne les vitamines hydrosolubles, il est recommandé d'ajouter aux aliments d'allaitement des quantités équivalentes aux besoins, surtout pour l'acide ascorbique, la thiamine, la vitamine B12 et la choline (remplaçable par de la bétaïne) ; les quantités apportées par les matières premières peuvent être naturellement insuffisantes ou avoir été réduites par les traitements thermiques. Les vitamines liposolubles doivent être ajoutées en quantités supérieures aux besoins, à cause de leur relative instabilité.

TABLEAU 3.2. — Exemples d'aliments d'allaitement couramment utilisés. Composition du lait entier

Type d'aliment	Démar-rage	Crois-sance	Finition	Unique	Lait entier
Ingrédients (p. 100)					
— poudre de lait écrémé	70	65	60	62	—
— poudre de lactosérum	8	12	12	12	—
— matières grasses (a)	17	19	21	20	—
— produits amylacés	2,3	2,0	5,0	4,0	
— dl méthionine	0,2	0,18	0,16	0,16	—
— divers (minéraux, vitamines, etc.)	2,5	1,8	1,8	1,8	—
Teneur en matière sèche (MS) (p. 100)	96	96	96	96	13,0
Constituants organiques (g/kg MS) (1) et digestibilité apparente (2) (b) :					
— matière organique (1)	925	930	935	932	939
(2)	0,93	0,96	0,96	0,96	0,97
— matières azotées (1)	273	259	241	248	254
(2)	0,87	0,95	0,95	0,95	0,95
— matières grasses (1)	185	204	226	216	308
(2)	0,89	0,92	0,92	0,92	0,97
— glucides (1)	467	467	468	468	377
(2)	0,99	0,99	0,99	0,99	0,99
Constituants minéraux (g/kg MS) :					
— cendres	75	70	65	68	61
— Ca	15	13	9	10	10
— P	9	9	8	8	7,5
— K	13	13	13	13	12
— Na	4,5	4,5	4	4,5	4
— Mg	1,5	1,5	1,5	1,5	1,0
— Cl	10	9	8	9	8
— Fe	0,050	0,025	0,010	0,015	0,003
Énergie (Mcal/kg MS) :					
— brute (c)	5,03	5,16	5,27	5,22	5,72
— digestible	4,62	4,91	5,02	4,97	5,55
— métabolisable	4,49	4,74	4,84	4,79	5,35

(a) Mélange de suif et d'huile de coprah (50 et 50 p. 100 dans l'aliment démarrage, 80 et 20 p. 100 dans les autres aliments d'allaitement).

(b) Digestibilité apparente de l'aliment de démarrage estimée pour les 3 premières semaines de vie.

(c) Valeurs énergétiques utilisées (Mcal/kg) : matières grasses du lait 9,24 ; suif 9,45 ; huile de coprah 9,03 ; protéines 5,65 ; lactose 3,81 et produits amylacés 4,01.

TABLEAU 3.3. — Composition et coefficients d'utilisation digestive apparente des produits laitiers et des principales sources protéiques pouvant être incorporés dans les aliments d'allaitement (valeurs obtenues à partir de l'âge d'un mois)

Produit	MS (g/kg)	Constituants organiques (g/kg MS) (a)				Minéraux (g/kg MS)						Digestibilité × 100		Énergie (Mcal/kg MS)		MAD (g/kg MS) (a)
		MO	MAT	MG	LAC	Cendres	Ca	P	K	Na	Mg	MO	MAT	brute	digestible	
Lait écrémé frais	92	920	355	3	535	80	13,5	10,2	16,2	5,6	1,3	98,0	95,7	4,17	4,01	340
Lait écrémé séché	956	918	374	10	516	82	12,9	10,8	16,5	4,8	1,3	97,3	95,0	4,28	4,11	355
Lactosérum séché	969	919	135	10	720	81	7,6	6,8	22,9	7,7	1,2			3,80	3,65	127
Babeurre frais	97	922	350	17	489	78	13,9	9,7	15,9	6,4				4,20	3,99	319
Babeurre séché	958	901	325	63	434	99	10,8	9,2	17,5	13,0	1,1		91,1	4,32	4,12	296
Concentrats protéiques de lactosérum :																
- cristallisation du lactose	955	801	224	28	420	199	28,9	10,7	52,8	17,8	2,3	97,4	94,2	3,52	3,41	211
- ultrafiltration	960	941	371	22	505	59	4,8	5,1	17,5	5,5	1,1	96,9	94,3	4,35	4,20	350
- procédé Centriwhey	960	944	571	38	237	56						92,9	90,7	4,80	4,47	518
Ultrafiltrat de lactosérum	978	911	37		835	89	6,3	5,9	26,3	9,1	1,3	98,3		3,51	3,44	
Concentrats de :																
- poisson de Norvège délipidé à l'hexane	940	880	864	49		120	18,3	19,4	1,6	16,3	1,6		83,0	5,04		735
- poisson blanc partiellement hydrolysé	973	943	899	79		57	1,7	6,2	22,2	13,4	0,5		90,7	5,50		815
Concentrat protéique de pomme de terre	912	988	857	10		12	4,0	4,7	6,7	0,4	0,3		82,9	5,38		710
Soja cuit :																
- tourteau	930	935	532	48		65	3,0	8,1	21,9	4,4	2,8		74,2	4,87		395
- concentrat extrait à l'alcool	944	935	669			65	5,5	8,0	19,6	0,3	4,4		88,0	4,81		588
- isolat d'extraction alcaline	945	960	915	41		40	1,3	7,4	2,5	4,0	0,4		87,4			800
Levures d'alcanes (b)	974	925	687	16		85	3,0	17,0	27,7	tr	1,4		84,4	4,80		580
Levures lactiques (b)	950	926	507	73		74	2,1	13,7	23,2	2,1	1,6		79,8	4,80		405
Bactéries cultivées sur méthanol (b)	970	915	804	105		85	13,4	26,8	2,5	1,0	3,4		90,6			728

(a) MS : matière sèche, MAD : matières azotées digestibles, MO : matière organique, MAT : matières azotées totales, MG : matières grasses, LAC : lactose, tr : traces.
(b) Une part importante des matières azotées microbiennes est sous forme nucléique (de 12 à 14% dans les levures et environ 19% dans les bactéries).

TABLEAU 3.4. — Apports alimentaires recommandés pour le veau de boucherie mâle pie-noir ou normand : quantités journalières d'énergie métabolisable, d'aliment d'allaitement et de lait entier selon le poids vif et le gain de poids vif recherché

Poids vif (kg)	Gain de poids vif recherché (g/j)	Energie métabolisable (Mcal)	Aliment d'allaitement (g)(1)	Lait entier (kg)(2)
50	400	3,00	660	4,3
	600	3,71	815	5,3
	800	4,46	980	6,4
75	800	5,52	1 215	7,9
	1 000	6,44	1 415	9,2
	1 200	7,39	1 625	10,6
100	1 000	7,48	1 610	10,7
	1 200	8,53	1 835	12,2
	1 400	9,62	2 070	13,7
125	1 000	8,40	1 810	12,0
	1 200	9,54	2 050	13,6
	1 400	10,72	2 305	15,3
150	1 200	10,49	2 255	15,0
	1 400	11,65	2 505	16,6
	1 600	13,05	2 805	18,6
175	1 200	11,35	2 440	16,2
	1 400	12,68	2 725	18,1
	1 600	14,05	3 020	20,1
200	1 200	12,19	2 620	17,4
	1 400	13,58	2 920	19,4
	1 600	15,02	3 230	21,5
225	1 200	12,96	2 785	18,5
	1 400	14,41	3 100	20,6
	1 600	15,91	3 420	22,7

(1) Contenant 4,55 Mcal/kg jusqu'à 75 kg et 4,65 ensuite.
(2) Contenant 40 g de matières grasses et 0,700 Mcal/kg.

TABLEAU 3.5. — Exemple de plan d'alimentation pour la production du veau de boucherie mâle normand ou frison

Temps depuis l'entrée en étable (semaines)	Poids vif en début de semaine (kg)(1)	Gain de poids vif (g/j)(1)	Concentration (g d'aliment d'allaitement/ kg d'eau)	Quantité proposée (g/j)(2)	
				Aliment d'allaitement (3)	Eau
1(4)	45	0	140	430	3 070
2	45	286	161	555	3 445
3	47	610	170	870	5 130
4	51	1 000	194	1 220	6 280
5	58	1 200	194	1 300	6 700
6	67	1 300	208	1 730	8 300
7	76	1 300	217	1 800	8 300
8	85	1 300	223	1 895	8 503
9	94	1 350	223	2 005	8 995
10	103	1 350	223	2 095	9 405
11	113	1 440	228	2 300	10 100
12	123	1 440	226	2 395	10 605
13	133	1 450	225	2 495	11 105
14	143	1 450	226	2 585	11 415
15	153	1 450	226	2 670	11 830
16	163	1 470	226	2 800	12 400
17	174	1 420	226	2 800	12 400

(1) En cas d'administration d'anabolisants (fin de la dixième semaine), la croissance est plus rapide pendant 5 à 6 semaines et le poids vif observé au début de la dernière semaine est accru de 13 à 17 kg.

(2) Quantités distribuées en 2 repas/j. En cas de suppression du repas du dimanche soir, multiplier les quantités offertes par repas par 1,077.

(3) Contenant 4,55 Mcal/kg jusqu'à 8 semaines et 4,65 ensuite.

(4) Premier jour : réhydratant + 1 500 g d'eau (1 repas).
Du deuxième au cinquième jour : 400 g d'aliment + 3 000 g d'eau (en 2 repas).
Le sixième et le septième jour : 460 g d'aliment + 3 040 g d'eau (en 2 repas).

4. Alimentation des veaux et génisses d'élevage

Veaux d'élevage

Les apports alimentaires recommandés pour les veaux d'élevage sont identiques pour les mâles et les génisses jusqu'au poids vif de 150 kg (tabl. 4.2).

Après le colostrum maternel, les veaux d'élevage reçoivent un maximum journalier de 8 kg de lait entier ou de 1 kg d'aliment d'allaitement. Les quantités totales sont environ de 400 kg de lait entier ou de 50 kg d'aliment d'allaitement pour un sevrage vers l'âge minimum de 8 semaines (tabl. 4.1).

L'apport d'aliment concentré et de fourrage commence dès l'âge de 2 semaines. L'aliment concentré est distribué à volonté jusqu'à un maximum journalier de 2 kg pour les génisses et de 3 kg pour les mâles. Un fourrage de très bonne valeur nutritive (excellent foin, ensilage de maïs,...) est offert à volonté. Au-delà du poids vif de 150 kg (4 à 5 mois d'âge), il faut se reporter au chapitre 5 pour les mâles en croissance (tabl. 5.9) ou à l'engrais (tabl. 5.3 et 5.4).

Génisses d'élevage

A même poids vif et même gain de poids vif, les apports énergétiques recommandés (UFL) sont plus élevés pour les génisses laitières que pour celles à viande parce qu'elles déposent plus de gras (tabl. 4.3 ; note 2). En revanche, les besoins azotés (PDI) sont considérés comme identiques. Le déficit PDIN-PDIE tolérable est de-10 g par UFL entre les âges de 4 et 12 mois et-15 g par UFL au-delà. La capacité d'ingestion (CI en UEB) des génisses de races laitières est supérieure à celle des Charolaises et des Salers et, surtout, à celle des Limousines de même poids vif (tabl. 4.3). Les apports recommandés pour les génisses destinées à l'engrais figurent au tableau 5.8.

Rations de fourrage seul

Les génisses reçoivent essentiellement des fourrages caractérisés au chapitre 8. La quantité de matière sèche (kg MS) ingérée d'un fourrage distribué seul, à volonté, est déterminée en divisant la capacité d'ingestion de la génisse par la valeur UEB du fourrage. Les apports d'UFL, de PDIN et de PDIE correspondants sont comparés aux apports UFL et PDI recommandés (tabl. 4.2 et 4.3) pour déterminer le croît permis (tabl. 4.4). S'il dépasse l'objectif, la distribution du fourrage doit être limitée à la quantité nécessaire à l'apport UFL.

Ainsi, une génisse laitière de 400 kg (CI = 8,5 UEB) peut consommer 6,5 kg MS de l'ensilage d'herbe n° 301 (1,3 UEB) ou 7,1 kg MS du foin n° 460 (1,2 UEB). Les apports UFL et PDI permettent des croîts de 500 g/j (tabl. 4.3). Cependant, le déficit PDIN-PDIE important de la ration de foin doit être réduit par un petit apport de PDIN (protéagineux, azote non protéique,...).

La même génisse recevant l'ensilage de maïs n° 427 (1,13 UEB) à volonté en consomme 7,5 kg MS. L'apport UFL permet un croît proche de 1 000 g/j. La faible valeur azotée de l'ensilage de maïs, distribué en quantité limitée pour un croît plus faible, nécessite un apport de tourteau calculé d'après les UFL et les PDIN nécessaires (tabl. 5.1).

Rations mixtes de fourrage et d'aliment concentré

Si le croît permis par le fourrage seul est inférieur à l'objectif, l'apport énergétique de la ration doit être augmenté par un aliment concentré (tabl. 4.4). Celui-ci réduit la quantité de fourrage consommée. Tout se passe alors comme si la valeur UEB du fourrage était accrue et prenait une valeur UEB apparente fournie par les tableaux 5.13 et 5.14. La quantité de MS ingérée du fourrage distribué à volonté est obtenue en divisant la capacité d'ingestion de la génisse par la valeur UEB apparente du fourrage. Celle-ci est fonction de la densité énergétique recommandée minimale de la ration (DERm = UFL nécessaires/capacité d'ingestion en UEB ; tabl. 4.3), des valeurs UFL et UEB du fourrage et de la valeur UFL de l'aliment concentré. Les apports UFL et PDI par le fourrage sont comparés aux quantités nécessaires.

L'aliment concentré (céréales, tourteaux,...) doit couvrir la différence entre les apports UFL et PDI du fourrage et les quantités nécessaires (tabl. 4.3). Ainsi, si le croît de la génisse doit être de 800 g/j,
- 1 kg brut de céréales est suffisant avec l'ensilage d'herbe n° 301, bien pourvu en matières azotées, dont la consommation est de 6,4 kg MS ;
- l'aliment concentré nécessaire (1,2 kg brut) avec le foin n° 460, dont la consommation est de 6,7 kg MS, contient des tourteaux. Le foin est moins pourvu en matières azotées et le tourteau réduit, au moins partiellement, le déficit PDIN-PDIE de la ration (chap 5).

Enfin, les apports minéraux et vitaminiques de la ration de fourrage seul ou mixte de fourrage et d'aliment concentré (céréales, tourteaux,...) sont comparés aux besoins (tabl. 4.3 et 5.12 pour les minéraux ; annexe 9.4 pour les vitamines). Les quantités manquantes fournies par un complément minéral vitaminisé sont à additionner à l'aliment concentré, le plus souvent, ou à de l'ensilage.

TABLEAU 4.1. — Plans d'allaitement en kg de lait de remplacement par jour des veaux d'élevage devant être sevrés à 8 semaines et réalisant un gain de poids vif de 900 g/j

Régime	Âge (semaines)								
	1	2	3	4	5	6	7	8	9
2 repas par jour(1)	Colostrum	8	8	8	8	8	6	3	0
1 repas par jour(2)	Colostrum	4	5	5	5	5	3,5	2	0

(1) Lait entier ou lait de remplacement (1 kg = 130 g d'aliment d'allaitement + 870 g d'eau). Total : 400 kg de lait entier ou 50 kg d'aliment d'allaitement.

(2) Lait de remplacement : 1 kg = 220 g d'aliment d'allaitement + 780 g d'eau, ou 750 g de lait entier + (prémélange de 125 g d'aliment d'allaitement + 125 g d'eau). Ce prémélange permet la solubilisation de l'aliment dans l'eau chaude.

Total : 50 kg d'aliment d'allaitement ou 28 kg d'aliment d'allaitement et 180 kg de lait entier.

TABLEAU 4.2. — Apports alimentaires recommandés pour les veaux d'élevage de la naissance au poids vif de 150 kg (races laitières de grand format)

Poids vif (kg)	Gain poids vif (g/j)	Apports journaliers: UFL avant sevrage	UFL après sevrage	PDI (g) avant sevrage	PDI (g) après sevrage	Ca (g) (1)	P (g) (1)	Capacité d'ingestion (kg MS)	Capacité d'ingestion (UEB)
50	600	1,3		184				0,9	
50	800	1,5		220				0,9	
50	1 000	1,7		258				0,9	
60	600	1,5		203				1,2	
60	800	1,7		242				1,2	
60	1 000	2,0		283				1,2	
70	600	1,6		222				1,5	
70	800	1,9		263				1,5	
70	1 000	2,3		306				1,5	
80	600	1,8	1,7	240	222	14	8	1,7	1,9
80	800	2,1	2,0	283	265	19	10	1,7	1,9
80	1 000	2,5		328					
90	600	2,0	1,8	257	232	15	9	2,0	2,2
90	800	2,3	2,2	302	275	20	11	2,0	2,2
90	1 000	2,7	2,5	349	316	24	13	2,0	2,2
100	600	2,1	2,0	273	242	15	9	2,3	2,5
100	800	2,5	2,3	320	285	20	11	2,3	2,5
100	1 000	2,9	2,7	369	326	24	13	2,3	2,5
125	600		2,4		266	16	10	3,0	3,3
125	800		2,8		308	21	12	3,0	3,3
125	1 000		3,2		351	25	14	3,0	3,3
150	600		2,7		286	18	11	3,6	4,1
150	800		3,2		329	22	13	3,6	4,1
150	1 000		3,7		372	27	15	3,6	4,1

(1) Pendant la phase d'allaitement et jusqu'au début du sevrage, les apports recommandés de calcium et de phosphore sont totalement couverts par la quantité de lait entier ou de lait de remplacement distribuée selon le plan du tableau 11.1

TABLEAU 4.3. — Apports alimentaires recommandés pour les génisses d'élevage

Poids vif (kg)	Gain de poids vif (g/j)	Apports journaliers				Capacité d'ingestion (UEB)			Densité énergétique de la ration (DERm)		
		UFL (2)	PDI (g)	Ca (g)	P (g)	PN,HF NO,MO	CH SL	LI (3)	PN,HF NO,MO	CH SL	LI (3)
200	400	3,0	282	17	10	5,0			0,60		
200	600	3,4	329	21	12	5,0			0,68		
200	800	3,9	373	25	14	5,0			0,77		
200	1 000	4,4	412	30	16	5,0			0,87		
250	400	3,5	319	19	13	6,0	5,0	4,4	0,58	0,68	0,77
250	600	3,9	367	24	15	6,0	5,0	4,4	0,65	0,76	0,86
250	800	4,4	410	29	17	6,0	5,0	4,4	0,74	0,85	0,96
250	1 000	5,0	448	34	19	6,0	5,0	4,4	0,83	0,94	1,07
300	200	3,5	299	18	14	6,8	5,9	5,2	0,51	0,59	0,67
300	400	3,9	355	22	16	6,8	5,9	5,2	0,58	0,65	0,74
300	600	4,4	404	27	18	6,8	5,9	5,2	0,65	0,72	0,82
300	800	5,0	446	32	20	6,8	5,9	5,2	0,73	0,80	0,91
300	1 000	5,6	483	37	22	6,8	5,9	5,2	0,83	0,89	1,01
350	200	3,9	333	20	17	7,6	6,7	5,9	0,51	0,58	0,66
350	400	4,4	391	25	19	7,6	6,7	5,9	0,58	0,64	0,72
350	600	4,9	441	30	22	7,6	6,7	5,9	0,64	0,70	0,80
350	800	5,5	482	35	24	7,6	6,7	5,9	0,73	0,78	0,88
350	1 000	6,2	516	41	27	7,6	6,7	5,9	0,82	0,86	0,97
400	200	4,3	367	22	20	8,5	7,6	6,7	0,51	0,56	0,63
400	400	4,8	428	28	23	8,5	7,6	6,7	0,56	0,62	0,69
400	600	5,4	479	33	26	8,5	7,6	6,7	0,63	0,68	0,76
400	800	6,1	518	39	28	8,5	7,6	6,7	0,72	0,75	0,84
400	1 000	6,9	548	45	31	8,5	7,6	6,7	0,81	0,83	0,93
450	200	4,7	401	26	22	9,3	8,5	7,7	0,50	0,55	0,60
450	400	5,2	465	32	25	9,3	8,5	7,7	0,56	0,60	0,66
450	600	5,9	515	38	28	9,3	8,5	7,7	0,63	0,66	0,72
450	800	6,7	550	44	30	9,3	8,5	7,7	0,72	0,72	0,80
450	1 000	7,5	572	50	33	9,3	8,5	7,7	0,81	0,80	0,88
500	200	5,1	436	30	24	10,1	9,3	8,4	0,50	0,54	0,60
500	400	5,6	505	36	28	10,1	9,3	8,4	0,56	0,59	0,65
500	600	6,4	553	43	30	10,1	9,3	8,4	0,63	0,65	0,72
500	800	7,3	583	49	33	10,1	9,3	8,4	0,72	0,71	0,79
500	1 000	8,3	595	55	35	10,1	9,3	8,4	0,81	0,79	0,87
550	200	5,4	478	33	27	10,9	10,1	9,1	0,50	0,53	0,59
550	400	6,1	552	39	29	10,9	10,1	9,1	0,56	0,58	0,64
550	600	6,9	598	45	32	10,9	10,1	9,1	0,63	0,64	0,71
550	800	7,9	623	51	34	10,9	10,1	9,1	0,72	0,70	0,78
550	1 000	9,0	623	57	36	10,9	10,1	9,1	0,81	0,78	0,87

(2) Les apports énergétiques recommandés sont à *réduire* de 5-8 et 10 p. 100 aux gains de poids vif de 600-800 et 1 000 g/j respectivement pour les génisses des races à viande d'un poids vif égal ou supérieur à 350 kg. Les DERm tiennent compte de ces corrections.

(3) Races : Pie Noire (PN), Holstein (HF), Normande (NO), Montbéliarde (MO), Charolaise (CH), Salers (SL), Limousine (LI).

TABLEAU 4.4. — Quantités consommées de fourrages offerts à volonté, croît permis et quantité d'aliment concentré nécessaire, selon la valeur énergétique (UFL) et la valeur d'encombrement (UEB) du fourrage

UFL/kg MS	0,8			0,7			0,6			0,5		
UEB/kg MS	1,0	1,1	1,2	1	1,1	1,2	1,1	1,2	1,3	1,2	1,3	1,4
Fourrage ingéré (kg MS)												
Génisse laitière, 250 kg	6,0	5,5	5,0	6,0	5,5	5,0	5,5	5,0	4,6	5,0	4,6	4,3
Génisse laitière, 400 kg	8,5	7,7	7,1	8,5	7,7	7,1	7,7	7,1	6,5	7,1	6,5	6,1
Génisse charolaise, 300 kg	5,9	5,4	4,9	5,9	5,4	4,9	5,4	4,9	4,5	4,9	4,5	4,2
Génisse charolaise, 400 kg	7,6	6,9	6,3	7,6	6,9	6,3	6,9	6,3	5,8	6,3	5,8	5,4
Croît permis (g/j)												
Génisse laitière, 250 kg	900	800	600	700	600	400	400	200	0	—	—	—
Génisse laitière, 400 kg	1 000	800	700	800	600	500	500	200	0	—	—	—
Génisse charolaise, 300 kg	800	600	400	500	400	200	0	—	—	—	—	—
Génisse charolaise, 400 kg	900	800	600	600	450	300	0	—	—	—	—	—
Rations :												
Génisse laitière (400 kg, 800 g/j)												
Fourrage (kg MS)	7,6	7,6	6,7	8,4	7,5	6,8	7,0	6,3	5,9	5,9	5,4	5,0
Concentré (kg brut)	—	—	0,5	0,2	0,9	1,4	1,9	2,3	2,5	3,1	3,4	3,5
Génisse charolaise (300 kg, 600 g/j)												
Fourrage (kg MS)	5,3	5,4	4,9	5,8	5,2	4,7	4,8	4,4	4,1	4,1	3,8	3,6
Concentré (kg brut)	—	—	0,4	0,2	0,6	1,0	1,4	1,6	1,8	2,2	2,4	2,5

5. Alimentation des bovins en croissance et à l'engrais

La population des bovins en croissance et à l'engrais comporte des types d'animaux très divers selon le sexe, le type génétique, l'âge. Les tableaux 5.3 à 5.11 présentent les apports alimentaires recommandés (UFV ou UFL et PDI) et la capacité d'ingestion, exprimée en Unités d'encombrement (UEB ou UEL), pour les principaux types, selon leur poids et leur gain de poids. Les apports recommandés en minéraux sont communs à toutes les catégories de bovins en croissance et à l'engrais (tabl. 5.12). Les apports recommandés en oligo-éléments et en vitamines figurent dans les annexes 9.3 et 9.4.

Pour calculer une ration destinée à l'une de ces catégories d'animaux, il faut tout d'abord sélectionner le tableau relatif à celle-ci. Le poids de l'animal et le gain de poids que l'on se fixe, proche du potentiel pour les animaux à l'engrais ou volontairement modéré pour les animaux en croissance, vont définir le niveau des apports recommandés (UF et PDI) ainsi que la capacité d'ingestion. Les caractéristiques des aliments disponibles sont fournies par les tables du chapitre 8.

Le tableau 5.1 présente les étapes du calcul d'une ration.

Calcul de la quantité maximale de fourrage qui peut être ingérée par l'animal.

On distribue en général le fourrage à volonté afin d'en faire consommer un maximum et de distribuer ainsi un minimum de concentré.

Si le fourrage est distribué à volonté comme seul aliment, la quantité de matière sèche ingérée est obtenue en divisant la capacité d'ingestion (CI) par la valeur d'encombrement du fourrage en UE. On en déduit la quantité d'UF apportée par le fourrage et la croissance qu'elle permet. Si un niveau de croissance inférieur est souhaité, on distribue une quantité de fourrage limitée sur la base de l'énergie. Dans tous les cas les apports en azote, en minéraux et en vitamines doivent être satisfaits.

Si on veut atteindre un gain de poids supérieur à celui que permet le fourrage seul, il faut augmenter l'apport UF de la ration en ajoutant un aliment concentré. La ration recherchée doit apporter la quantité d'UF nécessaire dans une quantité d'UE qui ne doit pas dépasser la capacité d'ingestion. Elle devra donc avoir une densité énergétique minimale (DERm) égale au quotient de la quantité d'UF par la capacité d'ingestion en UE. Cette DERm figure également dans chacun des tableaux 5.3 à 5.11.

Cet apport d'aliment concentré va diminuer la quantité de fourrage consommée en son absence. Tout se passe alors comme si la valeur d'encombrement du fourrage augmentait et prenait une valeur d'encombrement apparente. Les tableaux 5.13 et 5.14 fournissent directement cette valeur UEB apparente, selon la DERm souhaitée, la valeur UF du type de concentré choisi, ne tenant pas compte des minéraux, et les valeurs UE et UF du fourrage. La quantité de fourrage ingérée correspond alors au quotient de la capacité d'ingestion par la valeur d'encombrement apparente du fourrage.

Le tableau 5.15 permet par ailleurs d'obtenir directement la quantité de matière sèche de fourrage ingérée par l'animal, quand on a prédéterminé la quantité de concentré à distribuer.

Calcul de la quantité et de la composition du concentré

On calcule dans un premier temps le déficit en UF, PDIE, PDIN et minéraux par différence entre les apports recommandés lus dans les tableaux et les quantités apportées par le fourrage (tabl. 5.1).

* La plupart des rations de base (ensilage de maïs, pulpes...) sont déficitaires en PDIN par rapport aux PDIE. Le calcul se fera donc en général sur la base du déficit en PDIN. L'aliment concentré est la plupart du temps constitué à partir de céréales (X kg) et d'aliments protéiques (Y kg) (tourteaux, graines de protéagineux...). On calcule les quantités de ces matières premières à l'aide de 2 équations à 2 inconnues (X et Y) sur la base du déficit en UF et en PDIN. L'excès de PDIE par rapport aux PDIN, auquel le calcul peut conduire, ne devra pas dépasser les valeurs proposées au tableau 5.2, sur la base des écarts PDIE-PDIN/UF, afin d'éviter les risques de diminution de la croissance. Il est possible de réduire cet excès de PDIE par le choix de sources protéiques plus dégradables. Dans le cas d'emploi d'aliments composés du commerce, le choix s'effectue sur la base de l'équilibre PDI/UF de l'aliment optimum pour complémenter la ration de base.

* Dans le cas de fourrages riches en azote dégradable (ensilages...) le calcul précédent des quantités de céréales et d'aliments protéiques (X et Y) à apporter est effectué sur la base du déficit en UF et en PDIE.

⋆ Enfin si on souhaite utiliser de l'azote non protéique industriel (urée, ammoniaque...) en complément de fourrages déficitaires en PDIN, le calcul précédent des quantités (X et Y) à apporter est effectué également sur la base du déficit en UF et en PDIE. On comble ensuite une partie du déficit en PDIN par rapport aux PDIE avec la source d'azote non protéique jusqu'à concurrence des valeurs précisées au tableau 5.2. Le reste peut être comblé par l'urée endogène recyclée dans le rumen. Ce léger déficit risque peu de diminuer la croissance. Il permet en revanche de limiter l'introduction d'urée et d'améliorer ainsi l'appétibilité de l'aliment concentré.

Le logiciel INRAtions permet de calculer sur micro-ordinateur les rations selon ces principes en tenant compte des déficits et des excès tolérables.

TABLEAU 5.1. — Exemple de calcul d'une ration :
Engraissement de taurillons Charolais avec de l'ensilage de maïs

Caractéristiques générales

— Lot de *taurillons Charolais de 500 kg* devant réaliser un gain de poids de 1 600 g/j (tabl. 5)

UFV	PDI	CI	DERm	P (g)	Ca (g)
8,2	820	8,2	1,0	43	74

— *Ensilage de maïs* n° 428 distribué à volonté — Les aliments concentrés complémentaires disponibles sont du maïs grain n° 614 et du tourteau de soja n° 677.

	UFV	PDIN	PDIE	UEB	P (g)	Ca (g)
Ensilage de maïs	0,80	50	68	1,05	2,5	3,5
Maïs grain	1,11	71	103		3,0	0,3
Tourteau soja	1,03	341	231		6,5	2,9

La densité énergétique du fourrage 0,8 / 1,05 = 0,76 est inférieure à la DERm recherchée de la ration : 1,0. Il faut donc apporter du concentré

— *Détermination de la quantité de fourrage ingérée*
L'ensilage de maïs considéré aura une valeur d'encombrement apparente de 1,47 dans la ration pour atteindre la DERm de 1,0 (hypothèse : le concentré associé a une concentration énergétique moyenne comprise entre 1 et 1,10 UFV/kg brut (tabl. 14).

Quantité d'ensilage de maïs ingérée : 16 kg soit 5,6 kg de MS

— *Calcul des apports du fourrage et des déficits en UFV et PDI*

	UF	PDIN	PDIE
Apports recommandés (+)	8,2	820	820
Apports du fourrage (−)	4,5	280	381
Déficits à couvrir par le concentré (=)	3,7	540	439

— *Calcul de la quantité et de la composition du concentré à partir du déficit en UFV et en PDIE* (2 équations à 2 inconnues)

en UF $3{,}7 = 1{,}11 \times$ kg maïs $+ 1{,}03 \times$ kg tourteau
en PDIE $439 = 103 \times$ kg maïs $+ 231 \times$ kg tourteau
soit environ 2,7 kg de maïs grain
soit environ 0,7 kg de tourteau de soja

TABLEAU 5.1. — Exemple de calcul d'une ration :
Engraissement de taurillons Charolais avec de l'ensilage de maïs (suite)

— *Déficit en PDIN* (azote dégradable)

La ration apporte 712 g de PDIN soit un déficit de 108 g et de 13 g/UFV par rapport aux apports recommandés.
En se tolérant un déficit de 9 g/UF, il faut apporter en complément 34 g de PDIN. Cet apport complémentaire peut être réalisé par l'apport de 23 g d'urée environ.

— *Vérification des apports*

	kg	UFV	PDIN	PDIE	P	Ca
Ensilage de maïs	16	4,5	280	381	14	20
Maïs grain	2,7	3,0	192	278	8	1
Tourteau soja	0,7	0,7	240	161	5	2
Urée	0,023		34			
Total		8,2	746	820	27	23

— *Complément minéral vitaminisé (CMV)*

Déficit en P : 43 – 27 = 16 g Déficit en Ca : 74 – 23 = 51 g

On utilisera un composé minéral de type 7 – 22 à raison de 230 g/j

TABLEAU 5.2. — Excès de PDIE ou déficits en PDIN tolérables selon le poids et le type de bovins en croissance ou à l'engrais (PDIE-PDIN g/UF)

1. Calcul réalisé sur la base des PDIN (excès de PDIE)

Type d'animal	Période d'alimentation considérée		
	Début	Milieu	Fin
Taurillon	10	15	20
Bœufs, génisses, vaches	10	18	22
Mâles en croissance	– 1 an	1 à 2 ans	2 ans et +
	12	18	25

2. Calcul réalisé sur la base des PDIE (déficit en PDIN)

	Début	Milieu	Fin
Taurillon	5	9	13
Bœufs, génisses, vaches	5	10	15
Mâles en croissance	– 1 an	1 à 2 ans	2 ans et +
	8	13	18

TABLEAU 5.3. — Apports alimentaires recommandés et capacité d'ingestion pour des taurillons précoces à l'engrais issus des troupeaux laitiers (Pie Noir et Normand)

Poids vif (kg)	Gain poids vif (g/j)	Pie Noir				Normand			
		Quantité totale/j			DERm (1)	Quantité totale/j			DERm (1)
		UFV	PDI (g)	UEB	UFV/UEB	UFV	PDI (g)	UEB	UFV/UEB
150	1 000	3,3	380	4,4	0,74	3,3	380	4,2	0,78
	1 200	3,7	420		0,82	3,6	425		0,87
	1 400	4,0	465		0,91	4,0	465		0,96
	1 600	4,5	500		1,00	4,4	505		1,06
200	1 000	3,9	425	5,3	0,73	3,8	425	4,9	0,78
	1 200	4,3	465		0,81	4,2	470		0,86
	1 400	4,7	510		0,90	4,7	510		0,94
	1 600	5,2	545		0,99	5,1	550		1,03
250	1 000	4,4	465	6,0	0,73	4,4	465	5,6	0,77
	1 200	4,9	510		0,81	4,8	510		0,85
	1 400	5,4	550		0,90	5,3	550		0,94
	1 600	5,9	585		0,98	5,8	590		1,03
300	1 000	5,0	505	6,7	0,74	4,9	505	6,3	0,78
	1 200	5,5	545		0,82	5,4	545		0,86
	1 400	6,0	585		0,90	5,9	585		0,94
	1 600	6,6	620		0,99	6,5	625		1,03
350	1 000	5,5	540	7,4	0,75	5,4	540	6,9	0,79
	1 200	6,1	580		0,83	6,0	585		0,87
	1 400	6,7	615		0,91	6,6	620		0,95
	1 600	7,4	645		1,00	7,2	655		1,04
400	1 000	6,1	575	8,0	0,76	6,0	575	7,5	0,80
	1 200	6,7	615		0,84	6,6	615		0,88
	1 400	7,4	645		0,93	7,2	650		0,97
450	1 000	6,6	610	8,6	0,77	6,5	615	8,0	0,81
	1 200	7,4	645		0,86	7,2	650		0,90
	1 400	8,2	665		0,96	8,0	680		0,99
500	1 000	7,3	645	9,1	0,80	7,1	650	8,6	0,83
	1 200	8,1	665		0,89	7,9	680		0,92
	1 400	9,0	680		0,99	8,7	700		1,02
550	800	7,1	650	9,7	0,73	6,9	645	9,1	0,77
	1 000	8,0	670		0,82	7,8	680		0,86
	1 200	8,9	680		0,93	8,7	695		0,96
	1 400					9,7	705		1,07
600	800	7,7	680	10,2	0,76	7,6	680	9,5	0,79
	1 000	8,8	680		0,86	8,5	695		0,89
	1 100					9,0	695		0,95
650	800	8,5	680	10,7	0,80	8,3	695	10,0	0,83

(1) DERm : Densité Énergétique minimale de la Ration : Besoins en UFV/Capacité ingestion en UEB.

TABLEAU 5.4. — Apports alimentaires recommandés et capacité d'ingestion pour des taurillons à l'engrais de précocité intermédiaire issus des troupeaux laitiers : Montbéliard, Pie Rouge, Charolais × Pie Noir, Charolais × Normand ou issus des troupeaux allaitants : Salers, Aubrac...

Poids vif (kg)	Gain poids vif (g/j)	Issus des troupeaux laitiers				Issus des troupeaux allaitants			
		Quantité totale/j			DERm (1)	Quantité totale/j			DERm (1)
		UFV	PDI (g)	UEB	UFV/UEB	UFV	PDI (g)	UEB	UFV/UEB
150	1 000	3,2	380	4,2	0,78				
	1 200	3,6	425		0,86				
200	1 000	3,8	425	4,9	0,77				
	1 200	4,2	470		0,85				
	1 400	4,6	510		0,93				
	1 600	5,0	555		1,02				
250	1 000	4,3	465	5,6	0,77	4,3	465	5,7	0,75
	1 200	4,7	510		0,84	4,7	510		0,83
	1 400	5,2	555		0,92	5,2	555		0,91
	1 600	5,7	595		1,01				
300	1 000	4,8	505	6,3	0,77	4,8	505	6,3	0,76
	1 200	5,3	550		0,84	5,3	550		0,83
	1 400	5,8	590		0,92	5,8	590		0,91
	1 600	6,3	630		1,01	6,3	630		0,99
350	1 000	5,3	540	6,9	0,77	5,3	540	7,0	0,76
	1 200	5,9	585		0,85	5,8	585		0,84
	1 400	6,4	625		0,93	6,4	625		0,91
	1 600	7,0	665		1,02	6,9	665		1,00
	1 800	7,6	695		1,11	7,5	700		1,08
400	1 000	5,9	580	7,5	0,78	5,8	575	7,5	0,77
	1 200	6,4	620		0,86	6,4	620		0,85
	1 400	7,1	660		0,94	7,0	660		0,93
	1 600	7,7	695		1,03	7,6	695		1,01
	1 800					8,3	725		1,10
450	1 000	6,4	615	8,0	0,80	6,3	615	8,1	0,78
	1 200	7,0	655		0,88	7,0	655		0,86
	1 400	7,7	690		0,96	7,6	690		0,94
	1 600	8,5	720		1,06	8,4	720		1,03
500	1 000	6,9	650	8,6	0,81	6,9	650	8,6	0,80
	1 200	7,7	685		0,90	7,6	685		0,88
	1 400	8,5	715		0,99	8,3	720		0,97
	1 600	9,3	735		1,09	9,2	740		1,06
550	1 000	7,6	685	9,1	0,83	7,5	685	9,1	0,82
	1 200	8,4	715		0,93	8,3	715		0,91
	1 400	9,3	730		1,03	9,2	735		1,00
600	800	7,4	685	9,5	0,77	7,3	680	9,6	0,76
	1 000	8,3	710		0,87	8,2	710		0,85
	1 200	9,2	725		0,97	9,1	730		0,95
	1 400					10,1	730		1,05
650	800	8,1	710	10,0	0,81	8,0	710	10,1	0,79
	1 000	9,1	710		0,91	9,0	715		0,89

(1) DERm : Densité Énergétique minimale de la Ration = Besoins en UFV/Capacité ingestion en UEB.

TABLEAU 5.5. — Apports alimentaires recommandés et capacité d'ingestion pour des taurillons et des taureaux de 2 ans à l'engrais issus des troupeaux allaitants : Charolais, Limousin, Blond d'Aquitaine, Charolais × Salers, Charolais × Aubrac

Poids vif (kg)	Gain poids vif (g/j)	Taurillons				Taureaux			
		Quantité totale/j			DERm (1)	Quantité totale/j			DERm (1)
		UFV	PDI (g)	UEB	UFV/UEB	UFV	PDI (g)	UEB	UFV/UEB
250	1 000	4,2	475	5,4	0,78				
	1 200	4,6	520		0,85				
	1 400	5,0	570		0,92				
300	1 000	4,7	510	6,0	0,77				
	1 200	5,1	560		0,84				
	1 400	5,5	610		0,91				
	1 600	6,0	655		0,99				
350	1 000	5,1	550	6,6	0,77				
	1 200	5,6	600		0,84				
	1 400	6,0	650		0,91				
	1 600	6,5	695		0,98				
	1 800	7,0	740		1,06				
400	1 000	5,6	590	7,2	0,78				
	1 200	6,0	640		0,84				
	1 400	6,5	690		0,91				
	1 600	7,1	735		0,98				
	1 800	7,6	780		1,06				
450	1 000	6,0	630	7,7	0,78	6,4	620	8,6	0,75
	1 200	6,5	680		0,85	6,9	675		0,80
	1 400	7,0	730		0,91	7,4	725		0,86
	1 600	7,6	775		0,99	7,9	770		0,91
	1 800	8,2	820		1,06	8,4	820		0,97
500	1 000	6,5	675	8,2	0,79	6,9	665	9,2	0,75
	1 200	7,0	725		0,85	7,4	720		0,80
	1 400	7,6	775		0,92	7,9	770		0,86
	1 600	8,2	820		1,00	8,4	820		0,92
	1 800	8,8	860		1,07	9,0	865		0,98
550	1 000	6,9	720	8,7	0,80	7,4	715	9,7	0,76
	1 200	7,5	775		0,86	7,9	770		0,81
	1 400	8,1	825		0,93	8,4	825		0,87
	1 600	8,8	870		1,01	9,0	875		0,92
600	1 000	7,4	775	9,2	0,81	7,8	770	10,2	0,77
	1 200	8,0	830		0,88	8,4	830		0,82
	1 400	8,7	875		0,95	9,0	885		0,87
650	1 000	7,9	835	9,6	0,82	8,3	840	10,7	0,77
	1 200	8,6	885		0,89	8,9	900		0,83
	1 400	9,4	930		0,97	9,5	960		0,89
700	800	7,7	835	10,0	0,77	8,2	845	11,2	0,73
	1 000	8,5	895		0,84	8,8	920		0,78
	1 200	9,3	940		0,92	9,4	985		0,84
	1 400	10,1	975		1,01	10,1	1 045		0,90
750	800	8,3	890	10,5	0,79	8,7	930	11,7	0,74
	1 000	9,2	935		0,88	9,3	1 010		0,80
	1 200	10,1	965		0,97	10,0	1 080		0,86

(1) DERm : Densité Énergétique minimale de la Ration = Besoins en UFV/Capacité ingestion en UEB.

TABLEAU 5.6. — Apports alimentaires recommandés et capacité d'ingestion pour des bœufs à l'engrais de races précoces issus des troupeaux laitiers abattus à 24-30 mois : Pie Noir, Normand et croisés

Poids vif (kg)	Gain poids vif (g/j)	Bœufs Pie Noirs				Bœufs Normands et croisés			
		Quantité totale/j			DERm (1) UFV/UEB	Quantité totale/j			DERm (1) UFV/UEB
		UFV	PDI (g)	UEB		UFV	PDI (g)	UEB	
400	1 000	6,3	580	9,0	0,70	6,2	580	8,8	0,71
	1 200	6,8	625	|	0,76	6,8	625	|	0,77
450	1 000	6,9	620	9,7	0,71	6,8	620	9,5	0,72
	1 200	7,5	660	|	0,77	7,4	665	|	0,78
	1 400	8,2	700	|	0,84	8,0	700	|	0,85
500	1 000	7,5	660	10,3	0,72	7,4	665	10,1	0,73
	1 200	8,2	700	|	0,79	8,0	705	|	0,80
	1 400	8,9	735	|	0,87	8,8	740	|	0,87
550	1 000	8,1	710	10,9	0,74	8,0	710	10,7	0,75
	1 200	8,9	745	|	0,81	8,7	750	|	0,82
	1 400	9,8	765	|	0,89	9,5	780	|	0,89
600	800	7,9	725	11,5	0,69	7,8	725	11,3	0,69
	1 000	8,8	765	|	0,76	8,6	770	|	0,76
	1 200	9,7	785	|	0,84	9,5	800	|	0,84
	1 400	10,7	795	|	0,93	10,4	815	|	0,92
650	800	8,5	800	12,1	0,71	8,4	800	11,8	0,71
	1 000	9,5	825	|	0,79	9,3	835	|	0,79
	1 200	10,6	830	|	0,87	10,3	850	|	0,87
700	800	9,2	900	12,6	0,73	9,0	900	12,4	0,73
	1 000	10,3	895	|	0,82	10,1	915	|	0,81

(1) DERm : Densité Énergétique minimale de la Ration = Besoins en UFV/Capacité ingestion en UEB.

TABLEAU 5.7. — Apports alimentaires recommandés et capacité d'ingestion pour des bœufs à l'engrais de races tardives, issus des troupeaux allaitants abattus à 24-28 mois et à 32-36 mois

Poids vif (kg)	Gain poids vif (g/j)	Bœufs abattus à 24-28 mois				Bœufs abattus à 32-36 mois			
		Quantité totale/j			DERm (1) UFV/UEB	Quantité totale/j			DERm (1) UFV/UEB
		UFV	PDI (g)	UEB		UFV	PDI (g)	UEB	
400	1 000	6,0	575	8,0	0,75				
	1 200	6,5	625		0,81				
450	1 000	6,5	615	8,6	0,76				
	1 200	7,0	665		0,82				
	1 400	7,6	710		0,88				
500	1 000	7,1	660	9,2	0,77	7,1	655	9,5	0,75
	1 200	7,6	710		0,83	7,6	705		0,80
	1 400	8,2	755		0,90				
550	1 000	7,6	705	9,7	0,78	7,7	700	10,0	0,77
	1 200	8,2	755		0,85	8,3	750		0,83
	1 400	8,9	800		0,91	8,9	795		0,89
600	1 000	8,2	760	10,2	0,80	8,3	745	10,5	0,79
	1 200	8,9	805		0,87	9,0	795		0,86
	1 400	9,6	845		0,94	9,8	835		0,93
650	800	8,1	765	10,7	0,75				
	1 000	8,8	820		0,82	9,0	795	11,1	0,82
	1 200	9,5	860		0,89	9,9	835		0,89
	1 400	10,4	895		0,97	10,8	865		0,97
700	800	8,6	835	11,2	0,77				
	1 000	9,4	885		0,84	9,9	845	11,6	0,85
	1 200	10,3	920		0,92	10,9	865		0,94
	1 400					12,0	870		1,03
750	600	8,4	855	11,7	0,72	8,8	820	12,1	0,73
	800	9,2	915		0,79	9,8	860		0,81
	1 000	10,2	950		0,87	10,9	865		0,90
800	600					9,5	895	12,5	0,76
850	400					9,1	970	13,0	0,70

(1) DERm : Densité Énergétique minimale de la Ration = Besoins en UFV/Capacité ingestion en UEB.

TABLEAU 5.8. — Apports alimentaires recommandés et capacité d'ingestion pour des génisses à l'engrais abattues à 24-28 mois, issues de troupeaux laitiers : Pie Noire, Normande, Montbéliarde et croisées ou issues des troupeaux allaitants : Charolaise, Limousine, Blonde d'Aquitaine, Salers, Aubrac et croisées

Poids vif (kg)	Gain poids vif (g/j)	Issues des troupeaux laitiers				Issues des troupeaux allaitants			
		Quantité totale/j			DERm [1] UFV/UEB	Quantité totale/j			DERm [1] UFV/UEB
		UFV	PDI (g)	UEB		UFV	PDI (g)	UEB	
350	800	5,5	475	8,1	0,68				
	1 000	6,1	515		0,75				
	1 200	6,8	545		0,84				
400	800	6,2	505	8,8	0,70	5,8	525	8,0	0,72
	1 000	6,9	535		0,78	6,3	570		0,78
	1 200	7,7	560		0,88	6,9	610		0,85
450	800	6,9	530	9,5	0,73	6,3	560	8,6	0,73
	1 000	7,8	550		0,82	6,9	605		0,80
	1 200	8,7	555		0,92	7,5	645		0,87
500	800	7,7	540	10,1	0,76	6,8	600	9,2	0,74
	1 000	8,7	535		0,86	7,4	640		0,81
	1 200					8,1	675		0,89
550	600	7,5	535	10,7	0,70				
	800					7,3	635	9,7	0,76
	1 000					8,1	675		0,83
	1 200					8,9	705		0,91
600	800					7,9	675	10,2	0,77
	1 000					8,8	705		0,86
	1 200					9,7	720		0,95
650	800					8,6	705	10,7	0,80
	1 000					9,6	710		0,89

[1] DERm : Densité Énergétique minimale de la Ration = Besoins en UFV/Capacité ingestion en UEB.

TABLEAU 5.9. — Apports alimentaires recommandés et capacité d'ingestion pour des mâles en croissance issus des troupeaux laitiers et issus des troupeaux allaitants

Poids vif (kg)	Gain poids vif (g/j)	Issus des troupeaux laitiers				Issus des troupeaux allaitants			
		Quantité totale/j			DERm (1)	Quantité totale/j			DERm (1)
		UFL	PDI (g)	UEB	UFL/UEB	UFL	PDI (g)	UEB	UFL/UEB
150	0	1,9	140	3,5	0,54				
	200	2,1	190		0,61				
	400	2,4	240		0,70				
	600	2,8	285		0,79				
	800	3,2	330		0,90				
	1 000	3,6	370		1,02				
200	0	2,4	175	4,6	0,52				
	200	2,6	230		0,57				
	400	2,9	280		0,65				
	600	3,3	325		0,73				
	800	3,7	370		0,82				
	1 000	4,2	415		0,92				
250	0	2,8	205	5,6	0,50	2,8	205	5,0	0,56
	200	3,1	265		0,55	3,0	260		0,61
	400	3,4	315		0,61	3,4	315		0,68
	600	3,8	365		0,69	3,7	370		0,75
	800	4,3	410		0,77	4,1	415		0,83
	1 000	4,8	450		0,86	4,5	465		0,91
300	0	3,2	235	6,6	0,49	3,2	235	5,9	0,54
	200	3,5	295		0,53	3,5	295		0,59
	400	3,9	350		0,59	3,8	350		0,65
	600	4,3	400		0,66	4,2	405		0,71
	800	4,8	445		0,73	4,6	455		0,78
	1 000	5,4	485		0,82	5,0	500		0,86
350	0	3,6	265	7,5	0,48	3,6	265	6,7	0,53
	200	3,9	330		0,52	3,9	325		0,57
	400	4,3	385		0,57	4,2	385		0,62
	600	4,8	435		0,63	4,6	440		0,68
	800	5,3	480		0,71	5,0	490		0,75
	1 000	5,9	520		0,79	5,5	540		0,82
400	0	4,0	290	8,5	0,47	4,0	290	7,6	0,52
	200	4,3	360		0,50	4,2	355		0,56
	400	4,7	420		0,55	4,6	415		0,61
	600	5,2	470		0,62	5,0	475		0,66
	800	5,8	515		0,69	5,5	525		0,72
	1 000	6,5	555		0,77	6,0	575		0,78

TABLEAU 5.9. (suite) — Apports alimentaires recommandés et capacité d'ingestion pour des mâles en croissance issus des troupeaux laitiers et issus des troupeaux allaitants

Poids vif (kg)	Gain poids vif (g/j)	Issus des troupeaux laitiers				Issus des troupeaux allaitants			
		Quantité totale/j			DERm (1) UFL/UEB	Quantité totale/j			DERm (1) UFL/UEB
		UFL	PDI (g)	UEB		UFL	PDI (g)	UEB	
450	0	4,3	320	9,5	0,46	4,3	320	8,4	0,51
	200	4,7	395		0,49	4,6	385		0,55
	400	5,1	455		0,54	5,0	450		0,59
	600	5,7	510		0,60	5,4	510		0,64
	800	6,4	550		0,67	5,9	565		0,70
	1 000	7,1	585		0,75	6,4	615		0,76
500	0	4,7	345	10,4	0,45	4,7	345	9,3	0,50
	200	5,0	425		0,48	5,0	415		0,54
	400	5,5	495		0,53	5,4	485		0,58
	600	6,2	545		0,59	5,8	545		0,63
	800	6,9	585		0,66	6,3	600		0,68
	1 000	7,7	615		0,74	6,9	655		0,74
550	0	5,0	370	11,3	0,44	5,0	370	10,1	0,50
	200	5,4	465		0,48	5,3	450		0,53
	400	5,9	535		0,53	5,8	520		0,57
	600	6,6	585		0,59	6,2	585		0,62
	800	7,5	625		0,66	6,8	645		0,67
	1 000	8,4	645		0,74	7,3	695		0,73
600	0	5,4	395	12,2	0,44	5,4	395	10,9	0,49
	200	5,8	505		0,47	5,7	480		0,52
	400	6,4	580		0,52	6,1	560		0,56
	600	7,1	630		0,58	6,6	630		0,61
	800	8,1	660		0,66	7,2	690		0,66
	1 000	9,1	665		0,74	7,8	745		0,72
650	0	5,7	420	13,2	0,43	5,7	420	11,8	0,48
	200	6,1	550		0,47	6,0	515		0,51
	400	6,8	635		0,52	6,5	605		0,55
	600	7,7	680		0,58	7,0	675		0,60
	800	8,7	685		0,66	7,7	740		0,65
	1 000	10,0	660		0,76	8,4	795		0,71

(1) DERm : Densité Énergétique minimale de la Ration = Besoins en UFL/Capacité ingestion en UEB.

TABLEAU 5.10. — Apports alimentaires recommandés et capacité d'ingestion pour des vaches de réforme adultes [1] issues de troupeaux laitiers et issues des troupeaux allaitants

Poids vif (kg)	Gain poids vif (g/j)	Issues des troupeaux laitiers				Issues des troupeaux allaitants			
		Quantité totale/j			DERm [2]	Quantité totale/j			DERm [2]
		UFL	PDI (g)	UEL	UFL/UEL	UFL	PDI (g)	UEB	UFL/UEB
500	600	7,8	700	12,5	0,62	—	—		—
	800	8,9	800		0,71	7,9	710	11,5	0,67
	1 000	9,9	890		0,79	8,8	790		0,76
	1 200	10,9	980		0,87	9,7	870		0,84
	1 400	—	—		—	10,6	950		0,92
550	600	8,1	730	13,0	0,62	—	—		—
	800	9,2	830		0,71	8,3	750	12,0	0,69
	1 000	10,2	920		0,79	9,2	830		0,77
	1 200	11,3	1 020		0,87	10,1	910		0,84
	1 400	—	—		—	11,0	990		0,92
600	600	8,5	770	13,5	0,63	—	—		—
	800	9,5	860		0,71	8,6	770	12,5	0,67
	1 000	10,6	950		0,79	9,5	860		0,76
	1 200	11,6	1 040		0,86	10,4	940		0,83
	1 400	—	—		—	11,3	1 020		0,90
650	600	8,8	790	14,0	0,63	—	—		—
	800	9,9	890		0,71	8,9	800	13,0	0,68
	1 000	10,9	980		0,78	9,8	880		0,75
	1 200	12,0	1 080		0,86	10,7	960		0,82
	1 400	—	—		—	11,6	1 040		0,89
700	600	9,1	820	14,5	0,63	—	—		—
	800	10,2	920		0,70	9,3	840	13,5	0,69
	1 000	11,2	1 010		0,77	10,2	920		0,76
	1 200	12,3	1 110		0,85	11,1	1 000		0,82
	1 400	—	—		—	12,0	1 080		0,89
750	600	9,5	860	15,0	0,63	—	—		—
	800	10,5	950		0,70	9,6	860	14,0	0,69
	1 000	11,6	1 040		0,77	10,5	950		0,75
	1 200	12,6	1 130		0,84	11,4	1 030		0,81
	1 400	—	—		—	12,3	1 110		0,88

(1) Ces recommandations sont établies pour des vaches adultes maigres en début d'engraissement.
(2) DERm : Densité Énergétique minimale de la Ration = Besoins en UFL/capacité d'ingestion en UEL ou UEB.

TABLEAU 5.11. — Apports alimentaires recommandés et capacité d'ingestion pour les taureaux reproducteurs

Poids vif (kg)	Races laitières			Races à viande		
	Quantités totales/j			Quantités totales/j		
	UFL	PDI	UEB	UFL	PDI	UEB
700	6,3	460	13,4			
800	7,0	510	14,5	7,0	510	12,9
900	7,6	560	15,6	7,6	560	13,9
1 000	8,2	610	16,6	8,2	610	14,8
1 100	8,9	650	17,6	8,9	650	15,7
1 200	9,5	695	18,5	9,5	695	16,5
1 300	10,0	740	19,4	10,0	740	17,3

TABLEAU 5.12. — Apports de minéraux recommandés pour les bovins en croissance et à l'engrais (L. Guegen *et al.*)

Poids vif (kg)	Gain poids vif (g/j)	Quantités totales par jour					
		Calcium	Phosphore	Magnésium	Potassium	Sodium	Chlore
100	500	13	8	1,5	12	3	3,5
	700	17	10	2,0			
	1 000	24	13	2,0			
	1 200	28	16	2,5			
	1 400	33	18	2,5			
200	500	18	11	2,5	20	5	6
	700	23	13	3,5			
	1 000	30	16	3,5			
	1 200	35	18	4,5			
	1 400	40	20	4,5			
300	0	11	12	4,2	28	7	8,5
	300	20	15	4,2			
	500	24	17	4,2			
	700	29	19	5,5			
	1 000	37	22	5,5			
	1 200	42	25	7,0			
	1 400	47	28	7,0			

Tableau 5.12. — Apports de minéraux recommandés pour les bovins en croissance et à l'engrais (L. Guegen *et al.*) (suite)

Poids vif (kg)	Gain poids vif (g/j)	Quantités totales par jour					
		Calcium	Phosphore	Magnésium	Potassium	Sodium	Chlore
400	0	16	18	7,0	37	9	11
	300	25	21	7,0			
	500	30	24	7,0			
	700	36	27	8,5			
	1 000	45	31	8,5			
	1 200	50	34	10,0			
	1 400	56	36	10,0			
500	0	22	23	8,0	46	10	14
	300	33	26	8,0			
	500	39	29	8,0			
	700	46	31	10,5			
	1 000	55	35	10,5			
	1 200	61	38	11,5			
	1 400	68	40	11,5			
600	0	31	27	9,0	55	11,5	18
	300	40	30	9,0			
	500	45	32	9,0			
	700	51	34	12,5			
	1 000	59	36	12,5			
	1 200	65	39	13,0			
	1 400	70	42	13,0			
700	0	40	30	10,5	60	13	22
	300	45	32	10,5			
	500	51	34	10,5			
	700	58	36	14,0			
	1 000	65	38	14,0			
	1 200	69	40	15,5			
	1 400	73	43	15,5			

TABLEAU 5.13. — Valeur UEB « apparente » du fourrage lorsque celui-ci est associé à un concentré de 0,9 - 1,0 UF/kg brut selon la valeur UF du fourrage et selon la DER nécessaire pour l'animal (1) dans la ration des bovins en croissance et à l'engrais.

Valeur UEB du fourrage (par kg de MS)	0,95	1,00	1,05	1,10	1,15	1,20	1,25	1,30	1,35	1,40	1,45	1,50	1,55	1,60	1,65
Valeur UF du fourrage (par kg de MS)	0,60	0,60	0,60	0,60	0,60	0,50	0,50	0,50	0,50	0,50	0,50	0,50	0,40	0,30	0,30
	0,70	0,70	0,70	0,70	0,70	0,60	0,60	0,60	0,60	0,60	0,60	0,60	0,50	0,40	0,40
	0,80	0,80	0,80	0,80	0,80	0,70	0,70	0,70	0,70	0,70	0,70	0,70	0,60	0,50	0,50
	0,90	0,90	0,90	0,90	0,90	0,80	0,80	0,80	0,80	0,80	0,80	0,80	0,70	0,60	
	1,00	1,00	1,00	1,00	1,00	0,90	0,90	0,90	0,90	0,90	0,90	0,90	0,80	0,70	
	0,95	1,00	1,05	1,10	1,16	1,26	1,31	1,35	1,40	1,43	1,47	1,50	1,58	1,70	1,70
	0,95	1,00	1,05	1,10	1,15	1,21	1,26	1,31	1,36	1,40	1,44	1,47	1,53	1,60	1,62
DERm = 0,55	0,95	1,00	1,05	1,10	1,15	1,20	1,25	1,30	1,35	1,40	1,43	1,47	1,51	1,56	1,58
	0,95	1,00	1,05	1,10	1,15	1,20	1,25	1,30	1,35	1,40	1,43	1,45	1,51	1,54	
	0,95	1,00	1,05	1,10	1,15	1,20	1,25	1,30	1,35	1,40	1,43	1,45	1,51	1,54	
	0,95	1,00	1,06	1,12	1,18	1,31	1,36	1,41	1,45	1,48	1,52	1,55	1,67	1,82	1,82
	0,95	1,00	1,05	1,10	1,15	1,23	1,29	1,34	1,38	1,42	1,46	1,49	1,57	1,68	1,69
DERm = 0,60	0,95	1,00	1,05	1,10	1,15	1,20	1,25	1,30	1,35	1,39	1,43	1,47	1,52	1,59	1,61
	0,95	1,00	1,05	1,10	1,15	1,20	1,25	1,30	1,35	1,39	1,44	1,46	1,51	1,55	
	0,95	1,00	1,05	1,10	1,15	1,20	1,25	1,30	1,35	1,39	1,43	1,46	1,51	1,54	
	0,97	1,03	1,09	1,16	1,22	1,38	1,44	1,49	1,53	1,57	1,60	1,62	1,79	2,03	2,02
	0,95	1,00	1,05	1,10	1,16	1,28	1,33	1,38	1,42	1,47	1,50	1,53	1,65	1,80	1,80
DERm = 0,65	0,95	1,00	1,05	1,10	1,15	1,22	1,27	1,32	1,37	1,41	1,45	1,49	1,56	1,66	1,67
	0,95	1,00	1,05	1,10	1,15	1,20	1,25	1,30	1,35	1,39	1,43	1,47	1,52	1,58	
	0,95	1,00	1,05	1,10	1,15	1,20	1,25	1,30	1,35	1,40	1,44	1,46	1,51	1,54	
	1,01	1,07	1,15	1,22	1,28	1,51	1,57	1,62	1,67	1,70	1,73	1,76	2,02	2,42	2,42
	0,95	1,00	1,06	1,13	1,19	1,34	1,40	1,45	1,50	1,54	1,57	1,60	1,78	2,02	2,02
DERm = 0,70	0,95	1,00	1,05	1,10	1,15	1,25	1,30	1,35	1,40	1,45	1,48	1,52	1,62	1,78	1,79
	0,95	1,00	1,05	1,10	1,15	1,21	1,26	1,31	1,36	1,40	1,44	1,48	1,55	1,64	
	0,95	1,00	1,05	1,10	1,15	1,20	1,25	1,30	1,35	1,39	1,43	1,47	1,51	1,57	
	1,07	1,14	1,23	1,31	1,39	1,73	1,80	1,87	1,93	1,97	2,00	2,03	2,55	3,22	3,28
	0,96	1,03	1,10	1,17	1,24	1,46	1,53	1,58	1,63	1,68	1,70	1,73	2,03	2,57	2,57
DERm = 0,75	0,95	1,00	1,05	1,11	1,17	1,30	1,37	1,42	1,46	1,51	1,55	1,58	1,75	2,03	2,02
	0,95	1,00	1,05	1,10	1,15	1,23	1,28	1,33	1,39	1,43	1,47	1,50	1,60	1,76	
	0,95	1,00	1,05	1,10	1,15	1,20	1,25	1,30	1,35	1,40	1,44	1,47	1,53	1,62	
	1,19	1,26	1,37	1,47	1,58	2,15	2,28	2,38	2,48	2,59	2,69	2,74	3,61	4,30	4,44
	1,01	1,08	1,16	1,24	1,32	1,68	1,77	1,85	1,91	1,97	2,00	2,03	2,82	3,70	3,87
DERm = 0,80	0,95	1,00	1,07	1,14	1,20	1,40	1,47	1,54	1,59	1,63	1,68	1,70	2,05	2,86	2,87
	0,95	1,00	1,05	1,10	1,15	1,27	1,33	1,39	1,44	1,48	1,52	1,56	1,72	2,03	
	0,95	1,00	1,05	1,10	1,15	1,21	1,27	1,32	1,37	1,42	1,46	1,49	1,58	1,73	

TABLEAU 5.13. (suite) — Valeur UEB « apparente » du fourrage lorsque celui-ci est associé à un concentré de 0,9 - 1,0 UF/kg brut selon la valeur UF du fourrage et selon le DER nécessaire pour l'animal (1) dans la ration des bovins en croissance et à l'engrais (suite).

Valeur UEB du fourrage (par kg de MS)	0,95	1,00	1,05	1,10	1,15	1,20	1,25	1,30	1,35	1,40	1,45	1,50	1,55	1,60	1,65
Valeur UF du fourrage (par kg de MS)	0,60	0,60	0,60	0,60	0,60	0,50	0,50	0,50	0,50	0,50	0,50	0,50	0,40	0,30	0,30
	0,70	0,70	0,70	0,70	0,70	0,60	0,60	0,60	0,60	0,60	0,60	0,60	0,50	0,40	0,40
	0,80	0,80	0,80	0,80	0,80	0,70	0,70	0,70	0,70	0,70	0,70	0,70	0,60	0,50	0,50
	0,90	0,90	0,90	0,90	0,90	0,80	0,80	0,80	0,80	0,80	0,80	0,80	0,70	0,60	
	1,00	1,00	1,00	1,00	1,00	0,90	0,90	0,90	0,90	0,90	0,90	0,90	0,80	0,70	
	1,40	1,50	1,67	1,84	2,02	2,90	3,13	3,31	3,51	3,72	3,93	4,14	4,93	5,64	5,83
	1,09	1,17	1,28	1,39	1,50	2,20	2,40	2,56	2,74	2,92	3,11	3,25	4,29	5,13	5,31
DERm = 0,85	0,96	1,03	1,11	1,19	1,27	1,60	1,71	1,80	1,89	1,97	2,02	2,05	3,45	4,50	4,66
	0,95	1,00	1,05	1,11	1,18	1,35	1,42	1,48	1,55	1,59	1,63	1,67	2,06	3,64	
	0,95	1,00	1,05	1,10	1,15	1,24	1,30	1,36	1,41	1,46	1,50	1,54	1,70	2,05	
	1,81	2,09	2,42	2,72	3,00	4,00	4,27	4,55	4,75	5,09	5,30	5,54	6,31	7,15	7,47
	1,25	1,37	1,56	1,78	2,04	3,30	3,61	3,87	4,14	4,44	4,73	4,93	5,85	6,61	6,92
DERm = 0,90	1,01	1,09	1,19	1,30	1,41	2,35	2,69	2,97	3,30	3,59	3,91	4,24	5,25	6,15	6,40
	0,95	1,00	1,07	1,15	1,22	1,52	1,64	1,74	1,85	1,95	2,03	2,09	4,46	5,53	
	0,95	1,00	1,05	1,10	1,16	1,30	1,37	1,44	1,50	1,55	1,60	1,63	2,10	4,77	
	3,01	3,23	3,66	4,00	4,39	5,47	5,77	6,12	6,48	6,85	7,24	7,62	8,68	9,40	9,98
	1,88	2,19	2,70	3,15	3,57	4,78	5,18	5,45	5,94	6,22	6,55	6,91	7,96	9,06	9,11
DERm = 0,95	1,11	1,23	1,40	1,66	2,16	3,99	4,36	4,76	5,17	5,58	5,85	6,17	7,20	8,31	8,74
	0,96	1,03	1,13	1,22	1,32	2,83	3,40	3,87	4,30	4,66	5,07	5,50	6,65	7,63	
	0,95	1,00	1,05	1,12	1,19	1,43	1,55	1,66	1,78	1,93	2,13	4,50	5,84	7,04	
	4,93	5,15	5,73	6,33	6,73	8,19	8,78	9,38	9,98						
	3,71	4,07	4,60	5,20	5,80	7,42	7,87	8,38	8,94	9,51					
DERm = 1,00	1,57	2,62	3,47	4,07	4,74	6,30	6,98	7,40	7,90	8,44	9,01	9,59			
	1,01	1,11	1,26	1,46	3,27	5,30	5,89	6,49	6,90	7,39	7,93	8,50			
	0,95	1,00	1,08	1,17	1,25	4,11	4,74	5,29	5,91	6,54	6,95	7,71	9,11		
	8,43	8,89	9,72												
DERm = 1,05	5,95	6,69	7,82	9,07	9,92										
	1,16	4,31	5,59	6,71	7,97										
	0,95	1,04	1,15	1,29	1,52	9,31									

* DERm : Densité Énergétique minimale que la Ration doit atteindre pour satisfaire les apports énergétiques exprimés en UFL ou en UFV.

TABLEAU 5.14 — Valeur UEB « apparente » du fourrage
lorsque celui-ci est associé à un concentré de 1,0 - 1,1 UF brut
selon la valeur UF du fourrage et selon la DER nécessaire pour l'animal (1)
dans la ration des bovins en croissance et à l'engrais.

Valeur UEB du fourrage (par kg de MS)	0,95	1,00	1,05	1,10	1,15	1,20	1,25	1,30	1,35	1,40	1,45	1,50	1,55	1,60	1,65
Valeur	0,60	0,60	0,60	0,60	0,60	0,50	0,50	0,50	0,50	0,50	0,50	0,50	0,40	0,30	0,30
UF du	0,70	0,70	0,70	0,70	0,70	0,60	0,60	0,60	0,60	0,60	0,60	0,60	0,50	0,40	0,40
fourrage	0,80	0,80	0,80	0,80	0,80	0,70	0,70	0,70	0,70	0,70	0,70	0,70	0,60	0,50	0,50
(par kg	0,90	0,90	0,90	0,90	0,90	0,80	0,80	0,80	0,80	0,80	0,80	0,80	0,70	0,60	
de MS)	1,00	1,00	1,00	1,00	1,00	0,90	0,90	0,90	0,90	0,90	0,90	0,90	0,80	0,70	
	0,95	1,00	1,05	1,10	1,16	1,25	1,30	1,34	1,39	1,42	1,46	1,49	1,56	1,64	1,65
	0,95	1,00	1,05	1,10	1,15	1,21	1,26	1,31	1,35	1,40	1,44	1,47	1,52	1,58	1,60
DERm = 0,55	0,95	1,00	1,05	1,10	1,15	1,20	1,25	1,30	1,35	1,40	1,44	1,47	1,51	1,55	1,57
	0,95	1,00	1,05	1,10	1,15	1,20	1,25	1,30	1,35	1,40	1,44	1,47	1,51	1,54	
	0,95	1,00	1,05	1,10	1,15	1,20	1,25	1,30	1,35	1,40	1,44	1,47	1,51	1,54	
	0,95	1,00	1,06	1,12	1,17	1,29	1,34	1,38	1,42	1,46	1,49	1,52	1,61	1,71	1,71
	0,95	1,00	1,05	1,10	1,15	1,23	1,28	1,33	1,37	1,41	1,45	1,48	1,55	1,62	1,64
DERm = 0,60	0,95	1,00	1,05	1,10	1,15	1,20	1,25	1,30	1,35	1,39	1,43	1,47	1,51	1,57	1,59
	0,95	1,00	1,05	1,10	1,15	1,20	1,25	1,30	1,35	1,40	1,44	1,47	1,51	1,54	
	0,95	1,00	1,05	1,10	1,15	1,20	1,25	1,30	1,35	1,40	1,44	1,47	1,51	1,54	
	0,96	1,02	1,08	1,15	1,20	1,34	1,39	1,44	1,47	1,52	1,54	1,57	1,69	1,82	1,82
	0,95	1,00	1,05	1,10	1,16	1,26	1,31	1,36	1,40	1,44	1,48	1,51	1,59	1,70	1,71
DERm = 0,65	0,95	1,00	1,05	1,10	1,15	1,21	1,27	1,32	1,36	1,40	1,44	1,48	1,54	1,61	1,63
	0,95	1,00	1,05	1,10	1,15	1,20	1,25	1,30	1,35	1,39	1,43	1,47	1,51	1,56	
	0,95	1,00	1,05	1,10	1,15	1,20	1,25	1,30	1,35	1,39	1,43	1,47	1,51	1,54	
	1,00	1,06	1,13	1,19	1,25	1,42	1,47	1,52	1,56	1,60	1,63	1,65	1,81	2,01	2,00
	0,95	1,00	1,06	1,12	1,18	1,31	1,36	1,41	1,45	1,49	1,52	1,55	1,67	1,81	1,82
DERm = 0,70	0,95	1,00	1,05	1,10	1,15	1,24	1,29	1,34	1,39	1,43	1,47	1,50	1,58	1,68	1,69
	0,95	1,00	1,05	1,10	1,15	1,20	1,26	1,31	1,35	1,40	1,44	1,47	1,53	1,60	
	0,95	1,00	1,05	1,10	1,15	1,20	1,25	1,30	1,35	1,39	1,43	1,47	1,51	1,55	
	1,05	1,11	1,19	1,26	1,32	1,54	1,60	1,65	1,69	1,72	1,75	1,78	2,02	2,32	2,32
	0,96	1,02	1,09	1,16	1,22	1,38	1,44	1,49	1,53	1,57	1,61	1,63	1,79	2,01	2,01
DERm = 0,75	0,95	1,00	1,05	1,11	1,17	1,28	1,33	1,38	1,43	1,47	1,51	1,54	1,65	1,79	1,79
	0,95	1,00	1,05	1,10	1,15	1,22	1,28	1,33	1,37	1,42	1,46	1,49	1,57	1,67	
	0,95	1,00	1,05	1,10	1,15	1,20	1,25	1,30	1,35	1,39	1,43	1,47	1,52	1,59	
	1,13	1,19	1,27	1,35	1,43	1,73	1,80	1,86	1,92	1,96	1,99	2,02	2,41	2,88	2,89
	1,00	1,06	1,14	1,21	1,28	1,50	1,56	1,61	1,66	1,70	1,74	1,76	2,01	2,39	2,29
DERm = 0,80	0,95	1,00	1,07	1,13	1,19	1,34	1,40	1,45	1,50	1,54	1,57	1,61	1,78	2,01	2,00
	0,95	1,00	1,05	1,10	1,15	1,25	1,31	1,36	1,41	1,45	1,49	1,53	1,63	1,78	
	0,95	1,00	1,05	1,10	1,15	1,21	1,26	1,31	1,36	1,41	1,45	1,48	1,55	1,65	

TABLEAU 5.14 (suite) — Valeur UEB « apparente » du fourrage lorsque celui-ci est associé à un concentré de 1,0 - 1,1 UF brut selon la valeur UF du fourrage et selon la DER nécessaire pour l'animal (1) dans la ration des bovins en croissance et à l'engrais.

Valeur UEB du fourrage (par kg de MS)	0,95	1,00	1,05	1,10	1,15	1,20	1,25	1,30	1,35	1,40	1,45	1,50	1,55	1,60	1,65
Valeur UF du fourrage (par kg de MS)	0,60	0,60	0,60	0,60	0,60	0,50	0,50	0,50	0,50	0,50	0,50	0,50	0,40	0,30	0,30
	0,70	0,70	0,70	0,70	0,70	0,60	0,60	0,60	0,60	0,60	0,60	0,60	0,50	0,40	0,40
	0,80	0,80	0,80	0,80	0,80	0,70	0,70	0,70	0,70	0,70	0,70	0,70	0,60	0,50	0,50
	0,90	0,90	0,90	0,90	0,90	0,80	0,80	0,80	0,80	0,80	0,80	0,80	0,70	0,60	
	1,00	1,00	1,00	1,00	1,00	0,90	0,90	0,90	0,90	0,90	0,90	0,90	0,80	0,70	
	1,24	1,31	1,40	1,50	1,60	2,06	2,15	2,24	2,33	2,41	2,46	2,50	3,16	3,79	3,89
	1,06	1,13	1,21	1,29	1,37	1,69	1,76	1,85	1,91	1,94	1,98	2,01	2,54	3,24	3,25
DERm = 0,85	0,96	1,03	1,10	1,17	1,24	1,44	1,52	1,57	1,62	1,67	1,70	1,73	2,01	2,53	2,53
	0,95	1,00	1,05	1,11	1,17	1,30	1,37	1,42	1,47	1,51	1,55	1,59	1,75	2,01	
	0,95	1,00	1,05	1,10	1,15	1,23	1,29	1,34	1,39	1,43	1,48	1,51	1,61	1,76	
	1,43	1,51	1,66	1,80	1,93	2,60	2,75	2,90	3,05	3,21	3,36	3,51	4,16	4,78	4,96
	1,15	1,23	1,33	1,44	1,53	2,07	2,20	2,34	2,43	2,57	2,66	2,71	3,64	4,31	4,54
DERm = 0,90	1,00	1,07	1,15	1,23	1,31	1,64	1,73	1,82	1,88	1,94	1,99	2,02	2,81	3,75	3,85
	0,95	1,00	1,07	1,14	1,21	1,39	1,46	1,53	1,58	1,63	1,67	1,70	2,03	2,85	
	0,95	1,00	1,05	1,10	1,16	1,27	1,33	1,39	1,44	1,49	1,53	1,56	1,72	2,01	
	1,77	1,91	2,13	2,37	2,58	3,36	3,59	3,82	4,05	4,20	4,47	4,63	5,36	5,95	6,20
	1,32	1,41	1,58	1,75	1,94	2,81	3,04	3,22	3,48	3,68	3,89	4,10	4,90	5,60	5,80
DERm = 0,95	1,06	1,14	1,25	1,36	1,47	2,10	2,29	2,49	2,69	2,86	3,05	3,25	4,27	5,11	5,29
	0,95	1,03	1,11	1,19	1,27	1,57	1,68	1,76	1,85	1,93	1,99	2,01	3,47	4,51	
	0,95	1,00	1,05	1,11	1,18	1,34	1,42	1,48	1,55	1,59	1,64	1,67	2,04	3,62	
	2,49	2,64	2,94	3,25	3,51	4,39	4,60	4,95	5,17	5,42	5,68	5,96	6,73	7,54	7,85
	1,73	1,89	2,22	2,55	2,86	3,83	4,11	4,41	4,70	4,91	5,26	5,48	6,20	7,01	7,33
DERm = 1,00	1,18	1,29	1,47	1,66	1,91	3,15	3,47	3,79	4,05	4,34	4,64	4,95	5,79	6,51	6,81
	1,00	1,08	1,18	1,28	1,38	2,19	2,54	2,85	3,22	3,56	3,86	4,20	5,18	6,07	
	0,95	1,00	1,07	1,15	1,22	1,50	1,60	1,71	1,81	1,91	1,99	2,04	4,49	5,50	
	3,51	3,67	4,05	4,44	4,84	5,85	6,14	6,48	6,84	7,21	7,59	7,97	8,98	9,66	
	2,73	2,93	3,34	3,78	4,13	5,15	5,60	5,88	6,21	6,56	6,93	7,31	8,33	9,00	9,56
DERm = 1,05	1,56	1,83	2,39	2,91	3,36	4,50	4,91	5,32	5,59	6,07	6,36	6,69	7,67	8,71	9,11
	1,08	1,18	1,34	1,53	1,85	3,77	4,21	4,57	4,96	5,37	5,64	6,14	7,03	8,05	
	0,95	1,03	1,12	1,21	1,31	2,52	3,16	3,70	4,11	4,58	4,95	5,37	6,47	7,40	
	5,30	5,50	6,05	6,43	6,89	8,29	8,85	9,42							
	4,26	4,60	5,11	5,66	6,23	7,44	7,96	8,50	9,06	9,62					
DERm = 1,10	3,17	3,59	4,17	4,68	5,25	6,71	7,14	7,62	8,15	8,69	9,25	9,81			
	1,29	1,60	2,95	3,69	4,28	5,87	6,24	6,93	7,34	7,82	8,34	8,88			
	1,00	1,09	1,22	1,38	1,64	4,86	5,41	5,99	6,58	6,97	7,44	7,95	9,41		

(1) DERm : Densité Énergétique minimale que la Ration doit atteindre pour satisfaire les apports énergétiques exprimés en UFL ou en UFV.

TABLEAU 5.15 — Quantité de matière sèche de fourrage ingérée, par les bovins en croissance et à l'engrais en fonction de leur capacité d'ingestion, de la valeur UEB du fourrage et de l'apport d'aliment concentré.

Valeur UEB du fourrage (par kg de MS)	Concentré (kg brut)	Capacité d'ingestion (en UEB)																	
		3,5	4,0	4,5	5,0	5,5	6,0	6,5	7,0	7,5	8,0	8,5	9,0	9,5	10,0	10,5	11,0	11,5	12,0
0,90	0,5	3,6	4,1	4,7	5,2	5,8	6,3	6,9	7,5	8,0	8,6	9,1	9,7	10,2	10,8	11,4	11,9	12,4	13,0
	1,0	3,2	3,7	4,3	4,9	5,5	6,0	6,6	7,1	7,7	8,2	8,8	9,4	9,9	10,5	11,0	11,6	12,2	12,7
	1,5	2,7	3,3	3,8	4,4	5,0	5,6	6,2	6,7	7,3	7,8	8,4	9,0	9,6	10,1	10,7	11,2	11,9	12,4
	2,0	2,1	2,7	3,3	3,9	4,6	5,1	5,7	6,3	6,9	7,5	8,1	8,6	9,2	9,7	10,3	10,9	11,4	12,0
	2,5	1,5	2,1	2,8	3,4	4,1	4,7	5,2	5,9	6,4	7,0	7,6	8,2	8,8	9,4	10,0	10,4	11,0	11,6
	3,0	1,0	1,6	2,2	2,8	3,5	4,1	4,7	5,3	5,9	6,5	7,1	7,7	8,3	8,9	9,5	10,1	10,6	11,2
	4,0	0,0	0,6	1,1	1,7	2,3	2,9	3,5	4,2	4,8	5,5	6,0	6,6	7,3	7,9	8,6	9,1	9,7	10,2
0,95	0,5	3,4	3,9	4,5	5,0	5,5	6,1	6,6	7,1	7,6	8,1	8,7	9,2	9,7	10,2	10,8	11,3	11,8	12,4
	1,0	3,0	3,6	4,1	4,7	5,2	5,7	6,2	6,8	7,3	7,9	8,4	8,9	9,4	10,0	10,5	11,0	11,6	12,1
	1,5	2,6	3,1	3,7	4,2	4,8	5,4	5,9	6,5	7,0	7,5	8,1	8,6	9,1	9,7	10,2	10,8	11,2	11,8
	2,0	2,0	2,6	3,2	3,8	4,4	5,0	5,5	6,0	6,6	7,1	7,7	8,2	8,8	9,3	9,9	10,4	10,9	11,4
	2,5	1,5	2,0	2,7	3,3	3,9	4,5	5,0	5,6	6,2	6,7	7,3	7,8	8,4	8,9	9,5	10,0	10,5	11,1
	3,0	0,9	1,5	2,1	2,7	3,3	3,9	4,5	5,1	5,7	6,2	6,8	7,4	8,0	8,5	9,0	9,6	10,1	10,7
	4,0	0,0	0,5	1,0	1,6	2,2	2,8	3,4	4,0	4,6	5,2	5,8	6,5	6,9	7,6	8,2	8,7	9,2	9,9
1,00	0,5	3,3	3,7	4,2	4,8	5,3	5,8	6,3	6,7	7,3	7,8	8,3	8,8	9,3	9,8	10,2	10,8	11,3	11,8
	1,0	2,9	3,4	3,9	4,4	5,0	5,5	6,0	6,5	7,0	7,5	8,0	8,5	9,0	9,5	10,1	10,5	11,0	11,6
	1,5	2,5	3,0	3,6	4,1	4,6	5,1	5,7	6,2	6,7	7,2	7,7	8,2	8,8	9,2	9,8	10,2	10,8	11,2
	2,0	1,9	2,5	3,1	3,6	4,2	4,7	5,3	5,8	6,3	6,8	7,3	7,8	8,4	8,9	9,4	10,0	10,4	11,0
	2,5	1,4	1,9	2,6	3,1	3,7	4,3	4,9	5,4	5,9	6,4	7,0	7,5	8,0	8,5	9,1	9,6	10,1	10,7
	3,0	0,9	1,4	2,0	2,6	3,2	3,8	4,3	4,9	5,4	6,0	6,5	7,1	7,6	8,1	8,7	9,3	9,7	10,2
	4,0	0,0	0,5	1,0	1,5	2,1	2,6	3,2	3,8	4,5	5,0	5,6	6,2	6,8	7,2	7,8	8,3	9,0	9,5
1,05	0,5	3,1	3,6	4,1	4,6	5,0	5,5	6,0	6,5	7,0	7,4	7,9	8,4	8,9	9,3	9,8	10,3	10,8	11,2
	1,0	2,8	3,3	3,8	4,3	4,8	5,2	5,7	6,2	6,7	7,2	7,7	8,2	8,6	9,1	9,6	10,1	10,6	11,0
	1,5	2,4	2,9	3,4	3,9	4,4	5,0	5,4	6,0	6,4	6,9	7,4	7,9	8,4	8,9	9,3	9,8	10,3	10,8
	2,0	1,8	2,4	3,0	3,5	4,1	4,6	5,1	5,6	6,1	6,6	7,1	7,6	8,1	8,6	9,0	9,5	10,1	10,5
	2,5	1,3	1,9	2,5	3,0	3,6	4,1	4,7	5,2	5,7	6,2	6,7	7,2	7,8	8,3	8,8	9,2	9,7	10,2
	3,0	0,8	1,4	1,9	2,5	3,1	3,6	4,2	4,7	5,3	5,8	6,3	6,8	7,3	7,9	8,4	8,9	9,4	9,9
	4,0	0,0	0,5	0,9	1,4	2,0	2,5	3,1	3,7	4,3	4,8	5,3	6,0	6,5	7,1	7,5	8,1	8,6	9,1
1,10	0,5	3,0	3,4	3,9	4,4	4,8	5,3	5,7	6,2	6,6	7,1	7,6	8,0	8,5	8,9	9,4	9,8	10,3	10,8
	1,0	2,7	3,2	3,6	4,1	4,6	5,1	5,5	6,0	6,5	6,9	7,4	7,9	8,3	8,7	9,2	9,7	10,1	10,6
	1,5	2,3	2,8	3,3	3,8	4,3	4,8	5,3	5,7	6,2	6,6	7,1	7,6	8,1	8,5	9,0	9,4	9,9	10,3
	2,0	1,8	2,3	2,9	3,4	3,9	4,4	4,9	5,4	5,9	6,3	6,8	7,3	7,8	8,2	8,7	9,2	9,6	10,1
	2,5	1,2	1,8	2,4	2,9	3,5	4,0	4,5	5,0	5,5	6,0	6,5	7,0	7,5	7,9	8,4	8,9	9,4	9,8
	3,0	0,8	1,3	1,8	2,4	3,0	3,5	4,0	4,5	5,1	5,6	6,1	6,6	7,1	7,6	8,1	8,5	9,0	9,5
	4,0	0,0	0,4	0,9	1,4	1,9	2,4	3,0	3,5	4,1	4,7	5,2	5,7	6,3	6,8	7,3	7,8	8,3	8,8

TABLEAU 5.15 (suite) — Quantité de matière sèche de fourrage ingérée, par les bovins en croissance et à l'engrais en fonction de leur capacité d'ingestion, de la valeur UEB du fourrage et de l'apport d'aliment concentré (suite).

Valeur UEB du fourrage (par kg de MS)	Concentré (kg brut)	Capacité d'ingestion (en UEB)																	
		3,5	4,0	4,5	5,0	5,5	6,0	6,5	7,0	7,5	8,0	8,5	9,0	9,5	10,0	10,5	11,0	11,5	12,0
1,15	0,5	2,9	3,3	3,8	4,2	4,6	5,1	5,5	6,0	6,4	6,8	7,3	7,7	8,1	8,6	9,0	9,4	9,9	10,3
	1,0	2,6	3,1	3,5	4,0	4,4	4,9	5,3	5,8	6,2	6,7	7,1	7,5	8,0	8,4	8,9	9,3	9,7	10,2
	1,5	2,2	2,7	3,2	3,7	4,2	4,6	5,1	5,5	6,0	6,4	6,9	7,3	7,8	8,2	8,6	9,1	9,6	10,0
	2,0	1,7	2,3	2,8	3,3	3,8	4,3	4,8	5,2	5,7	6,2	6,6	7,1	7,5	8,0	8,4	8,9	9,3	9,7
	2,5	1,2	1,7	2,3	2,8	3,3	3,9	4,3	4,9	5,4	5,8	6,3	6,7	7,2	7,7	8,2	8,6	9,0	9,5
	3,0	0,7	1,2	1,8	2,3	2,9	3,4	3,9	4,5	4,9	5,4	5,9	6,4	6,9	7,3	7,9	8,3	8,8	9,3
	4,0	0,0	0,4	0,9	1,3	1,8	2,3	2,9	3,5	4,0	4,5	5,1	5,6	6,1	6,6	7,1	7,6	8,0	8,6
1,20	0,5	2,8	3,2	3,6	4,1	4,5	4,9	5,3	5,7	6,2	6,6	7,0	7,4	7,8	8,2	8,7	9,1	9,5	9,9
	1,0	2,5	3,0	3,4	3,9	4,3	4,7	5,1	5,6	6,0	6,4	6,8	7,3	7,7	8,1	8,5	9,0	9,4	9,8
	1,5	2,2	2,7	3,1	3,6	4,0	4,5	4,9	5,4	5,8	6,2	6,6	7,1	7,5	7,9	8,4	8,8	9,2	9,7
	2,0	1,7	2,2	2,7	3,2	3,7	4,1	4,6	5,1	5,5	6,0	6,4	6,8	7,3	7,7	8,2	8,6	9,0	9,4
	2,5	1,2	1,7	2,2	2,8	3,3	3,8	4,3	4,7	5,2	5,7	6,1	6,6	7,0	7,5	7,9	8,3	8,8	9,2
	3,0	0,7	1,2	1,7	2,2	2,8	3,3	3,8	4,3	4,8	5,3	5,7	6,2	6,7	7,2	7,6	8,0	8,5	8,9
	4,0	0,0	0,4	0,8	1,3	1,7	2,3	2,8	3,4	3,9	4,4	4,9	5,5	6,0	6,5	6,9	7,4	7,9	8,3
1,25	0,5	2,7	3,1	3,5	3,9	4,3	4,7	5,1	5,5	5,9	6,3	6,7	7,1	7,5	7,9	8,4	8,8	9,2	9,5
	1,0	2,5	2,9	3,3	3,8	4,2	4,6	5,0	5,4	5,8	6,2	6,6	7,0	7,4	7,9	8,3	8,6	9,1	9,5
	1,5	2,1	2,6	3,1	3,5	3,9	4,4	4,8	5,2	5,6	6,0	6,5	6,9	7,3	7,7	8,1	8,5	8,9	9,3
	2,0	1,6	2,2	2,6	3,1	3,6	4,1	4,5	5,0	5,4	5,8	6,2	6,7	7,1	7,5	7,9	8,3	8,7	9,2
	2,5	1,1	1,7	2,2	2,7	3,2	3,7	4,1	4,6	5,1	5,5	6,0	6,4	6,8	7,3	7,7	8,1	8,5	9,0
	3,0	0,7	1,1	1,7	2,2	2,7	3,2	3,8	4,2	4,7	5,2	5,6	6,1	6,5	6,9	7,4	7,9	8,3	8,7
	4,0	0,0	0,4	0,8	1,2	1,7	2,2	2,7	3,3	3,8	4,3	4,8	5,3	5,8	6,3	6,8	7,2	7,6	8,1
1,30	0,5	2,6	3,0	3,4	3,8	4,2	4,6	5,0	5,4	5,7	6,1	6,5	6,9	7,3	7,7	8,1	8,4	8,8	9,2
	1,0	2,4	2,8	3,2	3,6	4,1	4,4	4,8	5,2	5,6	6,0	6,4	6,8	7,2	7,6	8,0	8,4	8,8	9,2
	1,5	2,1	2,5	3,0	3,4	3,8	4,2	4,7	5,1	5,5	5,9	6,3	6,7	7,1	7,5	7,9	8,3	8,6	9,1
	2,0	1,6	2,1	2,6	3,0	3,5	4,0	4,4	4,8	5,3	5,7	6,1	6,5	6,9	7,3	7,7	8,1	8,5	8,9
	2,5	1,1	1,6	2,1	2,7	3,1	3,6	4,1	4,5	4,9	5,4	5,8	6,3	6,7	7,1	7,5	7,9	8,3	8,7
	3,0	0,7	1,1	1,6	2,1	2,6	3,2	3,7	4,1	4,6	5,1	5,5	5,9	6,4	6,8	7,2	7,6	8,1	8,5
	4,0	0,0	0,4	0,8	1,2	1,6	2,1	2,7	3,2	3,7	4,3	4,7	5,2	5,7	6,1	6,6	7,1	7,5	7,9
1,35	0,5	2,6	2,9	3,3	3,7	4,1	4,4	4,8	5,2	5,6	5,9	6,3	6,7	7,0	7,4	7,8	8,2	8,5	8,9
	1,0	2,4	2,8	3,2	3,6	3,9	4,3	4,7	5,1	5,5	5,9	6,2	6,6	7,0	7,4	7,7	8,1	8,5	8,9
	1,5	2,0	2,5	2,9	3,3	3,8	4,2	4,5	5,0	5,3	5,7	6,1	6,5	6,9	7,3	7,7	8,0	8,4	8,8
	2,0	1,6	2,1	2,6	3,0	3,5	3,9	4,3	4,7	5,1	5,5	5,9	6,3	6,7	7,1	7,5	7,9	8,3	8,7
	2,5	1,0	1,6	2,1	2,6	3,1	3,6	4,0	4,4	4,9	5,3	5,7	6,1	6,5	6,9	7,3	7,7	8,1	8,5
	3,0	0,7	1,1	1,6	2,1	2,6	3,1	3,6	4,1	4,5	5,0	5,4	5,9	6,2	6,6	7,1	7,5	7,9	8,3
	4,0	0,0	0,3	0,7	1,1	1,6	2,1	2,6	3,1	3,7	4,1	4,7	5,1	5,6	6,0	6,5	6,9	7,3	7,8

TABLEAU 5.15 (suite) — Quantité de matière sèche de fourrage ingérée, par les bovins en croissance et à l'engrais en fonction de leur capacité d'ingestion, de la valeur UEB du fourrage et de l'apport d'aliment concentré (suite).

Valeur UEB du fourrage (par kg de MS)	Concentré (kg brut)	Capacité d'ingestion (en UEB)																	
		3,5	4,0	4,5	5,0	5,5	6,0	6,5	7,0	7,5	8,0	8,5	9,0	9,5	10,0	10,5	11,0	11,5	12,0
1,40	0,5	2,5	2,9	3,2	3,6	3,9	4,3	4,7	5,0	5,4	5,7	6,1	6,5	6,8	7,2	7,5	7,9	8,3	8,6
	1,0	2,3	2,7	3,1	3,5	3,9	4,2	4,6	5,0	5,3	5,7	6,1	6,4	6,8	7,2	7,5	7,9	8,2	8,6
	1,5	2,0	2,5	2,9	3,3	3,7	4,1	4,5	4,8	5,2	5,6	6,0	6,3	6,7	7,1	7,5	7,8	8,2	8,6
	2,0	1,6	2,1	2,5	3,0	3,4	3,8	4,2	4,6	5,0	5,4	5,8	6,2	6,6	7,0	7,3	7,7	8,1	8,4
	2,5	1,0	1,5	2,1	2,6	3,0	3,5	3,9	4,3	4,8	5,2	5,6	6,0	6,4	6,8	7,2	7,5	7,9	8,3
	3,0	0,6	1,0	1,5	2,1	2,6	3,1	3,5	4,0	4,5	4,9	5,3	5,7	6,2	6,5	6,9	7,3	7,7	8,1
	4,0	0,0	0,3	0,7	1,1	1,6	2,1	2,6	3,1	3,6	4,1	4,6	5,1	5,5	6,0	6,4	6,8	7,2	7,6
1,45	0,5	2,4	2,8	3,1	3,5	3,8	4,2	4,5	4,9	5,2	5,6	5,9	6,3	6,6	7,0	7,3	7,7	8,0	8,4
	1,0	2,3	2,7	3,0	3,4	3,8	4,1	4,5	4,8	5,2	5,6	5,9	6,3	6,6	7,0	7,3	7,7	8,0	8,4
	1,5	2,0	2,4	2,8	3,2	3,6	4,0	4,4	4,7	5,1	5,5	5,8	6,2	6,6	6,9	7,3	7,6	8,0	8,3
	2,0	1,5	2,0	2,5	2,9	3,4	3,8	4,2	4,6	5,0	5,3	5,7	6,1	6,4	6,8	7,2	7,5	7,9	8,3
	2,5	1,0	1,5	2,0	2,6	3,0	3,5	3,9	4,3	4,7	5,1	5,5	5,9	6,3	6,7	7,0	7,4	7,8	8,1
	3,0	0,6	1,0	1,5	2,1	2,5	3,1	3,5	4,0	4,4	4,9	5,2	5,7	6,0	6,5	6,8	7,2	7,6	8,0
	4,0	0,0	0,3	0,7	1,1	1,5	2,0	2,5	3,1	3,5	4,1	4,5	5,0	5,5	5,8	6,3	6,8	7,1	7,5
1,50	0,5	2,4	2,7	3,1	3,4	3,7	4,1	4,4	4,8	5,1	5,4	5,8	6,1	6,4	6,8	7,1	7,4	7,8	8,1
	1,0	2,3	2,6	3,0	3,3	3,7	4,0	4,4	4,7	5,1	5,4	5,8	6,1	6,5	6,8	7,1	7,5	7,8	8,2
	1,5	2,0	2,4	2,8	3,2	3,6	3,9	4,3	4,7	5,0	5,4	5,7	6,1	6,4	6,8	7,1	7,5	7,8	8,1
	2,0	1,5	2,0	2,5	2,9	3,3	3,7	4,1	4,5	4,9	5,2	5,6	6,0	6,3	6,7	7,0	7,4	7,7	8,1
	2,5	1,0	1,5	2,0	2,5	3,0	3,4	3,9	4,3	4,7	5,0	5,4	5,8	6,2	6,6	6,9	7,3	7,6	8,0
	3,0	0,6	1,0	1,5	2,0	2,5	3,0	3,5	3,9	4,4	4,8	5,2	5,6	6,0	6,3	6,8	7,1	7,5	7,9
	4,0	0,0	0,3	0,7	1,0	1,4	2,0	2,5	3,0	3,5	4,0	4,5	4,9	5,4	5,8	6,3	6,6	7,1	7,5
1,60	0,5	2,3	2,6	2,9	3,2	3,6	3,9	4,2	4,5	4,8	5,1	5,5	5,8	6,1	6,4	6,7	7,0	7,4	7,7
	1,0	2,2	2,5	2,9	3,2	3,6	3,9	4,2	4,6	4,9	5,2	5,5	5,8	6,2	6,5	6,8	7,1	7,4	7,8
	1,5	2,0	2,4	2,7	3,1	3,5	3,8	4,2	4,5	4,8	5,2	5,5	5,8	6,2	6,5	6,8	7,2	7,5	7,8
	2,0	1,5	2,0	2,5	2,9	3,3	3,6	4,0	4,4	4,8	5,1	5,4	5,8	6,1	6,5	6,8	7,1	7,5	7,8
	2,5	0,9	1,5	2,0	2,5	2,9	3,4	3,8	4,2	4,6	4,9	5,3	5,7	6,0	6,4	6,7	7,1	7,4	7,8
	3,0	0,5	0,9	1,4	2,0	2,5	3,0	3,5	3,9	4,3	4,7	5,1	5,5	5,9	6,2	6,6	6,9	7,3	7,6
	4,0	0,0	0,3	0,6	1,0	1,4	1,9	2,5	3,0	3,5	4,0	4,5	4,9	5,3	5,8	6,2	6,6	6,9	7,3

6. Alimentation des ovins

Le poids et l'état corporel d'une brebis varient au cours d'un cycle de production : gestation, lactation, repos. Les réserves accumulées au cours de la période de repos sont utilisées partiellement en fin de gestation et, surtout, en début de lactation. Toute période de mobilisation doit être suivie d'une phase de récupération de manière à ce que le bilan du cycle soit positif ou nul chez les brebis adultes. Les réserves corporelles disponibles, évaluées par une note d'état corporel comprise entre 1 et 5, sont appréciées dans la pratique par l'état des animaux : très maigres, maigres, état moyen, bon état et très bon état.

Brebis tarie ou en lutte

La brebis tarie a des besoins faibles (tabl. 6.1). Si les disponibilités alimentaires le permettent, on peut utiliser cette période pour reconstituer ses réserves corporelles. Toutefois il est difficile d'accroître la note d'état corporel de plus de 0,5 point en 3 mois. En période de lutte on peut compenser un état d'engraissement moyen par un « flushing » : cette suralimentation énergétique pendant la période de reproduction (3 semaines avant et 3 après la lutte) permet d'améliorer la prolificité et la fertilité du troupeau.

Brebis en gestation

Le début de la gestation (3 premiers mois) n'entraîne pas d'accroissement notable des besoins. Cependant il est recommandé d'alimenter les brebis au-dessus du strict besoin d'entretien ; cet excédent d'énergie permettra de poursuivre la reconstitution des réserves corporelles et assurera un volant de sécurité aux brebis les plus prolifiques.

La fin de la gestation (2 derniers mois) est une période délicate chez les brebis prolifiques. En effet leurs besoins s'accroissent alors que leurs capacité d'ingestion reste stable et que la valeur d'encombrement du concentré augmente (tabl. 6.7). Les recommandations du tableau 6.2 doivent être suivies car, pour l'énergie, elles sont déjà inférieures aux stricts besoins de gestation.

Brebis allaitante

Contrairement à la fin de gestation, la brebis allaitante en bon état corporel à l'agnelage, peut puiser sur ses réserves (essentiellement énergétiques) sans risques sanitaires importants. Cependant, on doit veiller à couvrir les apports azotés correspondant aux objectifs de croissance des agneaux. Si le potentiel de croissance des agneaux est élevé, la production laitière sera limitée principalement par les apports en PDI de la ration. L'amplitude de la mobilisation indiquée au tableau 6.4 est un maximum. En pratique on doit souvent retenir des valeurs inférieures, car une mobilisation importante entraîne des déséquilibres UFL/PDI qui sont difficiles à corriger avec des aliments courants.

A l'issue du calcul de la ration à distribuer aux brebis dans l'une des 3 situations précédentes, il est nécessaire de tenir compte de la température ambiante de la bergerie. Les quantités de fourrage préalablement déterminées doivent être multipliées par un terme correctif $F = 1{,}345 - 0{,}0183 \times T$, où T est exprimée en degrés centigrades (exemple pour $T = 5°C$, $F = 1{,}25$).

Brebis traite

Pendant les premières semaines, lorsque les brebis sont à la fois en allaitement et à la traite, il faut ajouter les besoins de croissance de la portée (tabl. 6.3) à ceux d'entretien et de production de lait (tabl. 6.6). Pendant la période de traite si on ajuste les apports aux besoins pour la production laitière moyenne du lot (tabl. 6.6), près de la moitié des brebis seront sous-alimentées. Pour éviter cela, on choisit des apports supérieurs aux besoins moyens du lot ; cette majoration devra être d'autant plus importante que les productions individuelles sont plus dispersées. Pour limiter alors la suralimentation des brebis les moins productives il y a intérêt à diviser le troupeau en lots suivant le niveau de production.

Agneau à l'engrais

Pour des agneaux de même poids et de même croissance, les apports recommandés sont d'autant plus faibles que leur potentiel est élevé (tabl. 6.9). La ration des agneaux doit contenir par kg de matière sèche, plus de 0,8 UFV et 135 g de PDI au début puis 95 g de PDI ensuite, soit en moyenne 120 g de PDI.

Agnelle de renouvellement

L'alimentation des agnelles ne se différencie de celle des agneaux qu'à partir d'un poids qui varie avec la race entre 22 et 28 kg (tabl. 6.9). Dès lors, on doit concilier les exigences d'un poids vif suffisant à la lutte (2/3 du poids des brebis adultes) et d'une croissance modérée à la puberté (100 à 150 g/j) (tabl. 6.1).

Principes du calcul des rations

La démarche consiste à couvrir les apports alimentaires recommandés (AR) avec une quantité de fourrage (F, kg de matière sèche) et d'aliment concentré (C, kg de matière sèche) dont on a choisi la valeur UFL. Ces deux quantités F et C sont obtenues en résolvant un système de deux équations à deux inconnues (tabl. 6.11) :

(1) la première implique que la quantité d'UEM est égale à la capacité d'ingestion (CI)

(2) la seconde permet de couvrir les apports recommandés (AR).

TABLEAU 6.1. — Besoins alimentaires et capacité d'ingestion de la brebis tarie ou en début de gestation

Besoins d'entretien								
Age	Poids vif (kg)	Besoins quotidiens				Capacité d'ingestion (UEM)		
		UFL (/j)	PDI (g/j)	Ca (g/j)	P (g/j)	Note d'état des brebis		
						2 à 2,5	3 à 3,5	3,5 à 4,5
Adultes	40	0,52	42	3,0	2,0	1,4	1,3	1,2
	50	0,62	50	3,5	2,5	1,7	1,5	1,4
	60	0,71	57	4,0	3,0	1,9	1,7	1,6
	70	0,80	64	4,5	3,5	2,2	2,0	1,8
	80	0,88	71	5,0	4,0	2,4	2,2	2,0
Agnelles (1)	30	0,44	34	2,5	2,0	—		1,2
	40	0,54	42	3,0	2,5	—		1,4

Besoins pour la reconstitution des réserves (adulte) ou la croissance (agnelle)								
Variation de poids (2) (g/j)	Brebis adultes				Agnelles			
	UFL (/j)	PDI (g/j)	Ca (g/j)	P (g/j)	UFL (/j)	PDI (g/j)	Ca (g/j)	P (g/j)
+ 50	0,28	11	—	—	0,13	11	0,7	0,2
+100	0,56	22	—	—	0,26	22	1,4	0,4
+150	0,84	33	—	—	0,39	33	2,1	0,6

(1) Avant 30 kg de poids les agnelles sont nourries comme des agneaux de boucherie.

(2) Une augmentation de 1 point de la note d'état corporel correspond à 13 p. 100 d'accroissement du poids vif des brebis (à contenus digestifs constants).

NB : - Augmenter les besoins de 0,08 UFL et de 7 g de PDI par 10 kg de PV supplémentaire.
- Les besoins d'entretien des béliers sont supérieurs de 10 p. 100 à ceux des brebis de même poids.

TABLEAU 6.2. — Apports alimentaires recommandés en fin de gestation selon le poids des brebis et l'importance de la portée : conséquences sur la capacité d'ingestion

Poids de la brebis[1] (kg)	Poids de la portée kg (et taille)	Périodes (semaines avant l'agnelage)												
		−6 et −5				−4 et −3				−2 et −1				−6 à −1
		UFL /j	PDI g/j	Ca g/j	P g/j	UFL /j	PDI g/j	Ca g/j	P g/j	UFL /j	PDI g/j	Ca g/j	P g/j	Capacité d'ingestion UEM[2]
55	4 (1)	0,74	74	5,7	3,2	0,84	93	6,9	3,5	0,99	107	9,0	4,0	1,29
	5 (2)	0,75	79	6,2	3,3	0,89	103	7,7	3,7	1,09	118	10,3	4,4	1,16
	7 (2)	0,77	89	7,2	3,6	0,97	113	9,1	4,1	1,24	139	13,0	5,0	1,29
60	5 (2)	0,80	83	6,4	3,6	0,93	107	7,9	4,0	1,13	121	10,5	4,6	1,26
	6 (2)	0,81	88	6,9	3,7	0,97	112	8,6	4,2	1,21	132	11,8	4,9	1,32
	7 (2)	0,82	93	7,4	3,8	1,02	117	9,3	4,4	1,30	143	13,2	5,3	1,40
	8 (2)	0,83	98	7,9	3,9	1,07	122	10,0	4,6	1,38	154	14,5	5,7	1,45
70	5 (1)	0,88	90	7,0	4,1	1,02	114	8,5	4,5	1,22	129	11,1	5,2	1,64
	7 (2)	0,90	100	8,0	4,4	1,09	133	10,1	4,9	1,37	150	13,8	5,8	1,58
	9 (2)	0,93	111	9,0	4,7	1,14	146	11,7	5,3	1,50	172	16,5	6,5	1,71
	11 (3)	0,96	121	10,0	4,9	1,24	169	13,3	5,7	1,63	188	19,1	7,1	1,65

(1) Pour des brebis plus lourdes ou plus légères on retiendra les variations suivantes pour 5 kg de poids de la brebis : 0,04 UFL ; 3 g de PDI ; 0,3 g Ca ; 0,2 g P et 0,1 UEM.

(2) On remarquera que la capacité d'ingestion s'accroît avec le poids total de la portée mais que, à même poids de portée, elle diminue avec le nombre d'agneaux portés.

TABLEAU 6.3. — Besoins de lactation des brebis allaitantes selon le croît quotidien de la portée entre 10 et 30 j. après l'agnelage (ces besoins s'ajoutent aux besoins d'entretien du tableau 6.1)

Gain 10 – 30 (g/j)	150	250	350	450	550
De 0 à 3 semaines					
Consommation de lait par la portée (kg)	0,90	1,40	1,90	2,60	3,00
UFL (/j)	0,60	0,90	1,20	1,65	1,95
PDI (g/j)	65	100	130	180	210
Calcium (g/j)	5,4	8,4	11,4	15,6	18,0
Phosphore (g/j)	2,3	3,5	4,8	6,5	7,5
De 4 à 6 semaines					
Consommation de lait par la portée (kg)	0,75	1,15	1,60	2,25	2,60
UFL (/j)	0,50	0,70	1,00	1,40	1,60
PDI (g/j)	52	80	110	155	180
Calcium (g/j)	4,5	6,9	9,6	13,5	15,6
Phosphore (g/j)	1,9	2,9	4,0	5,6	6,5
De 7 à 10 semaines					
Consommation de lait par la portée (kg)	0,50	0,80	1,05	1,45	1,65
UFL (/j)	0,35	0,55	0,75	1,00	1,15
PDI (g/j)	40	60	80	110	130
Calcium (g/j)	3,0	4,8	6,3	8,7	9,9
Phosphore (g/j)	1,3	2,0	2,6	3,6	4,1
De 11 à 14 semaines					
Consommation de lait par la portée (kg)	0,30	0,40	0,60	0,80	0,90
UFL (/j)	0,20	0,30	0,45	0,60	0,70
PDI (g/j)	25	35	50	65	75
Calcium (g/j)	1,8	2,4	3,6	4,8	4,8
Phosphore (g/j)	0,8	1,0	1,5	2,0	2,3

TABLEAU 6.4. — Utilisation des réserves corporelles par les brebis en lactation : déficit énergétique maximum toléré exprimé en fraction du besoin d'entretien (BE)(1)

Age et système d'élevage	Note d'état initiale	Variation maximale de la note d'état en 6 semaines	Déficit quotidien maximum tolérable à différentes périodes de la lactation		
			Moyenne 0 - 6 semaines	Semaines 1 à 3	Semaines 4 à 6
Adulte, lactation courte	3,5 à 4	−1,0	0,85×BE	1,13×BE	0,57×BE
Adulte, lactation courte	2,5 à 3	−0,6	0,51×BE	0,68×BE	0,36×BE
Brebis âgées	3,5 à 4	−0,6	0,51×BE	0,68×BE	0,36×BE
Agnelles, brebis traites	3,5 à 4	−0,5	0,42×BE	0,57×BE	0,28×BE

(1) Par exemple, une brebis de 70 kg de poids vif qui a un besoin d'entretien (BE) de 0,80 UFL (tableau 6.1) pourra mobiliser en moyenne 0,85×BE soit 0,68 UFL par jour.

TABLEAU 6.5. — Évolution de la capacité d'ingestion (UEM) d'une brebis adulte (60 kg) (1) au cours de l'allaitement selon le croît de la portée et son état corporel

Croît de la portée (10 - 30 j) (g/j)	150	250	350	450	550
Note d'état des brebis	(2) 3	(2) 3	(2) 3	(2) 3	(2) 3
Semaines 1 à 3	1,48	1,72	1,96	2,20	2,44
Semaines 4 à 6	(2,00)1,85	(2,30)2,15	(2,65)2,45	(2,95)2,75	(3,20)3,05
Semaines 7 à 10	(1,85)1,70	(2,10)1,90	(2,20)2,05	(2,40)2,25	(2,60)2,35
Semaines 11 à 14	(1,85)1,60	(2,00)1,65	(2,00)1,75	(2,05)1,85	(2,10)1,95
Brebis tarie	(1,85)1,60	(1,90)1,60	(1,90)1,60	(1,90)1,60	(1,90)1,60

(1) Pour corriger la capacité d'ingestion des brebis d'un poids différent de 60 kg, on retiendra ±0,1 UEM/5 kg PV. Le poids de référence est le poids après mise-bas.

TABLEAU 6.6. — Besoins et capacité d'ingestion des brebis traites

Besoins pour la production d'un litre de lait[1]

Stade de traite (en mois après le sevrage)	Composition du lait		Besoins par litre de lait			
	Taux butyreux (g/l)	Taux protéique (g/l)	UFL	PDI (g)	Ca (g)	P (g)
1 et 2	58	49	0,59	74		
	62	53	0,62	80	6,4	2,5
3 et 4	65	55	0,64	83		
	75	60	0,72	90	6,4	2,5
5 et 6	80	62	0,75	93		
	90	62	0,80	93	7,0	2,8

Besoins totaux selon le poids vif, le stade de la lactation et la production laitière des brebis

Poids vif (kg)	Production laitière selon le stade de la lactation			Besoins totaux par jour				Encombrement de la ration (UEM)
	Début (l/j)	Milieu (l/j)	Fin (l/j)	UFL (/j)	PDI (g/j)	Ca (g/j)	P (g/j)	
50	2,5			2,08	233	18,5	7,8	2,7
	2,0			1,86	207	15,3	6,5	2,6
	1,6	1,5		1,58	172	12,9	5,6	2,5
		1,0	0,9	1,34	137	8,8	4,0	2,3
			0,5	0,98	93	6,0	3,0	2,2
			0,1	0,71	57	3,2	2,8	2,1
70	3,0			2,57	285	22,7	10,0	3,3
	2,5			2,26	245	19,5	8,8	3,1
	2,0			2,03	220	16,3	7,5	3,0
	1,6	1,5		1,75	185	13,9	6,6	2,8
		1,0	0,9	1,51	150	9,8	5,0	2,7
			0,5	1,16	106	7,0	4,0	2,6
			0,1	0,87	69	4,2	3,8	2,4

(1) Pour avoir le besoin total de la brebis il faut ajouter les besoins pour la production laitière aux besoins d'entretien du tableau 6.1.

TABLEAU 6.7. — Valeur d'encombrement du concentré (VEC) : effet du stade physiologique des brebis et de la valeur d'encombrement des fourrages (VEF)

Stade physiologique	Valeur d'encombrement du fourrage : UEM/kg MS						
	0,90	1,00	1,10	1,20	1,30	1,40	1,50
Tarie	0,76	0,78	0,78	0,78	0,76	0,73	0,68
Gestation (semaines −6 et −5)	0,58	0,54	0,48	0,40	0,30	0,18	0,00
Gestation (semaines −4 et −3)	0,61	0,57	0,50	0,42	0,32	0,19	0,00
Gestation (semaines −2 et −1)	0,64	0,59	0,53	0,44	0,33	0,20	0,00
Allaitement : semaines 4 à 6	1,31	1,30	1,25	1,16	1,05	0,92	—
Allaitement : semaines 7 à 14	0,78	0,79	0,78	0,76	0,72	0,66	0,59
Traite : 1er et 2e mois	0,53	0,51	0,45	0,39	0,34	—	—
Traite : 3e mois (1)	1,04	1,01	1,00	0,94	0,88	—	—

(1) Ces valeurs sont extraites d'un nombre d'essais limités.

TABLEAU 6.8. — Variation du taux de substitution du concentré au fourrage en semaines d'allaitement 4 à 6. Valeur du coefficient de correction (COR) à utiliser pour calculer S en semaines d'allaitement 1 à 3 [(S (1 à 3) = 0,8 × S (4 à 6) + COR)

Taux de substitution	Valeur d'encombrement du fourrage (UEM/kg MS)							
	0,90	1,00	1,10	1,20	1,30	1,40	1,50	1,60
S (4 à 6)	1,46	1,30	1,14	0,97	0,81	0,66	0,50	0,34
0,8 × S (4 à 6)	1,17	1,04	0,91	0,78	0,65	0,53	0,40	0,27

MSTI (4 à 6)	Quantité de concentré distribuée en semaines 4, 5 et 6 : C(4 à 6)										
	0,2	0,3	0,4	0,5	0,6	0,7	0,8	0,9	1,0	1,1	1,2
1,60	−1,51	−0,94	−0,66	−0,48	−0,37	−0,29	−0,23	−0,18	−0,14	−0,11	−0,09
1,70	−1,34	−0,82	−0,57	−0,41	−0,31	−0,24	−0,18	−0,14	−0,11	−0,08	−0,06
1,80	−1,16	−0,71	−0,48	−0,34	−0,25	−0,19	−0,14	−0,10	−0,07	−0,05	−0,03
1,90	−0,99	−0,59	−0,39	−0,27	−0,20	−0,14	−0,10	−0,06	−0,04	−0,02	−0,00
2,00	−0,81	−0,47	−0,31	−0,20	−0,14	−0,09	−0,05	−0,02	0,00	0,02	0,03
2,10	−0,63	−0,36	−0,22	−0,13	−0,08	−0,04	−0,01	0,01	0,03	0,05	0,06
2,20	−0,46	−0,24	−0,13	−0,06	−0,02	0,01	0,04	0,05	0,07	0,08	0,09
2,30	−0,29	−0,12	−0,04	0,01	0,04	0,6	0,08	0,09	0,10	0,11	0,12
2,40	−0,11	−0,01	0,05	0,08	0,10	0,11	0,12	0,13	0,14	0,14	0,15
2,50	0,07	0,11	0,13	0,15	0,16	0,16	0,17	0,17	0,17	0,18	0,18

(1) MSTI (4 à 6) : Matière Sèche Totale Ingérée (kg) en 5e semaine (pour les semaines 4, 5 et 6)
MSTI (4 à 6) et C (4 à 6) sont obtenus lors du calcul de la ration en 5e semaine d'allaitement.

TABLEAU 6.9. — Apports alimentaires recommandés pour les agneaux mâles et femelles en croissance et à l'engraissement selon leur potentiel de croissance

Potentiel de croissance		Modéré				Élevé				Ensemble	
Poids vif (kg)	Gain de poids vif (g/j)	Mâles		Femelles		Mâles		Femelles		Ensemble	
		UFV (/j)	PDI (g/j)	UFV (/j)	PDI (g/j)	UFV (/j)	PDI (g/j)	UFV (/j)	PDI (g/j)	Ca (g/j)	P (g/j)
	150	0,57	65	0,68	62	—	—	—	—	4,2	1,7
15	200	0,58	78	0,69	75	—	—	—	—	5,3	2,1
	250	0,59	92	0,71	87	—	—	—	—	6,4	2,5
	300	0,60	108	—	—	—	—	—	—	7,5	2,9
	150	0,72	69	0,80	65	0,63	71	0,73	67	4,6	1,9
20	200	0,75	82	0,84	78	0,67	85	0,77	80	5,7	2,3
	250	0,79	96	0,89	90	0,71	99	0,80	93	6,8	2,7
	300	0,60	110	0,91	103	0,75	113	0,82	106	8,0	3,0
	150	0,87	71	0,92	68	0,75	73	0,82	69	5,2	2,2
	200	0,93	84	0,98	80	0,77	86	0,85	82	6,4	2,6
25	250	1,00	97	1,06	91	0,80	100	0,89	94	7,6	3,0
	300	1,03	110	1,10	103	0,82	114	0,92	107	8,9	3,3
	350	1,05	123	—	—	0,85	127	0,95	119	10,3	3,7
	150	1,01	73	1,04	70	0,87	75	0,91	72	5,8	2,4
	200	1,09	86	1,13	81	0,91	88	0,96	84	7,1	2,8
30	250	1,19	98	1,23	93	0,96	101	1,01	95	8,5	3,2
	300	1,25	111	1,25	104	0,98	114	1,04	107	9,7	3,6
	350	1,29	123	—	—	1,00	127	1,07	119	11,1	4,0
	400	1,33	136	—	—	1,03	142	—	—	12,6	4,4
	150	—	—	—	—	0,99	76	1,01	73	6,5	2,8
	200	1,27	87	—	—	1,05	89	1,07	84	8,0	3,2
	250	1,38	99	—	—	1,11	101	1,15	96	9,5	3,6
35	300	1,47	110	—	—	1,14	114	1,18	107	10,9	4,0
	350	1,57	122	—	—	1,16	126	1,21	118	12,4	4,4
	400	1,60	134	—	—	1,18	139	1,23	130	13,9	4,8
	450	—	—	—	—	1,20	150	—	—	15,4	5,2
	200	—	—	—	—	1,18	90	1,21	76	9,0	3,5
	250	—	—	—	—	1,27	102	1,31	87	10,5	3,9
40	300	—	—	—	—	1,32	115	1,36	99	12,0	4,4
	350	—	—	—	—	1,37	127	1,40	100	13,6	4,8
	400	—	—	—	—	1,39	140	1,43	121	15,3	5,2
	450	—	—	—	—	1,42	153	—	—	16,8	5,6

TABLEAU 6.10. — Marche à suivre pour le calcul des rations destinées aux brebis.

Stade physiologique	Caractéristiques zootechniques	Besoins	État corporel		Ingestion[1]		Observations
			Note cible	Variations	CI	S	
Entretien et début de gestation mois (0 à 3)	- Poids - Note d'état - Température de la bergerie	Tabl. 6.1	- Lutte 2,5 à 3,5 - 3 mois : 3 à 3,5	Tabl. 6.1.	Tabl. 6.1	Tabl. 6.7.	Avant la lutte majorer les apports de 0,33 UFL/j si la note d'état est de 2,5 à 3 ou si le poids est stable. A 3 mois, la note peut n'être que de 2,5 pour les brebis à faible prolificité.
Fin de gestation	- Poids à la lutte - Note actuelle - Poids de portée - Période (−6 à 1 sem.) - Température	Tabl. 6.2.	- 3 mois : 3 à 3,5 - Agnelage 3 à 3,5	positives ou nulles	Tabl. 6.2.	Tabl. 6.7.	Les apports doivent être accrus de 10% pour les brebis dont la note est inférieure à 3 en fin de troisième mois.
Allaitement Début : 0 à 6 sem. Fin : 7 à 14 sem.	- Poids et note à l'agnelage - Gain 10-30 de la portée - Durée lactation et variation de note d'état - Température	Tabl. 6.1. + Tabl. 6.3.	- Agnelage Tabl. 6.4. - 6 sem. : 2,5 à 3,5 - Sevrage 2 à 2,5	Tabl. 6.4.	Tabl. 6.5.	Tabl. 6.7.	En début d'allaitement, on calcule d'abord la ration en période 4-6 semaines puis en première période 0-3 semaines (Tabl. 6.8.).
Traite	- Poids en début de traite - Production et composition du lait	Tabl. 6.6.	—	—	Tabl. 6.6.	Tabl. 6.7.	Recommandations à ajuster selon la variabilité des performances du lot à alimenter. Pas d'effet de la température de la bergerie.

(1) CI : Capacité d'ingestion ; S : Taux de substitution.

TABLEAU 6.11. — Exemple de rations pour un troupeau de brebis allaitantes.

Caractéristiques des brebis (tabl. 6.10)

Brebis adultes, lactation courte
Poids à la mise bas : 65 kg, Note d'état : 3.5
Gain de poids de la portée entre 10 et 30 jours : 450 g/j
Durée de la lactation 6 semaines
Variation de la note d'état −0,8 point en 6 semaines
Température ambiante 12° C

Aliments disponibles

Foin de prairie permanente, 1er cycle, fané au sol (N° 482),
0,73 UFL, 66 g PDIN, 78 g PDIE, 1,32 UEM/kg MS.

Orge et tourteau de soja 46 : concentration voisine de 1,1 UFL/kg MS.

Compte tenu de 5 % de complément minéral vitaminé.

Calculs des apports retenus

- Besoins d'entretien.

Le poids vif retenu étant celui des brebis à la mise-bas : 65 kg. D'après le tableau 6.1 les besoins s'élèvent à :

(0,71 + 0,80)/2 = 0,755 soit 0,75 UFL/j

et à (57 + 64)/2 = 60,5 soit 60 g PDI/j

- Besoins de production. Tableau 6.3 avec un gain (10-30) de 450 g/j

Semaines 0 à 3 : 1,65 UFL et 180 g PDI
Semaines 4 à 6 : 1,40 UFL et 155 g PDI

Utilisation des réserves corporelles. La diminution de 0,8 points en 6 semaines est équivalente en moyenne à 0.68 fois le besoin d'entretien (0,85xBE)x0,8. (tabl. 6.4)

Semaines 1 à 3 : (1,13xBE)x0,8 = 0,902xBE = 0,68 UFL
Semaines 4 à 6 : (0,57xBE)x0,8 = 0,456xBE = 0,34 UFL

Apports UF et PDI de la ration.

Semaines 1 à 3 : 0,75 + 1,65 − 0,68 = 1,72 UFL et 60 + 180 = 240 PDI

Semaines 4 à 6 : 0,75 + 1,40 − 0,34 = 1,81 UFL et 60 + 155 = 215 PDI

Capacité d'ingestion (tabl. 6.5)

La capacité d'ingestion est celle d'une brebis de 65 kg, en bon état, note 3.

Semaines 1 à 3 : note 3 ; 2,20 + 0,1 = 2,30 UEM
Semaines 4 à 6 : note 3 ; 2,75 + 0,1 = 2,85 UEM

TABLEAU 6.11. (suite) — Exemple de rations pour un troupeau de brebis allaitantes.

Calculs des apports de fourrage et de concentré.

Première étape : Semaines 4 à 6 :

Le calcul consiste à résoudre les deux équations suivantes où F et C sont les quantités de matière sèche respectivement de fourrage et de concentré :

(1) Capacité d'ingestion CI = FxVEF + CxVEC
(2) Apports recommandés en énergie AR = FxUFF + CxUFC

La valeur UEM du concentré (VEC) est calculée à partir de la valeur UEM du fourrage (VEF) à l'aide du tableau 6.7 avec VEF = 1,32.

VEC = 0,92 pour VEF = 1,4 et 1,05 pour VEF = 1,3 donc VEC = 1,02
On calcule aussi le taux de substitution pour les semaines 4 à 6 :
S_{4-6} = VEC/VEF = 0,78

(1) 2,85 = Fx1,32 + Cx1,02 on trouve F = 1,82 kg MS
(2) 1,81 = Fx0,73 + Cx1,1 et C = 0,44 kg MS

Deuxième étape : Semaines 1 à 3 :

Il faut d'abord calculer le taux de substitution : S_{1-3} à l'aide du tableau 6.8 qui permet de déterminer le coefficient de correction (COR)

S_{1-3} = 0,8 x S_{4-6} + COR = 0,8x0,78 + COR

COR est calculé en fonction de la matière sèche totale ingérée (MST) = 1,82 + 0,44 = 2,26 kg et de la quantité de concentré C = 0,44 ; la valeur lue est : −0,061

Donc S_{1-3} = 0,8x0,78 − 0,061 = 0,56 et VEC = 1,32x0,56 = 0,74

On peut alors résoudre le système d'équation :

(1) 2,30 = Fx1,32 + Cx0,74 on trouve F = 1,38 kg MS
(2) 1,72 = Fx0,73 + Cx1,1 et C = 0,65 kg

Composition des aliments concentrés

Composants disponibles :

Orge (OR)	1,16 UFL, 79 g PDIN et 102 g PDIE (N° 616)
Tourteau de soja (TS)	1,16 UFL, 360 g PDIN et 249 g PDIE (N° 675)

Bilans des apports de la ration de base :

Semaines	Quantités de MS		Apports par le foin			Apports retenus		Déficit à couvrir		
	Foin	Conc.	UFL	PDIN	PDIE	UFL	PDI	UFL	PDIN	PDIE
1 à 3	1,38	0,65	1,00	91	108	1,72	240	0,72	149	132
4 à 6	1,82	0,44	1,33	120	142	1,81	215	0,48	95	73

TABLEAU 6.11. (suite) — Exemple de rations pour un troupeau de brebis allaitantes.

Compte tenu des mobilisations retenues l'apport de PDIE sera le plus souvent limitant et doit être pris en compte pour le calcul de la composition de l'aliment concentré.

Calculs des aliments concentrés : les solutions sont obtenues en résolvant les équations suivantes :

(3) déficit UFL = ORxUFL Orge +TSxUFL tourteau
(4) déficit PDIE = ORxPDIE Orge +TSxPDIE tourteau

Semaines 1 à 3 :

(3) UFL 0,72 = 1,16xOR +1,16xTS
(4) PDIE 132 = 102xOR +249xTS

Le concentré à distribuer en première période sera un mélange de 0,153 kg d'orge e»t 0,467 kg de tourteau de soja soit 0,620 kg auquel s'ajoutera 0,03 kg de CMV. Ce mélange apportera 180 g de PDIN, en excès par rapport aux besoins (+12 %).

Semaines 4 à 6 :

(3) UFL 0,48 = 1,16xOR +1,16xTS
(4) PDIE 73 = 102xOR +249xTS

soit 0,204 kg d'orge et 0,209 kg de soja auxquels s'ajouteront 0,027 kg de CMV pour atteindre 0,44 kg de MS de concentré.

L'apport de PDIN=92 g correspond au déficit à couvrir par le concentré.

Calcul des apports à fournir au troupeau.

Les apports retenus :

- 1,38 kg de MS de foin et 0,65 kg de MS de concentré en semaines 1 à 3
- 1,82 kg de MS de foin et 0,44 kg de MS de concentré en semaines 4 à 6

doivent être augmentés pour tenir compte de la température ambiante (foin à volonté) et transformés en produit brut.

Pour une température de 12° C le coefficient de correction F=1,345−0,0183x12=1,12 (soit +12 %)

et les brebis devront recevoir 1,54 et 2,05 kg de MS de foin au cours de chacune des 2 périodes retenues soit, en admettant une teneur moyenne de 85 % de MS dans le foin et les concentrés et en arrondissant les valeurs obtenues par le calcul :

en semaines 1 à 3 : 1,81 kg de foin et 0,76 kg de concentré

en semaines 4 à 6 : 2,41 kg de foin et 0,52 kg de concentré

Les quantités de foin distribuées seront finalement, légèrement augmentées pour permettre un certain tri par les brebis (5 % environ si le foin est très homogène, 10 % pour un foin hétérogène).

7. Alimentation des caprins

Chèvres laitières

Les apports énergétiques et azotés recommandés pour les chèvres de 60 kg à l'entretien sont respectivement de 0,79 UFL et de 50 g de PDI (tabl. 7.1). Il faut les modifier de 0,10 UFL et de 6 g de PDI lorsque le poids vif varie de 10 kg et majorer le besoin énergétique de 30 à 80 p. 100 pour les chèvres utilisant des parcours. Les besoins énergétiques et azotés pour la production de 1 kg de lait à 35 p. 1 000 de matière grasse sont de 0,385 UFL et de 45 g de PDI. Une variation de 5 p. 1 000 de matière grasse modifie le besoin énergétique de 0,03 UFL.

La capacité d'ingestion des chèvres est exprimée dans les tableaux 7.1, 7.2 et 7.3 en kg de matière sèche (MS) et en Unités d'encombrement pour les vaches laitières (UEL). L'utilisation des UEL exige que les chèvres disposent de fourrages à volonté en limitant leurs refus à 15 p. 100 des quantités distribuées, et que la ration qu'elles ingèrent ait une valeur énergétique égale ou supérieure à 0,75 UFL par kg de MS.

Les apports alimentaires recommandés sont présentés successivement pour l'entretien et la gestation au tableau 7.1, pour le premier mois de lactation au tableau 7.2 et, pour le reste de la lactation, du 2e mois au tarissement, au tableau 7.3. Ils s'appliquent à des chèvres qui gagnent de l'« état » en gestation et en perdent au cours des deux premiers mois de lactation. La capacité d'ingestion augmente rapidement au cours des 4 premières semaines de lactation (tabl. 7.2). On a admis un déficit de PDI seulement pendant les deux premières semaines de lactation. Les apports recommandés en pleine lactation (tabl. 7.3) sont établis pour des chèvres gardant un poids constant. A partir du 4e mois de lactation, il faut les majorer pour tenir compte de la reconstitution des réserves corporelles (voir légende du tableau 7.3).

Le rationnement des chèvres laitières repose sur le même principe que celui des vaches laitières. Les rations contiennent des fourrages dont un au moins doit être distribué à volonté, parfois des racines et des tubercules, et des aliments concentrés.

La concentration énergétique de la ration exprimée en UFL/kg MS doit être faible du tarissement au 3e mois de gestation (0,65) et s'élève à 0,75 au 4e mois pour atteindre 0,85 juste avant la mise bas. Au démarrage de la lactation, en raison des besoins très élevés et de la capacité d'ingestion relativement faible des chèvres, la concentration énergétique des rations doit atteindre 0,90 et, après le pic de lactation, diminuer régulièrement jusqu'à 0,75 au tarissement.

En France, on recherche en général à faire consommer une quantité maximale de fourrage complétée par un minimum d'aliments concentrés. Le calcul de la ration comporte plusieurs étapes (tabl. 7.4).

En premier lieu, on cherche les besoins des chèvres en UFL et en g de PDI, de calcium et de phosphore, et leur capacité d'ingestion en UEL dans les tableaux 7.1, 7.2 et 7.3, et les valeurs nutritives des aliments au chapitre 8.

En second lieu, on calcule les quantités de fourrage et d'aliments concentrés à distribuer. Pour cela, on a recours à deux équations, l'une exprimant que les apports de fourrage et de concentrés doivent couvrir le besoin énergétique, l'autre que ces apports satureront la capacité d'ingestion des chèvres. Cette dernière équation exige que l'on connaisse la valeur d'encombrement de l'aliment concentré. Le tableau 7.5 la donne en fonction des valeurs UFL et UEL du fourrage et de la production laitière des chèvres.

En troisième lieu, on cherche à couvrir le déficit en PDI que le fourrage seul fait apparaître en calculant la proportion adéquate de la source azotée (tourteaux...) dans le concentré. Dans l'exemple du tableau 7.4, deux équations permettent d'établir le pourcentage de tourteau de soja à incorporer dans le concentré. Le déficit en PDI peut aussi être couvert par un aliment du commerce. Si les besoins en calcium et en phosphore ne sont pas couverts par le fourrage et le concentré, des minéraux peuvent être incorporés au concentré ou bien un aliment minéral vitaminique du commerce peut être distribué séparément. La couverture des besoins en macro-éléments autres que Ca et P, en oligo-éléments et en vitamines est calculée grâce aux annexes 9.2, 9.3 et 9.4.

Si, notamment pendant la période sèche, la ration ne contient pas d'aliment concentré, les quantités de fourrage ingérées par la chèvre laitière sont indiquées au tableau 7.6.

Enfin, les quantités calculées de fourrage à distribuer doivent être majorées en fonction du taux de refus permis (environ 15 p. 100 maximum).

Autres caprins

Le tableau 7.7 indique les apports alimentaires recommandés pour les boucs à l'entretien et en période de lutte ainsi qu'une capacité d'ingestion moyenne qui peut présenter des différences importantes entre les animaux, notamment en période de lutte.

Les apports alimentaires recommandés pour les chevrettes d'élevage (tabl. 7.8) ont été établis pour qu'elles atteignent 31-32 kg à 7-8 mois afin qu'elles puissent être saillies à cet âge et produire du lait dès l'âge d'un an. Les besoins d'entretien des chevrettes après 7 ou 8 mois doivent être lus au tableau 7.1 ; les besoins journaliers de croissance sont alors de 0,10 à 0,15 UFL et de 12 à 17 g de PDI pour des gains de poids variant de 1,5 à 2 kg par mois.

TABLEAU 7.1. — Apports alimentaires journaliers recommandés et capacité d'ingestion des chèvres à l'entretien et en début ou en fin de gestation

Poids vif (kg)	Stade physiologique	Apports recommandés				Capacité d'ingestion	
		UFL	PDI (g)	Ca (g)	P (g)	MS (kg)	UEL
40	Entretien et début de gestation	0,58	37	3,0	2,0	1,07	1,52
	4ᵉ mois de gestation	0,67	57	5,0	2,5	1,07	1,52
	5ᵉ mois de gestation	0,75	77	7,0	3,0	0,97	1,43
50	Entretien et début de gestation	0,69	43	3,5	2,5	1,20	1,62
	4ᵉ mois de gestation	0,79	67	6,0	3,1	1,20	1,62
	5ᵉ mois de gestation	0,88	91	8,5	3,7	1,09	1,53
60	Entretien et début de gestation	0,79	50	4,0	3,0	1,33	1,72
	4ᵉ mois de gestation	0,90	79	7,0	3,8	1,33	1,72
	5ᵉ mois de gestation	1,01	107	10,0	4,5	1,21	1,61
70	Entretien et début de gestation	0,89	56	4,5	3,5	1,47	1,82
	4ᵉ mois de gestation	1,01	90	8,0	4,4	1,47	1,82
	5ᵉ mois de gestation	1,13	123	11,5	5,3	1,34	1,71
80	Entretien et début de gestation	1,00	62	5,0	4,0	1,60	1,92
	4ᵉ mois de gestation	1,12	102	9,0	5,0	1,60	1,92
	5ᵉ mois de gestation	1,23	141	13,0	6,0	1,46	1,79

TABLEAU 7.2. — Apports alimentaires journaliers recommandés et capacité d'ingestion des chèvres pendant le premier mois de lactation

Poids vif (kg)	Lait[(1)] (kg)	Apports recommandés					
		UFL	PDI (g)			Ca (g)	P (g)
			1re semaine	2e semaine	3e-4e semaine		
50	1	1,07	60	88	88	8,0	4,5
	2	1,20	77	121	133	12,0	6,0
	3	1,31	93	153	178	15,5	7,5
	4	1,70	138	198	223	18,5	8,5
	5	2,08	183	243	268	21,0	9,5
	6	2,47	228	288	313	23,5	10,5
60	1	1,17	67	95	95	8,5	5,0
	2	1,30	87	128	140	12,5	6,5
	3	1,41	100	150	185	16,0	8,0
	4	1,80	145	205	230	19,0	9,0
	5	2,18	190	250	275	21,5	10,0
	6	2,57	235	295	320	24,0	11,0
70	1	1,27	73	101	101	9,0	5,5
	2	1,40	90	134	146	13,0	7,0
	3	1,51	106	176	191	16,5	8,5
	4	1,90	151	211	236	19,5	9,5
	5	2,28	196	256	281	22,0	10,5
	6	2,67	241	301	326	24,5	11,5

Poids vif (kg)	Lait[(1)] (kg)	Capacité d'ingestion							
		1re semaine		2e semaine		3e semaine		4e semaine	
		kg MS	UEL	kg MS	UEL	kg MS	UEL	kg MS	UEL
50	1	1,08	1,34	1,25	1,55	1,35	1,68	1,43	1,77
	2	1,30	1,52	1,50	1,74	1,63	1,89	1,72	1,99
	3	1,52	1,68	1,75	1,93	1,90	2,11	2,00	2,21
	4	1,74	1,84	2,01	2,12	2,18	2,30	2,29	2,43
	5	1,96	2,01	2,25	2,31	2,45	2,51	2,58	2,65
	6			2,51	2,51	2,73	2,72	2,88	2,86
60	1	1,18	1,41	1,36	1,62	1,48	1,77	1,56	1,86
	2	1,40	1,57	1,61	1,81	1,75	1,98	1,85	2,08
	3	1,62	1,74	1,87	2,01	2,08	2,18	2,14	2,29
	4	1,84	1,91	2,12	2,20	2,30	2,38	2,43	2,42
	5	2,06	2,07	2,37	2,39	2,58	2,59	2,72	2,74
	6			2,62	2,58	2,85	2,80	3,00	2,96
70	1	1,27	1,49	1,47	1,71	1,60	1,86	1,68	1,96
	2	1,49	1,65	1,72	1,90	1,88	2,08	1,97	2,18
	3	1,71	1,81	1,98	2,09	2,14	2,27	2,26	2,40
	4	1,93	1,98	2,22	2,28	2,41	2,48	2,55	2,62
	5	2,15	2,15	2,48	2,48	2,69	2,69	2,84	2,84
	6			2,74	2,67	2,97	2,89	3,13	3,05

(1) Lait à 35 p. 1 000 de taux butyreux.

TABLEAU 7.3. — Apports alimentaires journaliers recommandés et capacité d'ingestion des chèvres du 2e mois de lactation au tarissement(1)

Poids vif (kg)	Lait(2) (g/j)	Apports recommandés				Capacité d'ingestion	
		UFL	PDI (g)	Ca (g)	P (g)	MS (kg)	UEL
50	1	1,07	88	8,0	4,5	1,50	1,86
	2	1,46	133	12,0	6,0	1,81	2,09
	3	1,84	178	15,5	7,5	2,11	2,32
	4	2,23	223	18,5	8,5	2,42	2,55
	5	2,61	268	21,0	9,5	2,72	2,78
	6	3,00	313	23,5	10,5	3,03	3,02
60	1	1,17	95	8,5	5,0	1,64	1,96
	2	1,56	140	12,5	6,5	1,94	2,19
	3	1,94	185	16,0	8,0	2,25	2,42
	4	2,33	230	19,0	9,0	2,55	2,65
	5	2,71	275	21,5	10,0	2,86	2,88
	6	3,10	320	24,0	11,0	3,16	3,11
70	1	1,27	101	9,0	5,5	1,77	2,06
	2	1,66	146	13,0	7,0	2,07	2,29
	3	2,04	191	16,5	8,5	2,38	2,52
	4	2,43	236	19,5	9,5	2,68	2,75
	5	2,81	281	22,0	10,5	2,99	2,99
	6	3,20	326	24,5	11,5	3,30	3,23

(1) Ces apports recommandés ne tiennent compte que de l'entretien et de la production laitière. Ils doivent être modulés selon les variations de poids vif, négatives au 2e mois de lactation et positives ensuite :

	Mois de lactation	UFL	PDI (g)
	2	−0,26	
pour les multipares	4 - 8	+0,16	+ 4
pour les primipares	4 - 8	+0,29	+13

(2) Lait à 35 p. 1 000 de taux butyreux.

TABLEAU 7.4. — Exemple de calcul de ration

Chèvres 60 kg à la fin du 2e mois de lactation produisant 4 kg de lait à 35 p. 1000 de TB

Apports recommandés (tabl. 7.3)

UFL	PDI (g)	Ca (g)	P (g)	UEL
2,33	230	19	9	2,65

Aliments disponibles (chap. 8)

		UFL	PDIN (g)	PDIE (g)	Ca (g)	P (g)	UEL
Foin de luzerne	(554)	0,63	107	89	15,5	2,5	0,98
Ensilage de maïs	(427)	0,91	52	66	3,5	2,5	1,13
Orge	(229)	1,16	75	97	0,9	4	
Tourteau de soja	(271)	1,20	383	262	3,7	7	

La distribution de foin est limitée à 1,10 kg MS soit 1 kg réellement ingéré.

	UFL	PDIN	PDIE	Ca	P	UEL
1 kg MS de foin de luzerne	0,63	107	89	15,5	2,5	0,98
Il reste à couvrir :	1,70	1,23	141	4,5	6,5	1,67

par les quantités d'ensilage de maïs M et du mélange d'aliment concentré C (orge, soja) dont la valeur énergétique sera de 1,19 UFL/kg MS approximativement.

En supposant que les proportions d'ensilage de maïs et de foin dans la ration sont d'environ 50%, la valeur énergétique du mélange de fourrages est de $\frac{0,63+0,91}{2}=0,77$, et sa valeur d'encombrement de $\frac{0,98+1,13}{2}=1,05$. Le tableau 7.5 permet de calculer la valeur d'encombrement du mélange d'aliments concentrés dans le cas d'une production de 4 kg de lait, elle est égale à 0,41.

UEL : 1,13 M + 0,41 C = 1,67
UFL : 0,91 M + 1,19 C = 1,70
M = 1,32 kg C = 0,42 kg

	UFL	PDIN	PDIE	Ca	P	UEL
1,32 kg d'ensilage de maïs	1,20	69	87	4,6	3,3	1,49
Il reste à couvrir	0,5	54	54	0	3,2	0,18

par les quantités d'orge (Or) et de tourteau de soja (So) dont le total doit être égal à 0,42 kg.

Or + So = 0,42 kg MS
75 Or + 383 So = 54 g PDIN
Or = 0,35 kg So = 0,075 kg

	UFL	PDIN	PDIE	Ca	P	UEL
0,075 kg tourteau de soja	0,09	29	20	0,3	0,5	
0,350 kg orge	0,41	26	34	0,3	1,4	0,17
Total	0,50	55	54	0,6	1,9	0,17
Il reste à couvrir	0	0	0	0	1,3	0,01

1,3 g P peut être couvert par 13 g d'un complément minéral vitaminique 10 – 10.
Compte tenu des refus des fourrages, les quantités brutes suivantes doivent être distribuées :

Foin de luzerne : 1,30 kg
Ensilage de maïs (30% MS) : 5 kg ; + 13g de CMV 10 – 10
Mélange de concentré (18% tourteau de soja, 82% d'orge) : 0,5 kg.

TABLEAU 7.5. — Valeur d'encombrement du concentré de la ration des chèvres en lactation[1]

Valeur énergétique (UFL/kg MS)	Valeur d'encombrement (UEL/kg MS)	Production de lait à 35 p. 1000 de TB (kg/j)				
		2	3	4	5	6
0,95	0,95	0,83	0,74	0,59	0,47	0,40
	1,15	0,78	0,61	0,49	0,41	0,37
0,90	0,95	0,79	0,67	0,51	0,44	0,37
	1,15	0,71	0,55	0,46	0,40	
0,85	0,95	0,70	0,55	0,46	0,39	0,35
	1,15	0,62	0,50	0,43		
0,80	1,00	0,63	0,51	0,42	0,37	0,33
	1,20	0,58	0,48			
0,75	1,05 1,25	0,55	0,45	0,40	0,36	0,33
0,70	1,05 1,25	0,50	0,43	0,37	0,36	0,33
0,65	1,10 1,30	0,48	0,42	0,37	0,36	0,33

(1) Ces valeurs correspondent au cas où la ration couvre les besoins énergétiques de la chèvre.

TABLEAU 7.6. — Quantités ingérées par la chèvre laitière standard[1] de fourrages seuls selon leurs caractéristiques nutritionnelles

Valeur énergétique du fourrage (UFL/kg MS)	Valeur d'encombrement du fourrage (UEL/kg MS)			
	1,00	1,10	1,20	1,30
0,90	2,35	2,00	1,70	1,50
0,80	2,20	1,90	1,60	1,40
0,70	2,10	1,80	1,50	1,35
0,60	1,90	1,70	1,40	1,30

(1) Chèvre standard pesant 60 kg et produisant 4 kg de lait à 35 p. 1000 de TB.

TABLEAU 7.7. — Apports alimentaires journaliers recommandés et capacité d'ingestion des boucs

Poids vif (kg)	Stade physiologique	Apports recommandés(1)				Capacité d'ingestion	
		UFL	PDI (g)	Ca (g)	P (g)	MS (kg)	UEL
60	Entretien	0,87	50	4,0	3,0	1,33	1,89
	Lutte*	1,00	53	4,6	3,4		
70	Entretien	0,98	56	4,5	3,5	1,47	2,00
	Lutte	1,13	65	5,2	4,0		
80	Entretien	1,10	62	5,0	4,0	1,60	2,11
	Lutte	1,26	72	5,8	4,6		
90	Entretien	1,21	67	5,5	4,5	1,74	2,22
	Lutte	1,39	77	6,3	5,1		
100	Entretien	1,32	73	6,0	5,0	1,87	2,33
	Lutte	1,52	84	6,9	5,7		
110	Entretien	1,43	78	6,5	5,5	2,01	2,44
	Lutte	1,65	90	7,5	6,3		
120	Entretien	1,55	83	7,0	6,0	2,14	2,51
	Lutte	1,79	97	8,0	6,9		

(1) Lutte : période allant d'un mois avant le début des saillies jusqu'à un mois après la fin des saillies.

TABLEAU 7.8. — Apports alimentaires journaliers recommandés pour les chevreaux de boucherie et les chevrettes d'élevage

Type d'animal	Age	Poids vif moyen (kg)	Gain de poids vif (g/j)	Apports recommandés				Capacité d'ingestion (kg MS)
				UFL	PDI (g)	Ca (g)	P (g)	
Chevreaux de boucherie (mâles)	1er mois	6	200	0,47	75	3,4	1,7	
		7	250	0,53	85	4,0	2,0	
Chevrettes d'élevage	1er mois	6,5	165	0,42	62	3,4	1,6	
	2e mois	11,5	165	0,48	65	3,6	1,6	
	3e mois	16,3	155	0,55	64	3,7	1,7	0,90
	4e mois	20,7	140	0,62	62	3,8	1,7	1,04
	5e mois	24,5	115	0,66	59	3,8	1,8	1,10
	6e mois	27,6	90	0,68	55	3,7	1,8	1,15
	7e mois	30,0	70	0,69	50	3,6	1,8	1,19

8. Tables de la valeur nutritive des aliments

1. Définition des stades de végétation des fourrages

Graminées fourragères au premier cycle de végétation

Stade « déprimage » : la base de l'épi de la graminée, ou des graminées les plus représentatives (prairie permanente), est située dans la gaine à une hauteur inférieure à 7 cm au-dessus du plateau de tallage ;

Stade « épi à 10 cm » ou stade « pâturage » (prairie permanente) : la base de l'épi est située dans la gaine à une hauteur comprise entre 7 et 10 cm au-dessus du plateau de tallage ;

Stade « début épiaison » : apparition des épis hors de la gaine ; en pratique, de 5 à 10 p. 100 des plantes examinées sur une ligne de 1 m ont leurs épis sortis de la gaine ;

Stade « épiaison » : 50 p. 100 des plantes examinées sur une ligne de 1 m ont leurs épis sortis de la gaine ;

Stade « fin épiaison » : 90 p. 100 des plantes examinées sur une ligne de 1 m ont leurs épis sortis de la gaine ;

Stade « début floraison » : de 5 à 10 p. 100 des plantes ont leurs étamines sorties ;

Stade « fin floraison » : la majeure partie des plantes ont leurs étamines sorties.

Céréales

Stade « montaison » : absence totale d'épis sortis de la gaine ;

Stade « floraison » : soies (maïs) ou étamines (autres céréales) visibles sur 50 p. 100 des plantes ;

Stade « laiteux » : le grain a pris sa forme définitive et est rempli d'un liquide laiteux ;

Stade « pâteux » : le grain est coloré, s'écrase facilement sous la pression des doigts et son contenu est pâteux ;

Stade « vitreux » : le grain a un aspect corné ; il est ferme bien qu'on puisse encore le rayer à l'ongle.

Légumineuses

Stade « végétatif » : absence totale de boutons floraux ;

Stade « début bourgeonnement » : apparition des boutons floraux ; en pratique de 5 à 10 p. 100 des tiges examinées sur une ligne de 1 m ont des boutons floraux à leur extrémité ;

Stade « bourgeonnement » : 50 p. 100 des tiges examinées sur une ligne de 1 m ont des boutons floraux à leur extrémité ;

Stade « début floraison » : de 5 à 10 p. 100 des tiges examinées sur une ligne de 1 m ont au moins une fleur épanouie ;

Formation des gousses (féveroles) : apparition des fructifications et début de la formation de la graine ;

Stade « maturité de la graine » : la graine bien ferme, devient difficile à couper avec l'ongle.

2 - Signification des abréviations

MS : teneur en matière sèche de l'aliment (g/kg).
UFL : valeur énergétique nette exprimée en « unité fourragère lait ».
UFV : valeur énergétique nette exprimée en « unité fourragère viande ».
MAD : matières azotées digestibles (g/kg).
PDIA : protéines digestibles dans l'intestin (PDI) d'origine alimentaire (g/kg).
PDIN : PDIA + protéines microbiennes digestibles dans l'intestin correspondant à l'azote de l'aliment dégradé dans le rumen (g/kg).
PDIE : PDIA + protéines microbiennes digestibles dans l'intestin correspondant à l'énergie de l'aliment fermentée dans le rumen (g/kg).
UEM : valeur d'encombrement du fourrage exprimée en unité d'encombrement (UE) pour le mouton.
UEL : valeur d'encombrement du fourrage exprimée en unité d'encombrement (UE) pour la vache laitière.
UEB : valeur d'encombrement du fourrage exprimée en unité d'encombrement (UE) pour les autres bovins.
MO : teneur en matière organique (g/kg).
MAT : teneur en matières azotées totales ($N \times 6{,}25$) (g/kg).
MG : teneur en « matières grasses » dosées par l'extrait à l'éther (g/kg).
CB : teneur en cellulose brute Weende (g/kg).
LC : teneur en lignocellulose (acid détergent fibre ou ADF) (g/kg).
LI : teneur en lignine (g/kg).
Parois : teneur en parois cellulaires (neutral détergent fibre ou NDF) (g/kg).
d : digestibilité.
dE : digestibilité de l'énergie.
EB : teneur en énergie brute (mégacalories/kg de MS).
ED : teneur en énergie digestible (mégacalories/kg de MS).
EM : teneur en énergie métabolisable (mégacalories/kg de MS).

On se reportera aux chapitres 2, 3 et 4 pour la signification des différentes unités (UF, PDI et UE) et au chapitre 15 pour la signification et le dosage des différents constituants.

3 - Classement des aliments

N°	Aliments	MS (g/kg)	VALEUR ENERGETIQUE (par kg)		VALEUR AZOTEE (g/kg)			
			UFL	UFV	MAD	PDIA	PDIN	PDIE
	PRAIRIES PERMANENTES							
	• Prairie permanente de plaine (Normandie)							
	1er cycle							
1	25/04 deprimage, somme t° (a) = 172°	**1000**	**1,01**	**0,98**	**170**	**48**	**135**	**104**
		155	0,16	0,15	26	7	21	16
2	10/05 pâturage, somme t° = 298°	**1000**	**0,97**	**0,92**	**125**	**39**	**108**	**95**
		166	0,16	0,15	21	6	18	16
3	25/05 début épiaison, somme t° = 470°	**1000**	**0,89**	**0,83**	**87**	**30**	**84**	**85**
		172	0,15	0,14	15	5	14	15
4	10/06 épiaison, somme t° = 685°..........	**1000**	**0,79**	**0,72**	**66**	**25**	**68**	**76**
		202	0,16	0,15	13	5	14	15
5	25/06 floraison, somme t° = 903°	**1000**	**0,70**	**0,60**	**48**	**21**	**58**	**68**
		192	0,13	0,12	9	4	11	13
6	10/07 fin floraison, somme t° = 1 142°	**1000**	**0,60**	**0,50**	**51**	**21**	**60**	**63**
		227	0,14	0,11	12	5	14	14
	2e cycle après déprimage							
7	repousses à tiges de 5 semaines	**1000**	**0,89**	**0,83**	**104**	**34**	**96**	**89**
		171	0,15	0,14	18	6	16	15
8	repousses à tiges de 7 semaines	**1000**	**0,83**	**0,76**	**67**	**25**	**69**	**78**
		190	0,16	0,14	13	5	13	15
9	repousses à tiges de 9 semaines	**1000**	**0,74**	**0,66**	**62**	**24**	**66**	**72**
		221	0,16	0,15	14	5	15	16
	2e cycle après coupe à l'épiaison							
10	repousses feuillues de 5 semaines	**1000**	**0,93**	**0,87**	**166**	**48**	**135**	**102**
		184	0,17	0,16	31	9	25	19
11	repousses feuillues de 7 semaines	**1000**	**0,88**	**0,82**	**108**	**35**	**97**	**89**
		188	0,17	0,15	20	7	18	17
12	repousses feuillues de 9 semaines	**1000**	**0,84**	**0,78**	**80**	**29**	**80**	**82**
		198	0,17	0,15	16	6	16	16
	3e cycle							
13	repousses feuillues de 6 semaines	**1000**	**0,90**	**0,84**	**152**	**45**	**126**	**99**
		157	0,14	0,13	24	7	20	16
14	repousses feuillues de 8 semaines	**1000**	**0,88**	**0,82**	**128**	**40**	**112**	**93**
		169	0,15	0,14	22	7	19	16

(a) Somme cumulée des températures au-dessus de 0 °C depuis le 1er avril.
En caractères gras : par kg de matière sèche. — En caractères maigres : par kg de produit brut.

N°	VALEUR D'ENCOMBREMENT			Nombre d'essais	CONSTITUANTS ORGANIQUES • teneurs (g/kg de MS) • digestibilité (100 × d)				CONSTITUANTS MINERAUX (g/kg de MS)			ENERGIE • teneurs (Mcal/kg MS) • digestibilité (100 × dE)		
	UEM	UEL	UEB		MO	MAT	CB	LC	Cendres	P	Ca	EB	ED	EM
1	**0,80**	**0,90**	**0,84**	(1)	**870**	**215**	**215**	**241**	**130**	**4,5**	**7,5**	**4,39**	**3,36**	**2,79**
	0,12	0,14	0,13		80	79	82					76		
2	**0,95**	**0,98**	**0,96**	(9)	**889**	**172**	**244**	**271**	**111**	**4,0**	**7,0**	**4,40**	**3,25**	**2,69**
	0,16	0,16	0,16		77	73	78					74		
3	**1,05**	**1,02**	**1,04**	(10)	**906**	**133**	**272**	**300**	**94**	**3,5**	**6,5**	**4,41**	**3,04**	**2,52**
	0,18	0,18	0,18		72	66	73					69		
4	**1,28**	**1,11**	**1,20**	(10)	**921**	**109**	**313**	**343**	**79**	**3,0**	**6,0**	**4,44**	**2,80**	**2,30**
	0,26	0,22	0,24		66	61	65					63		
5	**1,44**	**1,16**	**1,31**	(7)	**922**	**92**	**335**	**366**	**78**	**3,0**	**5,5**	**4,41**	**2,53**	**2,06**
	0,28	0,22	0,25		60	53	61					57		
6	**1,58**	**1,20**	**1,39**	(2)	**914**	**95**	**335**	**366**	**86**	**3,0**	**5,5**	**4,38**	**2,26**	**1,83**
	0,36	0,27	0,32		54	54	57					52		
7	**0,99**	**1,00**	**0,99**	(4)	**902**	**153**	**261**	**289**	**98**	**3,5**	**7,0**	**4,43**	**3,06**	**2,53**
	0,17	0,17	0,17		72	68	70					69		
8	**1,21**	**1,08**	**1,15**	(3)	**921**	**110**	**318**	**348**	**79**	**3,0**	**6,5**	**4,44**	**2,90**	**2,38**
	0,23	0,21	0,22		68	61	67					65		
9	**1,28**	**1,11**	**1,20**	(3)	**913**	**105**	**310**	**340**	**87**	**3,0**	**6,0**	**4,39**	**2,66**	**2,17**
	0,28	0,25	0,27		63	60	64					61		
10	**0,90**	**0,95**	**0,92**	(3)	**897**	**215**	**267**	**295**	**103**	**4,0**	**8,0**	**4,51**	**3,20**	**2,62**
	0,17	0,17	0,17		74	77	76					71		
11	**1,04**	**1,02**	**1,03**	(9)	**903**	**155**	**272**	**300**	**97**	**3,5**	**8,0**	**4,43**	**3,03**	**2,49**
	0,20	0,19	0,19		72	70	70					68		
12	**1,09**	**1,04**	**1,07**	(7)	**902**	**128**	**272**	**300**	**98**	**3,5**	**7,5**	**4,38**	**2,92**	**2,41**
	0,22	0,21	0,21		70	63	69					67		
13	**0,94**	**0,97**	**0,95**	(2)	**895**	**201**	**269**	**297**	**105**	**4,0**	**7,0**	**4,48**	**3,13**	**2,56**
	0,15	0,15	0,15		73	76	74					70		
14	**1,09**	**1,04**	**1,07**	(8)	**876**	**178**	**248**	**275**	**124**	**4,0**	**6,5**	**4,35**	**3,06**	**2,50**
	0,18	0,18	0,18		74	72	71					70		

N°	Aliments	MS (g/kg)	VALEUR ENERGETIQUE (par kg)		VALEUR AZOTEE (g/kg)			
			UFL	UFV	MAD	PDIA	PDIN	PDIE
	• Prairie permanente de demi-montagne (Auvergne)							
	1er cycle							
15	10/05 deprimage	**1000** 140	**1,04** 0,15	**1,01** 0,14	**166** 23	**47** 7	**132** 18	**106** 15
16	25/05 pâturage	**1000** 167	**0,99** 0,17	**0,96** 0,16	**121** 20	**37** 6	**104** 17	**96** 16
17	10/06 début épiaison	**1000** 162	**0,89** 0,14	**0,83** 0,13	**102** 17	**33** 5	**94** 15	**89** 14
18	25/06 épiaison	**1000** 204	**0,79** 0,16	**0,71** 0,14	**70** 14	**25** 5	**70** 14	**77** 16
19	10/07 floraison	**1000** 217	**0,67** 0,15	**0,58** 0,13	**53** 12	**21** 5	**58** 13	**67** 15
	2e cycle après coupe à l'épiaison							
20	repousses feuillues de 6 semaines	**1000** 185	**0,90** 0,17	**0,85** 0,16	**159** 29	**47** 9	**131** 24	**101** 19
21	repousses feuillues de 8 semaines	**1000** 197	**0,87** 0,17	**0,81** 0,16	**121** 24	**38** 7	**107** 21	**92** 18
	3e cycle							
22	repousses feuillues de 7 semaines	**1000** 196	**0,88** 0,17	**0,82** 0,16	**132** 26	**40** 8	**112** 22	**94** 18
	• Prairie permanente de montagne (Alpes du Nord) (a)							
	A base de graminées							
23	1er cycle, épiaison du dactyle (b)	**1000** 210	**0,77** 0,16	**0,69** 0,14	**73** 15	**27** 6	**74** 16	**77** 16
24	1er cycle, fructification du dactyle (c)	**1000** 300	**0,61** 0,18	**0,51** 0,15	**33** 10	**17** 5	**47** 14	**59** 18
25	2e cycle feuillu, 6 semaines	**1000** 260	**0,79** 0,21	**0,71** 0,18	**96** 25	**32** 8	**90** 23	**82** 21
	A base de dicotylédones							
26	1er cycle, épiaison du dactyle (b)	**1000** 180	**0,78** 0,14	**0,70** 0,13	**83** 15	**29** 5	**80** 14	**79** 14
27	1er cycle, fructification du dactyle (c)	**1000** 220	**0,69** 0,15	**0,61** 0,13	**42** 9	**19** 4	**53** 12	**66** 15
28	2e cycle feuillu, 6 semaines	**1000** 220	**0,79** 0,17	**0,72** 0,16	**100** 22	**33** 7	**92** 20	**82** 18

(a) Résultats obtenus par le G.I.S. des Alpes du Nord.
(b) Le 10 juin à 1 000 m d'altitude.
(c) Le 10 juillet à 1 000 m d'altitude.
En caractères gras : par kg de matière sèche. — En caractères maigres : par kg de produit brut.

N°	VALEUR D'ENCOMBREMENT			Nombre d'essais	CONSTITUANTS ORGANIQUES • **teneurs (g/kg de MS)** • digestibilité (100 × d)				CONSTITUANTS MINERAUX (g/kg de MS)			ENERGIE • **teneurs (Mcal/kg MS)** • digestibilité (100 × dE)		
	UEM	UEL	UEB		MO	MAT	CB	LC	Cendres	P	Ca	EB	ED	EM
15	**0,83** 0,12	**0,92** 0,13	**0,87** 0,12	(1)	**892** 81	**210** 79	**180** 82	**205**	**108**	**5,0**	**8,0**	**4,40** 77	**3,40**	**2,85**
16	**0,91** 0,15	**0,96** 0,16	**0,93** 0,16	(2)	**905** 79	**166** 73	**224** 78	**250**	**95**	**4,5**	**8,0**	**4,38** 75	**3,29**	**2,75**
17	**1,12** 0,18	**1,05** 0,17	**1,09** 0,18	(3)	**917** 73	**149** 68	**262** 73	**290**	**83**	**4,0**	**7,5**	**4,40** 70	**3,06**	**2,52**
18	**1,20** 0,24	**1,08** 0,22	**1,14** 0,23	(3)	**928** 66	**111** 63	**304** 65	**333**	**72**	**3,0**	**7,0**	**4,39** 63	**2,77**	**2,28**
19	**1,39** 0,30	**1,14** 0,25	**1,27** 0,28	(2)	**917** 59	**92** 58	**323** 55	**353**	**83**	**2,5**	**5,5**	**4,30** 57	**2,44**	**1,99**
20	**1,04** 0,19	**1,02** 0,19	**1,03** 0,19	(3)	**905** 74	**209** 76	**229** 73	**256**	**95**	**4,0**	**11,0**	**4,45** 70	**3,13**	**2,56**
21	**1,10** 0,22	**1,04** 0,20	**1,07** 0,21	(4)	**899** 72	**170** 71	**244** 73	**271**	**101**	**3,5**	**10,0**	**4,36** 69	**3,00**	**2,46**
22	**1,10** 0,22	**1,04** 0,20	**1,07** 0,21	(2)	**895** 73	**179** 74	**230** 73	**257**	**105**	**4,5**	**11,0**	**4,36** 70	**3,03**	**2,48**
23				(3)	**920** 65	**118** 62	**307**	**337**	**80**	**3,0**	**7,5**	**4,36** 62	**2,71**	**2,23**
24				(3)	**930** 54	**75** 44	**375**	**407**	**70**	**2,0**	**7,0**	**4,33** 52	**2,24**	**1,84**
25				(2)	**900** 67	**144** 67	**258**	**286**	**100**	**3,5**	**11,0**	**4,32** 64	**2,77**	**2,27**
26				(5)	**910** 66	**127** 65	**252**	**280**	**90**	**3,5**	**12,0**	**4,33** 63	**2,73**	**2,25**
27				(5)	**920** 60	**84** 50	**313**	**343**	**80**	**3,0**	**14,0**	**4,30** 57	**2,47**	**2,04**
28				(3)	**890** 67	**147** 68	**179**	**204**	**110**	**4,0**	**18,5**	**4,28** 64	**2,74**	**2,27**

N°	Aliments	MS (g/kg)	VALEUR ENERGETIQUE (par kg)		VALEUR AZOTEE (g/kg)			
			UFL	UFV	MAD	PDIA	PDIN	PDIE
	GRAMINÉES FOURRAGÈRES ANNÉE DU SEMIS							
	• **Dactyle** *(Dactylis glomerata)*							
29	1re exploitation, feuillu	**1000**	**0,84**	**0,78**	**184**	**53**	**147**	**103**
		141	0,12	0,11	26	7	21	15
30	2e exploitation, feuillu	**1000**	**0,89**	**0,85**	**152**	**45**	**127**	**99**
		146	0,13	0,12	22	7	19	14
	• **Fétuque élevée** *(Festuca arundinacea)*							
31	toutes exploitations confondues	**1000**	**0,80**	**0,73**	**146**	**43**	**120**	**92**
		207	0,17	0,15	30	9	25	19
	• **Fléole** *(Phleum pratense)*							
32	3e exploitation	**1000**	**0,77**	**0,70**	**90**	**32**	**90**	**83**
		227	0,17	0,16	20	7	20	19
	• **Ray-grass anglais** *(Lolium perenne)*							
33	1re exploitation : 75 jours après le semis	**1000**	**0,99**	**0,96**	**143**	**43**	**119**	**101**
		152	0,15	0,15	22	7	18	15
34	1re exploitation : 105 jours après le semis	**1000**	**0,91**	**0,87**	**120**	**39**	**110**	**95**
		165	0,15	0,14	20	6	18	16
35	2e exploitation : feuillu	**1000**	**0,91**	**0,86**	**125**	**39**	**108**	**95**
		164	0,15	0,14	20	6	18	16
36	3e exploitation : feuillu	**1000**	**0,91**	**0,87**	**150**	**44**	**124**	**100**
		152	0,14	0,13	23	7	19	15
	• **Ray-grass d'Italie non alternatif** *(Lolium italicum)*							
37	1re exploitation : feuillu	**1000**	**0,96**	**0,93**	**143**	**41**	**116**	**99**
		165	0,16	0,15	24	7	19	16
38	2e exploitation : feuillu	**1000**	**0,92**	**0,88**	**156**	**45**	**125**	**101**
		154	0,14	0,14	24	7	19	16
39	3e exploitation : feuillu	**1000**	**0,82**	**0,77**	**138**	**42**	**117**	**93**
		180	0,15	0,14	25	8	21	17
	• **Ray-grass d'Italie alternatif** *(Lolium italicum)*							
	1er cycle							
40	épi à 10 cm du sol	**1000**	**0,98**	**0,95**	**186**	**51**	**143**	**107**
		123	0,12	0,12	23	6	18	13
41	début épiaison	**1000**	**0,87**	**0,82**	**159**	**46**	**129**	**99**
		121	0,11	0,10	19	6	16	12
42	début floraison	**1000**	**0,81**	**0,75**	**79**	**25**	**70**	**79**
		183	0,15	0,14	15	5	13	14

En caractères gras : par kg de matière sèche. — En caractères maigres : par kg de produit brut.

N°	VALEUR D'ENCOMBREMENT			Nombre d'essais	CONSTITUANTS ORGANIQUES • teneurs (g/kg de MS) • digestibilité (100 × d)				CONSTITUANTS MINERAUX (g/kg de MS)			ENERGIE • teneurs (Mcal/kg MS) • digestibilité (100 × dE)		
	UEM	UEL	UEB		MO	MAT	CB	LC	Cendres	P	Ca	EB	ED	EM
29	**1,15**	**1,06**	**1,11**	(5)	**867**	**234**	**260**	**288**	**133**	**4,0**	**4,0**	**4,27**	**2,99**	**2,39**
	0,16	0,15	0,16		73	79	74					70		
30	**1,12**	**1,05**	**1,09**	(2)	**856**	**202**	**218**	**244**	**144**	**4,0**	**6,5**	**4,17**	**3,08**	**2,50**
	0,16	0,15	0,16		77	75	80					74		
31	**0,98**	**0,99**	**0,99**	(8)	**869**	**191**	**273**	**301**	**131**	**3,0**	**5,5**	**4,21**	**2,82**	**2,29**
	0,20	0,20	0,20		70	76	65					67		
32	**1,16**	**1,07**	**1,12**	(5)	**910**	**144**	**265**	**293**	**90**	**3,0**	**5,5**	**4,31**	**2,73**	**2,24**
	0,26	0,24	0,25		66	63	63					63		
33	**0,89**	**0,95**	**0,92**	(3)	**878**	**190**	**236**	**263**	**122**	**5,0**	**6,5**	**4,25**	**3,29**	**2,73**
	0,14	0,14	0,14		81	76	79					78		
34	**1,10**	**1,04**	**1,07**	(2)	**876**	**175**	**278**	**306**	**124**	**4,5**	**6,0**	**4,21**	**3,12**	**2,54**
	0,18	0,17	0,18		78	69	76					74		
35	**1,18**	**1,07**	**1,13**	(12)	**882**	**172**	**242**	**269**	**118**	**4,5**	**6,0**	**4,23**	**3,11**	**2,54**
	0,19	0,18	0,19		77	73	76					74		
36	**1,18**	**1,07**	**1,13**	(10)	**868**	**197**	**231**	**258**	**132**	**4,5**	**6,0**	**4,21**	**3,14**	**2,55**
	0,18	0,16	0,17		78	76	75					75		
37	**0,93**	**0,97**	**0,95**	(12)	**870**	**184**	**241**	**268**	**130**	**4,0**	**5,0**	**4,20**	**3,22**	**2,66**
	0,15	0,16	0,16		80	78	79					77		
38	**1,12**	**1,05**	**1,09**	(13)	**864**	**199**	**243**	**270**	**136**	**4,5**	**6,0**	**4,20**	**3,16**	**2,57**
	0,17	0,16	0,17		79	78	77					75		
39	**1,23**	**1,09**	**1,17**	(8)	**837**	**186**	**229**	**256**	**163**	**4,5**	**6,0**	**4,06**	**2,89**	**2,33**
	0,22	0,20	0,21		75	74	70					71		
40	**0,95**	**0,98**	**0,96**	(2)	**839**	**228**	**207**	**233**	**161**	**3,5**	**4,5**	**4,14**	**3,29**	**2,69**
	0,12	0,12	0,12		83	82	87					80		
41	**1,06**	**1,03**	**1,05**	(2)	**844**	**206**	**244**	**271**	**156**	**3,0**	**4,5**	**4,12**	**3,01**	**2,43**
	0,13	0,12	0,13		76	77	78					73		
42	**1,12**	**1,05**	**1,09**	(1)	**879**	**112**	**292**	**321**	**121**	**2,5**	**4,5**	**4,11**	**2,80**	**2,31**
	0,20	0,19	0,20		71	71	73					68		

N°	Aliments	MS (g/kg)	VALEUR ENERGETIQUE (par kg)		VALEUR AZOTEE (g/kg)			
			UFL	UFV	MAD	PDIA	PDIN	PDIE
	2e cycle après coupe à l'épiaison							
43	repousses à tiges de 5 semaines	**1000** 164	**0,77** 0,13	**0,71** 0,12	**121** 20	**37** 6	**103** 17	**86** 14
44	repousses à tiges de 6 semaines	**1000** 165	**0,71** 0,12	**0,63** 0,10	**93** 15	**31** 5	**85** 14	**77** 13
	3e cycle							
45	repousses à tiges de 6 semaines	**1000** 157	**0,80** 0,13	**0,75** 0,12	**116** 18	**36** 6	**101** 16	**86** 14
	4e cycle							
46	repousses à tiges de 6 semaines	**1000** 139	**0,82** 0,11	**0,78** 0,11	**134** 19	**41** 6	**116** 16	**91** 13
47	repousses à tiges de 7 semaines	**1000** 155	**0,90** 0,14	**0,86** 0,13	**111** 17	**36** 6	**101** 16	**92** 14
	GRAMINÉES FOURRAGÈRES ANNÉES D'EXPLOITATION							
	• **Brome** *(Bromus catharticus)*							
	1er cycle							
48	épi à 10 cm du sol	**1000** 162	**0,98** 0,16	**0,95** 0,15	**146** 24	**42** 7	**117** 19	**99** 16
49	1 semaine avant le début de l'épiaison	**1000** 171	**0,94** 0,16	**0,90** 0,15	**112** 19	**34** 6	**95** 16	**92** 16
50	début épiaison	**1000** 176	**0,89** 0,16	**0,85** 0,15	**88** 15	**29** 5	**80** 14	**85** 15
51	épiaison	**1000** 180	**0,85** 0,15	**0,80** 0,14	**68** 12	**24** 4	**66** 12	**80** 14
52	fin épiaison	**1000** 199	**0,80** 0,16	**0,73** 0,15	**56** 11	**21** 4	**58** 12	**75** 15
53	début floraison	**1000** 236	**0,77** 0,18	**0,70** 0,17	**45** 11	**17** 4	**48** 11	**71** 17
	2e cycle après coupe à l'épiaison							
54	repousses à tiges de 6 semaines	**1000** 202	**0,86** 0,17	**0,82** 0,17	**83** 17	**25** 5	**71** 14	**81** 16
55	repousses à tiges de 7 semaines	**1000** 214	**0,84** 0,18	**0,78** 0,17	**79** 17	**26** 6	**73** 16	**81** 17
56	repousses à tiges de 8 semaines	**1000** 231	**0,80** 0,18	**0,73** 0,17	**68** 16	**24** 6	**66** 15	**77** 18

En caractères gras : par kg de matière sèche. — En caractères maigres : par kg de produit brut.

N°	VALEUR D'ENCOMBREMENT			Nombre d'essais	CONSTITUANTS ORGANIQUES • teneurs (g/kg de MS) • digestibilité (100 × d)				CONSTITUANTS MINERAUX (g/kg de MS)			ENERGIE • teneurs (Mcal/kg MS) • digestibilité (100 × dE)		
	UEM	UEL	UEB		MO	MAT	CB	LC	Cendres	P	Ca	EB	ED	EM
43	**1,12**	**1,05**	**1,09**	(2)	**856**	**164**	**268**	**296**	**144**	**5,0**	**6,0**	**4,10**	**2,73**	**2,22**
	0,18	0,17	0,18		70	74	69					67		
44	**1,33**	**1,12**	**1,23**	(2)	**865**	**136**	**284**	**313**	**135**	**4,5**	**5,5**	**4,09**	**2,54**	**2,06**
	0,22	0,18	0,20		65	68	65					62		
45	**0,91**	**0,96**	**0,93**	(1)	**825**	**161**	**223**	**249**	**175**	**3,5**	**5,0**	**3,96**	**2,76**	**2,27**
	0,14	0,15	0,15		73	72	73					70		
46	**1,02**	**1,01**	**1,01**	(1)	**795**	**184**	**178**	**203**	**205**	**4,5**	**6,0**	**3,86**	**2,82**	**2,30**
	0,14	0,14	0,14		76	73	83					73		
47	**0,98**	**0,99**	**0,98**	(1)	**887**	**161**	**234**	**261**	**113**	**4,0**	**6,0**	**4,24**	**3,06**	**2,54**
	0,15	0,15	0,15		76	69	74					72		
48	**0,86**	**0,93**	**0,89**	(1)	**863**	**186**	**239**	**266**	**137**	**5,5**	**5,5**	**4,17**	**3,24**	**2,69**
	0,14	0,15	0,14		81	79	82					78		
49	**1,01**	**1,00**	**1,00**	(3)	**878**	**151**	**257**	**285**	**122**	**5,0**	**5,0**	**4,18**	**3,14**	**2,60**
	0,17	0,17	0,17		79	74	79					75		
50	**1,08**	**1,04**	**1,06**	(3)	**891**	**127**	**278**	**306**	**109**	**4,5**	**4,5**	**4,19**	**3,02**	**2,50**
	0,19	0,18	0,19		75	69	76					72		
51	**1,27**	**1,10**	**1,19**	(3)	**905**	**105**	**299**	**328**	**95**	**4,0**	**4,0**	**4,22**	**2,93**	**2,41**
	0,23	0,20	0,21		73	65	73					70		
52	**1,56**	**1,19**	**1,38**	(3)	**913**	**92**	**317**	**347**	**87**	**3,0**	**3,5**	**4,23**	**2,80**	**2,29**
	0,31	0,24	0,27		69	61	68					66		
53	**1,69**	**1,22**	**1,45**	(3)	**918**	**76**	**334**	**365**	**82**	**3,0**	**3,5**	**4,23**	**2,72**	**2,22**
	0,40	0,29	0,34		67	59	66					64		
54	**1,07**	**1,03**	**1,05**	(1)	**875**	**113**	**315**	**345**	**125**	**4,0**	**5,5**	**4,10**	**2,94**	**2,42**
	0,22	0,21	0,21		75	73	80					72		
55	**1,10**	**1,04**	**1,08**	(3)	**891**	**116**	**301**	**330**	**109**	**4,0**	**5,0**	**4,18**	**2,88**	**2,38**
	0,24	0,22	0,23		72	68	76					69		
56	**1,20**	**1,08**	**1,14**	(3)	**901**	**105**	**311**	**341**	**99**	**3,5**	**4,5**	**4,20**	**2,78**	**2,29**
	0,28	0,25	0,26		69	64	71					66		

N°	Aliments	MS (g/kg)	VALEUR ENERGETIQUE (par kg)		VALEUR AZOTEE (g/kg)			
			UFL	UFV	MAD	PDIA	PDIN	PDIE
	3ᵉ cycle							
57	repousses feuillues de 6 semaines	**1000** 160	**0,87** 0,14	**0,82** 0,13	**135** 22	**40** 6	**113** 18	**93** 15
58	repousses feuillues de 7 semaines	**1000** 166	**0,87** 0,14	**0,82** 0,14	**126** 21	**38** 6	**107** 18	**92** 15
59	repousses feuillues de 8 semaines	**1000** 181	**0,85** 0,15	**0,80** 0,14	**107** 19	**34** 6	**95** 17	**87** 16
	• **Dactyle** *(Dactylis glomerata)*							
	1ᵉʳ cycle							
60	feuillu	**1000** 160	**0,98** 0,16	**0,94** 0,15	**191** 30	**55** 9	**154** 25	**110** 18
61	épi à 10 cm du sol	**1000** 167	**0,92** 0,15	**0,87** 0,15	**160** 27	**47** 8	**132** 22	**101** 17
62	1 semaine avant le début de l'épiaison	**1000** 161	**0,91** 0,15	**0,86** 0,14	**146** 23	**43** 7	**121** 19	**98** 16
63	début épiaison	**1000** 163	**0,87** 0,14	**0,82** 0,13	**114** 19	**36** 6	**100** 16	**90** 15
64	épiaison	**1000** 167	**0,83** 0,14	**0,77** 0,13	**99** 17	**32** 5	**90** 15	**86** 14
65	fin épiaison	**1000** 180	**0,77** 0,14	**0,69** 0,12	**77** 14	**27** 5	**75** 14	**78** 14
66	début floraison	**1000** 187	**0,73** 0,14	**0,65** 0,12	**68** 13	**25** 5	**69** 13	**75** 14
67	floraison	**1000** 227	**0,65** 0,15	**0,56** 0,13	**58** 13	**22** 5	**62** 14	**68** 15
68	fin floraison	**1000** 258	**0,63** 0,16	**0,53** 0,14	**56** 14	**21** 5	**60** 15	**66** 17
	2ᵉ cycle après déprimage							
69	repousses à tiges de 8 semaines	**1000** 297	**0,56** 0,17	**0,46** 0,14	**56** 17	**20** 6	**55** 16	**59** 18
	2ᵉ cycle après coupe à l'épiaison							
70	repousses feuillues de 4 semaines	**1000** 188	**0,84** 0,16	**0,77** 0,14	**117** 22	**37** 7	**104** 20	**89** 17
71	repousses feuillues de 5 semaines	**1000** 205	**0,80** 0,16	**0,73** 0,15	**117** 24	**37** 8	**104** 21	**88** 18

En caractères gras : par kg de matière sèche. — En caractères maigres : par kg de produit brut.

N°	VALEUR D'ENCOMBREMENT			Nombre d'essais	CONSTITUANTS ORGANIQUES • teneurs (g/kg de MS) • digestibilité (100 × d)				CONSTITUANTS MINERAUX (g/kg de MS)			ENERGIE • teneurs (Mcal/kg MS) • digestibilité (100 × dE)		
	UEM	UEL	UEB		MO	MAT	CB	LC	Cendres	P	Ca	EB	ED	EM
57	1,00	1,00	1,00	(1)	843	180	250	277	157	4,5	7,0	4,07	2,98	2,43
	0,16	0,16	0,16		77	75	81					73		
58	1,02	1,01	1,02	(2)	850	171	254	282	150	4,0	7,0	4,09	2,97	2,43
	0,17	0,17	0,17		76	74	80					73		
59	1,04	1,02	1,03	(2)	846	151	258	286	154	4,0	6,5	4,04	2,90	2,38
	0,19	0,18	0,19		75	71	80					72		
60	0,83	0,92	0,87	(1)	891	245	177	202	109	4,5	4,5	4,40	3,28	2,72
	0,13	0,15	0,14		78	78	82					75		
61	0,90	0,95	0,92	(8)	875	210	233	260	125	4,0	4,0	4,27	3,12	2,57
	0,15	0,16	0,15		77	76	76					73		
62	0,93	0,97	0,94	(5)	882	193	251	278	118	3,0	3,5	4,27	3,09	2,54
	0,15	0,16	0,15		76	75	76					72		
63	1,00	1,00	1,00	(18)	878	159	256	284	122	2,5	3,0	4,19	2,97	2,45
	0,16	0,16	0,16		74	72	75					71		
64	1,11	1,05	1,08	(18)	888	144	285	314	112	2,5	3,0	4,21	2,88	2,36
	0,19	0,18	0,18		72	69	73					68		
65	1,24	1,09	1,17	(13)	899	120	314	344	101	2,5	3,0	4,22	2,71	2,21
	0,22	0,20	0,21		67	64	70					64		
66	1,32	1,12	1,23	(9)	910	110	337	368	90	2,5	3,0	4,25	2,61	2,12
	0,25	0,21	0,23		64	62	67					61		
67	1,42	1,15	1,29	(11)	910	98	339	370	90	2,0	2,5	4,23	2,38	1,93
	0,32	0,26	0,29		59	59	58					56		
68	1,49	1,17	1,33	(8)	918	95	353	384	82	2,0	2,5	4,26	2,32	1,88
	0,38	0,30	0,34		57	59	56					54		
69	1,32	1,12	1,23	(3)	912	88	338	369	88	3,0	4,5	4,22	2,10	1,70
	0,39	0,33	0,37		52	64	47					50		
70	0,96	0,98	0,97	(5)	889	165	272	300	111	3,5	6,0	4,25	2,89	2,38
	0,18	0,18	0,18		71	71	73					68		
71	1,01	1,00	1,00	(12)	892	166	290	319	108	3,5	5,5	4,27	2,80	2,29
	0,21	0,21	0,21		69	71	71					66		

N°	Aliments	MS (g/kg)	VALEUR ENERGETIQUE (par kg)		VALEUR AZOTEE (g/kg)			
			UFL	UFV	MAD	PDIA	PDIN	PDIE
	2e cycle après coupe à l'épiaison (suite)							
72	repousses feuillues de 6 semaines	**1000** 216	**0,79** 0,17	**0,72** 0,16	**108** 23	**35** 8	**97** 21	**85** 18
73	repousses feuillues de 7 semaines	**1000** 235	**0,77** 0,18	**0,69** 0,16	**99** 23	**33** 8	**91** 21	**82** 19
74	repousses feuillues de 8 semaines	**1000** 241	**0,75** 0,18	**0,68** 0,16	**98** 24	**32** 8	**90** 22	**81** 20
	3e cycle							
75	repousses feuillues de 5 semaines	**1000** 182	**0,83** 0,15	**0,76** 0,14	**137** 25	**42** 8	**117** 21	**93** 17
76	repousses feuillues de 6 semaines	**1000** 182	**0,81** 0,15	**0,75** 0,14	**124** 22	**39** 7	**109** 20	**90** 16
77	repousses feuillues de 7 semaines	**1000** 188	**0,79** 0,15	**0,73** 0,14	**106** 20	**35** 7	**98** 18	**85** 16
78	repousses feuillues de 8 semaines	**1000** 193	**0,78** 0,15	**0,71** 0,14	**99** 19	**33** 6	**92** 18	**83** 16
	4e cycle							
79	repousses feuillues de 5 semaines	**1000** 160	**0,86** 0,14	**0,80** 0,13	**160** 26	**48** 8	**133** 21	**99** 16
80	repousses feuillues de 6 semaines	**1000** 152	**0,85** 0,13	**0,79** 0,12	**140** 21	**42** 6	**118** 18	**95** 14
81	repousses feuillues de 7 semaines	**1000** 146	**0,84** 0,12	**0,78** 0,11	**130** 19	**40** 6	**111** 16	**92** 13
82	repousses feuillues de 8 semaines	**1000** 160	**0,84** 0,13	**0,78** 0,12	**124** 20	**39** 6	**108** 17	**91** 15
	• Fétuque des prés *(Festuca pratensis)*							
	1er cycle							
83	feuillu	**1000** 153	**1,03** 0,16	**1,01** 0,15	**188** 29	**53** 8	**148** 23	**111** 17
84	épi à 10 cm du sol	**1000** 164	**1,01** 0,17	**0,98** 0,16	**159** 26	**46** 8	**129** 21	**105** 17
85	1 semaine avant le début de l'épiaison	**1000** 183	**0,97** 0,18	**0,93** 0,17	**115** 21	**36** 7	**99** 18	**95** 17
86	début épiaison	**1000** 186	**0,93** 0,17	**0,89** 0,17	**93** 17	**30** 6	**85** 16	**89** 17
87	épiaison	**1000** 191	**0,85** 0,16	**0,79** 0,15	**78** 15	**27** 5	**74** 14	**82** 16
88	début floraison	**1000** 202	**0,75** 0,15	**0,67** 0,14	**71** 14	**25** 5	**71** 14	**76** 15

En caractères gras : par kg de matière sèche. — En caractères maigres : par kg de produit brut.

N°	VALEUR D'ENCOMBREMENT			Nombre d'essais	CONSTITUANTS ORGANIQUES • teneurs (g/kg de MS) • digestibilité (100 × d)				CONSTITUANTS MINERAUX (g/kg de MS)			ENERGIE • teneurs (Mcal/kg MS) • digestibilité (100 × dE)		
	UEM	UEL	UEB		MO	MAT	CB	LC	Cendres	P	Ca	EB	ED	EM
72	**1,02**	**1,01**	**1,02**	(14)	**894**	**155**	**298**	**327**	**106**	**3,0**	**5,0**	**4,26**	**2,79**	**2,28**
	0,22	0,22	0,22		69	70	71					65		
73	**1,03**	**1,01**	**1,02**	(15)	**894**	**145**	**303**	**332**	**106**	**3,0**	**5,0**	**4,24**	**2,70**	**2,21**
	0,24	0,24	0,24		67	68	70					64		
74	**1,03**	**1,01**	**1,02**	(12)	**896**	**144**	**302**	**331**	**104**	**3,0**	**4,5**	**4,25**	**2,66**	**2,18**
	0,25	0,24	0,25		66	68	69					63		
75	**0,96**	**0,98**	**0,97**	(6)	**884**	**186**	**274**	**302**	**116**	**3,5**	**6,5**	**4,27**	**2,89**	**2,36**
	0,17	0,18	0,18		71	74	74						68	
76	**1,00**	**1,00**	**1,00**	(10)	**886**	**174**	**273**	**301**	**114**	**3,5**	**6,5**	**4,25**	**2,85**	**2,33**
	0,18	0,18	0,18		70	71	74					67		
77	**1,02**	**1,01**	**1,01**	(13)	**885**	**156**	**270**	**298**	**115**	**3,5**	**6,0**	**4,22**	**2,78**	**2,28**
	0,19	0,19	0,19		69	68	71					66		
78	**1,08**	**1,04**	**1,06**	(14)	**887**	**147**	**282**	**311**	**113**	**3,0**	**5,0**	**4,21**	**2,74**	**2,24**
	0,21	0,20	0,20		68	67	70					65		
79	**0,83**	**0,91**	**0,86**	(2)	**886**	**212**	**299**	**328**	**114**	**4,0**	**7,5**	**4,32**	**2,98**	**2,44**
	0,13	0,15	0,14		72	76	77						69	
80	**0,97**	**0,98**	**0,97**	(2)	**887**	**188**	**288**	**317**	**113**	**3,5**	**6,5**	**4,28**	**2,95**	**2,41**
	0,15	0,15	0,15		72	75	76					69		
81	**1,00**	**1,00**	**1,00**	(2)	**887**	**177**	**280**	**309**	**113**	**3,5**	**5,5**	**4,26**	**2,93**	**2,39**
	0,15	0,15	0,15		72	73	71					69		
82	**1,01**	**1,00**	**1,01**	(2)	**898**	**172**	**271**	**299**	**102**	**3,5**	**5,5**	**4,30**	**2,93**	**2,40**
	0,16	0,16	0,16		71	72	72					68		
83	**0,81**	**0,90**	**0,85**	(2)	**880**	**235**	**186**	**211**	**120**	**4,0**	**6,0**	**4,33**	**3,40**	**2,83**
	0,12	0,14	0,13		82	80	82						78	
84	**0,93**	**0,97**	**0,94**	(4)	**890**	**206**	**237**	**264**	**110**	**3,5**	**5,5**	**4,33**	**3,36**	**2,78**
	0,15	0,16	0,15		81	77	81					78		
85	**0,95**	**0,98**	**0,96**	(6)	**899**	**158**	**250**	**277**	**101**	**3,0**	**5,0**	**4,28**	**3,22**	**2,68**
	0,17	0,18	0,18		79	73	78					75		
86	**1,06**	**1,03**	**1,04**	(6)	**912**	**135**	**276**	**304**	**88**	**3,0**	**5,0**	**4,30**	**3,14**	**2,61**
	0,20	0,19	0,19		76	69	75					73		
87	**1,19**	**1,08**	**1,14**	(6)	**915**	**118**	**305**	**334**	**85**	**2,5**	**5,0**	**4,29**	**2,94**	**2,42**
	0,23	0,21	0,22		72	66	73					69		
88	**1,37**	**1,14**	**1,26**	(4)	**920**	**113**	**342**	**373**	**80**	**2,5**	**5,0**	**4,30**	**2,67**	**2,17**
	0,28	0,23	0,25		65	63	66					62		

N°	Aliments	MS (g/kg)	VALEUR ENERGETIQUE (par kg)		VALEUR AZOTEE (g/kg)			
			UFL	UFV	MAD	PDIA	PDIN	PDIE
	2e cycle après déprimage							
89	repousses à tiges de 6 semaines	**1000**	**0,84**	**0,78**	**107**	**35**	**97**	**88**
		222	0,19	0,17	24	8	22	20
	2e cycle après coupe à l'épiaison							
90	repousses feuillues de 6 semaines	**1000**	**0,93**	**0,88**	**131**	**41**	**114**	**97**
		170	0,16	0,15	22	7	19	16
91	repousses feuillues de 7 semaines	**1000**	**0,91**	**0,86**	**107**	**36**	**99**	**92**
		202	0,18	0,17	22	7	20	19
92	repousses feuillues de 8 semaines	**1000**	**0,88**	**0,83**	**85**	**30**	**84**	**85**
		215	0,19	0,18	18	6	18	18
	3e cycle							
93	repousses feuillues de 6 semaines	**1000**	**0,88**	**0,83**	**124**	**40**	**111**	**94**
		215	0,19	0,18	27	9	24	20
94	repousses feuillues de 7 semaines	**1000**	**0,84**	**0,78**	**113**	**37**	**102**	**89**
		206	0,17	0,16	23	8	21	18
95	repousses feuillues de 8 semaines	**1000**	**0,84**	**0,78**	**98**	**34**	**94**	**87**
		225	0,19	0,18	22	8	21	20
	• **Fétuque élevée** *(Festuca arundinacea)*							
	1er cycle							
96	feuillu	**1000**	**0,85**	**0,80**	**154**	**46**	**128**	**96**
		186	0,16	0,15	29	9	24	18
97	épi à 10 cm du sol	**1000**	**0,82**	**0,76**	**116**	**37**	**104**	**88**
		200	0,16	0,15	23	7	21	18
98	1 semaine avant le début de l'épiaison	**1000**	**0,79**	**0,72**	**93**	**32**	**89**	**82**
		192	0,15	0,14	18	6	17	16
99	début épiaison	**1000**	**0,76**	**0,70**	**85**	**29**	**81**	**78**
		195	0,15	0,14	17	6	16	15
100	épiaison	**1000**	**0,72**	**0,64**	**68**	**25**	**70**	**73**
		209	0,15	0,13	14	5	15	15
101	fin épiaison	**1000**	**0,70**	**0,62**	**62**	**23**	**64**	**70**
		209	0,15	0,13	13	5	13	15
102	début floraison	**1000**	**0,64**	**0,55**	**58**	**22**	**63**	**67**
		204	0,13	0,11	12	4	13	14
103	floraison	**1000**	**0,61**	**0,52**	**56**	**22**	**61**	**65**
		230	0,14	0,12	13	5	14	15
	2e cycle après déprimage							
104	repousses à tiges de 5 semaines	**1000**	**0,74**	**0,67**	**95**	**31**	**86**	**79**
		191	0,14	0,13	18	6	16	15

En caractères gras : par kg de matière sèche. — En caractères maigres : par kg de produit brut.

N°	VALEUR D'ENCOMBREMENT			Nombre d'essais	CONSTITUANTS ORGANIQUES • **teneurs (g/kg de MS)** • digestibilité (100 × d)				CONSTITUANTS MINERAUX (g/kg de MS)			ENERGIE • **teneurs (Mcal/kg MS)** • digestibilité (100 × dE)		
	UEM	UEL	UEB		MO	MAT	CB	LC	Cendres	P	Ca	EB	ED	EM
89	**0,98**	**0,99**	**0,98**	(6)	**906**	**154**	**288**	**317**	**94**	**3,0**	**4,5**	**4,31**	**2,91**	**2,40**
	0,22	0,22	0,22		71	69	66					68		
90	**0,90**	**0,95**	**0,92**	(4)	**906**	**182**	**242**	**269**	**94**	**3,5**	**5,0**	**4,36**	**3,13**	**2,60**
	0,15	0,16	0,16		75	72	67					72		
91	**0,92**	**0,96**	**0,94**	(1)	**904**	**158**	**243**	**270**	**96**	**3,0**	**4,5**	**4,31**	**3,06**	**2,55**
	0,19	0,19	0,19		74	68	67					71		
92	**0,94**	**0,97**	**0,95**	(2)	**895**	**133**	**245**	**272**	**105**	**2,5**	**4,0**	**4,22**	**2,96**	**2,47**
	0,20	0,21	0,20		73	64	68					70		
93	**0,92**	**0,96**	**0,94**	(2)	**900**	**176**	**263**	**291**	**100**	**3,0**	**6,0**	**4,32**	**3,02**	**2,49**
	0,20	0,21	0,20		73	70	67					70		
94	**0,97**	**0,99**	**0,97**	(3)	**886**	**163**	**272**	**300**	**114**	**3,0**	**6,0**	**4,23**	**2,91**	**2,39**
	0,20	0,20	0,20		72	69	70					69		
95	**0,99**	**1,00**	**0,99**	(3)	**898**	**150**	**262**	**290**	**102**	**2,5**	**6,0**	**4,27**	**2,89**	**2,39**
	0,22	0,23	0,22		71	66	67					68		
96	**0,96**	**0,98**	**0,97**	(3)	**857**	**204**	**235**	**262**	**143**	**4,0**	**4,0**	**4,18**	**2,96**	**2,41**
	0,18	0,18	0,18		74	75	76					71		
97	**0,99**	**1,00**	**0,99**	(6)	**869**	**165**	**247**	**274**	**131**	**3,5**	**4,0**	**4,16**	**2,85**	**2,34**
	0,20	0,20	0,20		72	70	72					68		
98	**1,06**	**1,03**	**1,05**	(7)	**869**	**141**	**249**	**276**	**131**	**3,5**	**3,5**	**4,12**	**2,74**	**2,25**
	0,20	0,20	0,20		70	66	68					66		
99	**1,09**	**1,04**	**1,07**	(7)	**874**	**129**	**269**	**297**	**126**	**3,0**	**3,5**	**4,12**	**2,68**	**2,20**
	0,21	0,20	0,21		68	66	67					65		
100	**1,15**	**1,06**	**1,11**	(7)	**883**	**111**	**295**	**324**	**117**	**3,0**	**3,5**	**4,13**	**2,55**	**2,09**
	0,24	0,22	0,23		65	62	64					62		
101	**1,24**	**1,09**	**1,17**	(6)	**882**	**102**	**304**	**333**	**118**	**2,5**	**3,5**	**4,11**	**2,50**	**2,04**
	0,26	0,23	0,24		64	60	64					61		
102	**1,34**	**1,13**	**1,24**	(4)	**884**	**100**	**322**	**352**	**116**	**2,5**	**3,5**	**4,12**	**2,33**	**1,89**
	0,27	0,23	0,25		59	58	60					56		
103	**1,39**	**1,14**	**1,27**	(3)	**887**	**97**	**330**	**360**	**113**	**2,5**	**3,5**	**4,12**	**2,25**	**1,82**
	0,32	0,26	0,29		57	57	58					54		
104	**1,19**	**1,08**	**1,14**	(1)	**847**	**137**	**265**	**293**	**153**	**4,0**	**4,5**	**4,02**	**2,62**	**2,13**
	0,23	0,21	0,22		68	69	67					65		

N°	Aliments	MS (g/kg)	VALEUR ENERGETIQUE (par kg)		VALEUR AZOTEE (g/kg)			
			UFL	UFV	MAD	PDIA	PDIN	PDIE
	2ᵉ cycle après coupe à l'épiaison							
105	repousses feuillues de 5 semaines	**1000**	**0,83**	**0,77**	**114**	**36**	**101**	**88**
		208	0,17	0,16	24	7	21	18
106	repousses feuillues de 6 semaines	**1000**	**0,79**	**0,73**	**105**	**34**	**94**	**84**
		194	0,15	0,14	20	7	18	16
107	repousses feuillues de 7 semaines	**1000**	**0,75**	**0,68**	**89**	**30**	**84**	**79**
		215	0,16	0,15	19	6	18	17
	3ᵉ cycle							
108	repousses feuillues de 6 semaines	**1000**	**0,81**	**0,75**	**116**	**37**	**103**	**88**
		177	0,14	0,13	21	7	18	16
109	repousses feuillues de 7 semaines	**1000**	**0,79**	**0,72**	**113**	**36**	**99**	**85**
		179	0,14	0,13	20	6	18	15
110	repousses feuillues de 8 semaines	**1000**	**0,78**	**0,72**	**99**	**33**	**91**	**82**
		186	0,15	0,13	18	6	17	15
	• **Fléole** *(Phleum pratense)*							
	1ᵉʳ cycle							
111	feuillu	**1000**	**0,99**	**0,95**	**156**	**45**	**127**	**103**
		161	0,16	0,15	25	7	20	17
112	épi à 10 cm du sol	**1000**	**0,95**	**0,91**	**99**	**33**	**91**	**91**
		168	0,16	0,15	17	6	15	15
113	1 semaine avant le début de l'épiaison	**1000**	**0,82**	**0,75**	**59**	**22**	**62**	**77**
		174	0,14	0,13	10	4	11	13
114	début épiaison	**1000**	**0,77**	**0,70**	**52**	**21**	**58**	**73**
		188	0,14	0,13	10	4	11	14
115	épiaison	**1000**	**0,72**	**0,64**	**48**	**20**	**55**	**70**
		201	0,14	0,13	10	4	11	14
116	fin épiaison	**1000**	**0,69**	**0,60**	**40**	**17**	**48**	**66**
		234	0,16	0,14	9	4	11	15
117	début floraison	**1000**	**0,62**	**0,52**	**35**	**17**	**46**	**61**
		248	0,15	0,13	9	4	11	15
118	floraison	**1000**	**0,55**	**0,45**	**31**	**16**	**45**	**57**
		272	0,15	0,12	9	4	12	16
	2ᵉ cycle après déprimage							
119	repousses à tiges de 5 semaines	**1000**	**0,88**	**0,83**	**114**	**35**	**97**	**90**
		157	0,14	0,13	18	5	15	14
120	repousses à tiges de 7 semaines	**1000**	**0,76**	**0,68**	**72**	**25**	**70**	**75**
		164	0,12	0,11	12	4	11	12
121	repousses à tiges de 9 semaines	**1000**	**0,69**	**0,61**	**57**	**22**	**60**	**69**
		237	0,16	0,14	13	5	14	16

En caractères gras : par kg de matière sèche. — En caractères maigres : par kg de produit brut.

N°	VALEUR D'ENCOMBREMENT			Nombre d'essais	CONSTITUANTS ORGANIQUES • teneurs (g/kg de MS) • digestibilité (100 × d)				CONSTITUANTS MINERAUX (g/kg de MS)			ENERGIE • teneurs (Mcal/kg MS) • digestibilité (100 × dE)		
	UEM	UEL	UEB		MO	MAT	CB	LC	Cendres	P	Ca	EB	ED	EM
105	**0,99**	**1,00**	**0,99**	(4)	**873**	**161**	**256**	**284**	**127**	**5,0**	**5,0**	**4,17**	**2,86**	**2,35**
	0,21	0,21	0,21		72	71	72					69		
106	**1,04**	**1,02**	**1,03**	(5)	**866**	**150**	**260**	**288**	**134**	**4,5**	**5,0**	**4,12**	**2,77**	**2,27**
	0,20	0,20	0,20		70	70	70					67		
107	**1,08**	**1,03**	**1,06**	(5)	**873**	**134**	**273**	**301**	**127**	**4,0**	**4,5**	**4,13**	**2,64**	**2,17**
	0,23	0,22	0,23		67	66	68					64		
108	**0,97**	**0,99**	**0,98**	(3)	**861**	**164**	**260**	**288**	**139**	**4,0**	**6,0**	**4,12**	**2,82**	**2,31**
	0,17	0,18	0,17		72	71	73					68		
109	**1,00**	**1,00**	**1,00**	(4)	**860**	**158**	**258**	**286**	**140**	**4,0**	**6,0**	**4,11**	**2,75**	**2,25**
	0,18	0,18	0,18		70	72	71					67		
110	**1,01**	**1,01**	**1,01**	(3)	**859**	**145**	**251**	**278**	**141**	**3,5**	**6,0**	**4,08**	**2,71**	**2,23**
	0,19	0,19	0,19		70	68	70					66		
111	**0,89**	**0,95**	**0,91**	(3)	**895**	**202**	**224**	**250**	**105**	**4,0**	**4,0**	**4,34**	**3,29**	**2,73**
	0,14	0,15	0,15		79	77	79					76		
112	**0,98**	**0,99**	**0,99**	(5)	**905**	**145**	**258**	**286**	**95**	**3,5**	**4,0**	**4,29**	**3,18**	**2,65**
	0,16	0,17	0,17		78	69	79					74		
113	**1,23**	**1,09**	**1,17**	(7)	**918**	**99**	**326**	**356**	**82**	**3,0**	**3,5**	**4,27**	**2,84**	**2,34**
	0,21	0,19	0,20		70	59	72					67		
114	**1,31**	**1,12**	**1,22**	(7)	**922**	**92**	**346**	**377**	**78**	**2,5**	**3,5**	**4,27**	**2,73**	**2,23**
	0,25	0,21	0,23		67	57	69					64		
115	**1,47**	**1,16**	**1,32**	(6)	**922**	**88**	**361**	**393**	**78**	**2,5**	**3,0**	**4,26**	**2,58**	**2,10**
	0,30	0,23	0,27		63	55	68					61		
116	**1,53**	**1,18**	**1,36**	(6)	**930**	**77**	**360**	**392**	**70**	**2,0**	**3,0**	**4,28**	**2,49**	**2,02**
	0,36	0,28	0,32		61	52	63					58		
117	**1,53**	**1,18**	**1,36**	(4)	**937**	**74**	**360**	**392**	**63**	**2,0**	**3,0**	**4,31**	**2,28**	**1,86**
	0,38	0,29	0,34		56	47	57					53		
118	**1,63**	**1,21**	**1,42**	(2)	**942**	**72**	**361**	**393**	**58**	**2,0**	**3,0**	**4,33**	**2,09**	**1,69**
	0,44	0,33	0,39		51	44	50					48		
119	**0,95**	**0,98**	**0,96**	(1)	**890**	**155**	**274**	**302**	**110**	**3,5**	**4,5**	**4,24**	**2,99**	**2,47**
	0,15	0,15	0,15		74	73	73					71		
120	**1,09**	**1,04**	**1,06**	(1)	**902**	**112**	**310**	**340**	**98**	**3,0**	**4,5**	**4,22**	**2,66**	**2,19**
	0,18	0,17	0,17		66	64	67					63		
121	**1,22**	**1,09**	**1,16**	(6)	**925**	**96**	**326**	**356**	**75**	**2,5**	**3,5**	**4,29**	**2,49**	**2,04**
	0,29	0,26	0,27		61	59	56					58		

N°	Aliments	MS (g/kg)	VALEUR ENERGETIQUE (par kg)		VALEUR AZOTEE (g/kg)			
			UFL	UFV	MAD	PDIA	PDIN	PDIE
	2e cycle après coupe à l'épiaison							
122	repousses à tiges de 7 semaines	**1000** 164	**0,84** 0,14	**0,79** 0,13	**92** 15	**30** 5	**84** 14	**84** 14
123	repousses à tiges de 8 semaines	**1000** 209	**0,83** 0,17	**0,77** 0,16	**84** 17	**28** 6	**79** 17	**83** 17
124	repousses à tiges de 9 semaines	**1000** 218	**0,79** 0,17	**0,72** 0,16	**64** 14	**24** 5	**67** 15	**76** 17
	3e cycle							
125	repousses feuillues de 7 semaines	**1000** 167	**0,89** 0,15	**0,84** 0,14	**115** 19	**36** 6	**99** 17	**91** 15
126	repousses feuillues de 8 semaines	**1000** 177	**0,87** 0,15	**0,82** 0,15	**111** 20	**34** 6	**96** 17	**89** 16
127	repousses feuillues de 9 semaines	**1000** 191	**0,85** 0,16	**0,80** 0,15	**90** 17	**30** 6	**83** 16	**84** 16
	• **Ray-grass anglais** *(Lolium perenne)*							
	1er cycle : Variétés précoces							
128	feuillu	**1000** 172	**1,03** 0,18	**1,01** 0,17	**175** 30	**50** 9	**140** 24	**110** 19
129	épi à 10 cm du sol	**1000** 167	**1,01** 0,17	**0,98** 0,16	**130** 22	**40** 7	**112** 19	**100** 17
130	1 semaine avant le début de l'épiaison	**1000** 157	**0,98** 0,15	**0,94** 0,15	**109** 17	**35** 5	**97** 15	**94** 15
131	début épiaison	**1000** 164	**0,94** 0,15	**0,90** 0,15	**93** 15	**32** 5	**89** 15	**91** 15
132	épiaison	**1000** 165	**0,89** 0,15	**0,84** 0,14	**76** 12	**27** 4	**75** 12	**84** 14
133	fin épiaison	**1000** 171	**0,82** 0,14	**0,75** 0,13	**63** 11	**24** 4	**67** 11	**78** 13
134	début floraison	**1000** 190	**0,75** 0,14	**0,68** 0,13	**62** 12	**23** 4	**65** 12	**74** 14
135	floraison	**1000** 197	**0,70** 0,14	**0,61** 0,12	**54** 11	**22** 4	**60** 12	**70** 14
136	fin floraison	**1000** 217	**0,66** 0,14	**0,58** 0,13	**56** 12	**22** 5	**61** 13	**69** 15
	1er cycle : Variétés tardives							
137	feuillu	**1000** 164	**0,99** 0,16	**0,96** 0,16	**138** 23	**41** 7	**114** 19	**99** 16
138	épi à 10 cm du sol	**1000** 172	**1,01** 0,17	**0,98** 0,17	**114** 20	**35** 6	**99** 17	**96** 17

En caractères gras : par kg de matière sèche. — En caractères maigres : par kg de produit brut.

N°	VALEUR D'ENCOMBREMENT			Nombre d'essais	CONSTITUANTS ORGANIQUES • teneurs (g/kg de MS) • digestibilité (100 × d)				CONSTITUANTS MINERAUX (g/kg de MS)			ENERGIE • teneurs (Mcal/kg MS) • digestibilité (100 × dE)		
	UEM	UEL	UEB		MO	MAT	CB	LC	Cendres	P	Ca	EB	ED	EM
122	**1,08**	**1,03**	**1,06**	(2)	**887**	**133**	**307**	**337**	**113**	**2,5**	**4,0**	**4,19**	**2,91**	**2,39**
	0,18	0,17	0,17		73	69	73					70		
123	**1,14**	**1,06**	**1,10**	(4)	**912**	**126**	**309**	**339**	**88**	**2,5**	**3,5**	**4,29**	**2,89**	**2,38**
	0,24	0,22	0,23		71	66	71					67		
124	**1,19**	**1,08**	**1,14**	(3)	**912**	**106**	**289**	**318**	**88**	**2,0**	**3,0**	**4,25**	**2,75**	**2,27**
	0,26	0,24	0,25		68	60	61					65		
125	**1,17**	**1,07**	**1,13**	(3)	**883**	**158**	**271**	**299**	**117**	**3,0**	**5,5**	**4,21**	**3,06**	**2,50**
	0,20	0,18	0,19		76	73	75					73		
126	**1,17**	**1,07**	**1,12**	(3)	**872**	**153**	**269**	**297**	**128**	**3,0**	**4,5**	**4,15**	**3,00**	**2,45**
	0,21	0,19	0,20		76	72	73					72		
127	**1,14**	**1,06**	**1,11**	(3)	**877**	**132**	**280**	**309**	**123**	**2,5**	**4,0**	**4,14**	**2,93**	**2,41**
	0,22	0,20	0,21		74	68	73					71		
128	**0,95**	**0,98**	**0,96**	(5)	**896**	**223**	**197**	**222**	**104**	**4,5**	**5,5**	**4,38**	**3,44**	**2,84**
	0,16	0,17	0,17		82	78	84					78		
129	**0,97**	**0,99**	**0,98**	(13)	**894**	**179**	**205**	**231**	**106**	**4,0**	**5,5**	**4,30**	**3,33**	**2,77**
	0,16	0,17	0,16		81	72	81					78		
130	**0,99**	**0,99**	**0,99**	(11)	**896**	**155**	**229**	**256**	**104**	**3,5**	**5,5**	**4,27**	**3,23**	**2,70**
	0,16	0,16	0,16		79	70	79					76		
131	**1,10**	**1,04**	**1,08**	(19)	**906**	**142**	**239**	**266**	**94**	**3,5**	**5,5**	**4,29**	**3,15**	**2,62**
	0,18	0,17	0,18		77	65	76					74		
132	**1,16**	**1,06**	**1,12**	(19)	**909**	**120**	**264**	**292**	**91**	**3,0**	**5,5**	**4,26**	**3,02**	**2,51**
	0,19	0,17	0,18		74	63	73					71		
133	**1,26**	**1,10**	**1,18**	(17)	**909**	**106**	**293**	**322**	**91**	**3,0**	**5,5**	**4,24**	**2,84**	**2,34**
	0,22	0,19	0,20		70	60	69					67		
134	**1,40**	**1,15**	**1,28**	(12)	**908**	**103**	**313**	**343**	**92**	**2,5**	**5,5**	**4,23**	**2,67**	**2,18**
	0,27	0,22	0,24		66	60	66					63		
135	**1,41**	**1,15**	**1,28**	(6)	**908**	**96**	**315**	**345**	**92**	**2,5**	**5,0**	**4,22**	**2,51**	**2,04**
	0,28	0,23	0,25		62	56	59					59		
136	**1,43**	**1,15**	**1,29**	(5)	**913**	**97**	**328**	**358**	**87**	**2,5**	**5,0**	**4,24**	**2,42**	**1,97**
	0,31	0,25	0,28		60	58	57					57		
137	**0,96**	**0,98**	**0,97**	(4)	**853**	**182**	**213**	**239**	**147**	**5,0**	**6,0**	**4,12**	**3,26**	**2,70**
	0,16	0,16	0,16		83	76	83					79		
138	**0,99**	**1,00**	**0,99**	(5)	**880**	**157**	**227**	**254**	**120**	**4,5**	**6,0**	**4,20**	**3,30**	**2,75**
	0,17	0,17	0,17		82	72	82					79		

N°	Aliments	MS (g/kg)	VALEUR ENERGETIQUE (par kg)		VALEUR AZOTEE (g/kg)			
			UFL	UFV	MAD	PDIA	PDIN	PDIE
139	1 semaine avant le début de l'épiaison	**1000**	**0,88**	**0,83**	**77**	**27**	**74**	**83**
		175	0,15	0,15	13	5	13	15
140	début épiaison	**1000**	**0,85**	**0,80**	**65**	**24**	**66**	**80**
		194	0,16	0,16	13	5	13	16
141	épiaison	**1000**	**0,81**	**0,75**	**48**	**20**	**55**	**74**
		198	0,16	0,15	10	4	11	15
142	fin épiaison	**1000**	**0,76**	**0,69**	**39**	**17**	**47**	**69**
		218	0,17	0,15	8	4	10	15
143	début floraison	**1000**	**0,74**	**0,66**	**37**	**16**	**46**	**68**
		275	0,20	0,18	10	4	13	19
144	floraison	**1000**	**0,71**	**0,64**	**37**	**16**	**43**	**66**
		222	0,16	0,14	8	4	10	15
	2e cycle après coupe à l'épiaison							
145	repousses à tiges de 4 semaines	**1000**	**0,89**	**0,83**	**117**	**37**	**103**	**92**
		186	0,17	0,15	22	7	19	17
146	repousses à tiges de 5 semaines	**1000**	**0,86**	**0,81**	**96**	**32**	**89**	**86**
		198	0,17	0,16	19	6	18	17
147	repousses à tiges de 6 semaines	**1000**	**0,83**	**0,78**	**89**	**30**	**84**	**84**
		208	0,17	0,16	19	6	17	17
148	repousses à tiges de 7 semaines	**1000**	**0,81**	**0,75**	**81**	**28**	**79**	**81**
		222	0,18	0,17	18	6	18	18
149	repousses à tiges de 8 semaines	**1000**	**0,76**	**0,69**	**79**	**28**	**79**	**78**
		230	0,17	0,16	18	6	18	18
150	repousses feuillues de 6 semaines	**1000**	**0,96**	**0,92**	**129**	**40**	**113**	**98**
		203	0,19	0,19	26	8	23	20
151	repousses feuillues de 7 semaines	**1000**	**0,91**	**0,86**	**122**	**39**	**108**	**95**
		184	0,17	0,16	22	7	20	17
152	repousses feuillues de 8 semaines	**1000**	**0,87**	**0,81**	**98**	**33**	**92**	**88**
		218	0,19	0,18	21	7	20	19
	3e cycle							
153	repousses feuillues de 4 semaines	**1000**	**0,93**	**0,89**	**128**	**42**	**116**	**98**
		186	0,17	0,17	24	8	22	18
154	repousses feuillues de 5 semaines	**1000**	**0,91**	**0,86**	**130**	**40**	**112**	**96**
		158	0,14	0,14	21	6	18	15
155	repousses feuillues de 6 semaines	**1000**	**0,89**	**0,84**	**124**	**39**	**109**	**94**
		166	0,15	0,14	21	6	18	16
156	repousses feuillues de 7 semaines	**1000**	**0,86**	**0,81**	**115**	**38**	**105**	**92**
		166	0,14	0,13	19	6	17	15
157	repousses feuillues de 8 semaines	**1000**	**0,86**	**0,80**	**108**	**35**	**99**	**89**
		177	0,15	0,14	19	6	18	16

En caractères gras : par kg de matière sèche. — En caractères maigres : par kg de produit brut.

N°	VALEUR D'ENCOMBREMENT			Nombre d'essais	CONSTITUANTS ORGANIQUES • teneurs (g/kg de MS) • digestibilité (100 × d)				CONSTITUANTS MINERAUX (g/kg de MS)			ENERGIE • teneurs (Mcal/kg MS) • digestibilité (100 × dE)		
	UEM	UEL	UEB		MO	MAT	CB	LC	Cendres	P	Ca	EB	ED	EM
139	**1,14**	**1,06**	**1,10**	(5)	**892**	**118**	**280**	**309**	**108**	**3,5**	**5,5**	**4,18**	**3,00**	**2,48**
	0,20	0,19	0,19		75	65	75					72		
140	**1,22**	**1,09**	**1,16**	(5)	**898**	**105**	**292**	**321**	**102**	**3,5**	**5,5**	**4,19**	**2,93**	**2,42**
	0,24	0,21	0,23		73	62	72					70		
141	**1,28**	**1,11**	**1,20**	(5)	**904**	**87**	**305**	**334**	**96**	**3,0**	**5,5**	**4,18**	**2,82**	**2,32**
	0,25	0,22	0,24		70	56	69					67		
142	**1,32**	**1,12**	**1,23**	(4)	**907**	**75**	**317**	**347**	**93**	**3,0**	**5,5**	**4,18**	**2,67**	**2,20**
	0,29	0,24	0,27		67	52	66					64		
143	**1,34**	**1,13**	**1,24**	(2)	**915**	**73**	**329**	**359**	**85**	**2,5**	**5,5**	**4,21**	**2,61**	**2,15**
	0,37	0,31	0,34		65	51	65					62		
144	**1,39**	**1,14**	**1,27**	(1)	**910**	**69**	**348**	**379**	**90**	**2,5**	**5,0**	**4,18**	**2,54**	**2,08**
	0,31	0,25	0,28		64	54	64					61		
145	**1,04**	**1,02**	**1,03**	(6)	**890**	**164**	**250**	**277**	**110**	**4,5**	**6,0**	**4,25**	**3,03**	**2,49**
	0,19	0,19	0,19		74	72	75					71		
146	**1,05**	**1,02**	**1,03**	(13)	**889**	**142**	**252**	**280**	**111**	**4,0**	**6,0**	**4,21**	**2,94**	**2,43**
	0,21	0,20	0,20		73	68	71					70		
147	**1,07**	**1,03**	**1,05**	(15)	**893**	**134**	**264**	**292**	**107**	**4,0**	**6,0**	**4,22**	**2,87**	**2,37**
	0,22	0,21	0,22		71	67	69					68		
148	**1,10**	**1,04**	**1,07**	(19)	**899**	**125**	**275**	**303**	**101**	**3,5**	**5,5**	**4,23**	**2,81**	**2,32**
	0,24	0,23	0,24		70	64	67					66		
149	**1,13**	**1,05**	**1,10**	(15)	**899**	**125**	**277**	**305**	**101**	**3,0**	**4,0**	**4,23**	**2,67**	**2,20**
	0,26	0,24	0,25		66	63	64					63		
150	**0,97**	**0,99**	**0,98**	(1)	**890**	**180**	**230**	**257**	**110**	**4,5**	**6,5**	**4,28**	**3,21**	**2,65**
	0,20	0,20	0,20		78	71	81					75		
151	**1,01**	**1,00**	**1,00**	(5)	**890**	**172**	**239**	**266**	**110**	**4,0**	**6,0**	**4,27**	**3,09**	**2,55**
	0,19	0,18	0,18		76	71	73					72		
152	**1,08**	**1,03**	**1,06**	(4)	**896**	**147**	**255**	**283**	**104**	**3,5**	**4,5**	**4,25**	**2,97**	**2,45**
	0,24	0,22	0,23		73	67	68					70		
153	**0,88**	**0,94**	**0,91**	(1)	**891**	**185**	**236**	**263**	**109**	**6,5**	**7,0**	**4,29**	**3,14**	**2,61**
	0,16	0,17	0,17		77	69	82					73		
154	**1,02**	**1,01**	**1,01**	(4)	**894**	**179**	**243**	**270**	**106**	**5,5**	**6,5**	**4,30**	**3,10**	**2,55**
	0,16	0,16	0,16		75	73	77					72		
155	**1,10**	**1,04**	**1,07**	(12)	**893**	**173**	**244**	**271**	**107**	**5,0**	**6,5**	**4,28**	**3,06**	**2,51**
	0,18	0,17	0,18		75	72	75					72		
156	**1,12**	**1,05**	**1,09**	(13)	**890**	**167**	**247**	**274**	**110**	**4,5**	**6,0**	**4,26**	**2,98**	**2,45**
	0,19	0,17	0,18		73	69	73					70		
157	**1,12**	**1,05**	**1,09**	(12)	**888**	**157**	**245**	**272**	**112**	**4,0**	**6,0**	**4,23**	**2,96**	**2,43**
	0,20	0,19	0,19		73	69	72					70		

N°	Aliments	MS (g/kg)	VALEUR ENERGETIQUE (par kg)		VALEUR AZOTEE (g/kg)			
			UFL	UFV	MAD	PDIA	PDIN	PDIE
	4ᵉ cycle							
158	repousses feuillues de 5 semaines	**1000**	**0,93**	**0,88**	**148**	**45**	**126**	**101**
		160	0,15	0,14	24	7	20	16
159	repousses feuillues de 6 semaines	**1000**	**0,92**	**0,88**	**118**	**38**	**107**	**95**
		164	0,15	0,14	19	6	18	16
160	repousses feuillues de 7 semaines	**1000**	**0,92**	**0,87**	**115**	**37**	**103**	**94**
		156	0,14	0,14	18	6	16	15
	• **Ray-grass d'Italie** *(Lolium italicum)*							
	1ᵉʳ cycle							
161	feuillu	**1000**	**0,99**	**0,96**	**145**	**43**	**120**	**100**
		151	0,15	0,14	22	6	18	15
162	épi à 10 cm du sol	**1000**	**0,99**	**0,96**	**122**	**38**	**106**	**97**
		158	0,16	0,15	19	6	17	15
163	1 semaine avant le début de l'épiaison	**1000**	**0,90**	**0,85**	**69**	**25**	**70**	**82**
		164	0,15	0,14	11	4	11	13
164	début épiaison	**1000**	**0,87**	**0,82**	**63**	**24**	**66**	**80**
		165	0,14	0,14	10	4	11	13
165	épiaison	**1000**	**0,81**	**0,75**	**49**	**20**	**55**	**74**
		178	0,14	0,13	9	4	10	13
166	fin épiaison	**1000**	**0,78**	**0,72**	**44**	**18**	**50**	**71**
		204	0,16	0,15	9	4	10	14
167	début floraison	**1000**	**0,73**	**0,66**	**35**	**16**	**44**	**67**
		240	0,18	0,16	8	4	11	16
168	floraison	**1000**	**0,66**	**0,58**	**25**	**13**	**38**	**61**
		275	0,18	0,16	7	4	10	17
	2ᵉ cycle après coupe à l'épiaison							
169	repousses à tiges de 5 semaines	**1000**	**0,83**	**0,77**	**118**	**36**	**101**	**88**
		174	0,14	0,13	21	6	18	15
170	repousses à tiges de 6 semaines	**1000**	**0,79**	**0,72**	**107**	**34**	**94**	**84**
		176	0,14	0,13	19	6	17	15
171	repousses à tiges de 7 semaines	**1000**	**0,76**	**0,69**	**84**	**28**	**77**	**78**
		191	0,15	0,13	16	5	15	15
172	repousses à tiges de 8 semaines	**1000**	**0,71**	**0,63**	**70**	**25**	**68**	**72**
		206	0,15	0,13	14	5	14	15
	3ᵉ cycle							
173	repousses feuillues de 6 semaines	**1000**	**0,91**	**0,86**	**107**	**35**	**98**	**91**
		203	0,18	0,17	22	7	20	18
174	repousses feuillues de 7 semaines	**1000**	**0,88**	**0,83**	**101**	**33**	**92**	**88**
		192	0,17	0,16	19	6	18	17
175	repousses feuillues de 8 semaines	**1000**	**0,89**	**0,84**	**64**	**25**	**69**	**82**
		241	0,21	0,20	15	6	17	20

En caractères gras : par kg de matière sèche. — En caractères maigres : par kg de produit brut.

N°	VALEUR D'ENCOMBREMENT			Nombre d'essais	CONSTITUANTS ORGANIQUES • **teneurs (g/kg de MS)** • digestibilité (100 × d)				CONSTITUANTS MINERAUX (g/kg de MS)			ENERGIE • **teneurs (Mcal/kg MS)** • digestibilité (100 × dE)		
	UEM	UEL	UEB		MO	MAT	CB	LC	Cendres	P	Ca	EB	ED	EM
158	**0,96**	**0,98**	**0,97**	(2)	**891**	**200**	**240**	**267**	**109**	**5,0**	**5,5**	**4,32**	**3,16**	**2,60**
	0,15	0,16	0,16		77	74	76					73		
159	**0,96**	**0,98**	**0,96**	(2)	**895**	**171**	**240**	**267**	**105**	**4,5**	**5,5**	**4,29**	**3,12**	**2,59**
	0,16	0,16	0,16		76	69	77					73		
160	**1,05**	**1,02**	**1,04**	(2)	**899**	**164**	**226**	**253**	**101**	**4,5**	**5,5**	**4,29**	**3,10**	**2,57**
	0,16	0,16	0,16		76	70	74					72		
161	**0,90**	**0,96**	**0,92**	(3)	**867**	**191**	**178**	**203**	**133**	**4,0**	**5,0**	**4,20**	**3,26**	**2,72**
	0,14	0,14	0,14		81	76	83					78		
162	**0,95**	**0,98**	**0,96**	(9)	**886**	**168**	**188**	**213**	**114**	**3,5**	**4,5**	**4,24**	**3,25**	**2,72**
	0,15	0,15	0,15		80	73	79					77		
163	**1,02**	**1,01**	**1,02**	(9)	**899**	**112**	**230**	**257**	**101**	**3,0**	**4,5**	**4,20**	**3,00**	**2,52**
	0,17	0,17	0,17		75	62	69					71		
164	**1,04**	**1,02**	**1,03**	(14)	**899**	**105**	**238**	**265**	**101**	**3,0**	**4,5**	**4,19**	**2,93**	**2,46**
	0,17	0,17	0,17		73	60	69					70		
165	**1,11**	**1,05**	**1,08**	(9)	**903**	**88**	**265**	**293**	**97**	**2,5**	**4,5**	**4,18**	**2,77**	**2,31**
	0,20	0,19	0,19		69	56	65					66		
166	**1,17**	**1,07**	**1,12**	(8)	**912**	**80**	**284**	**313**	**88**	**2,5**	**4,5**	**4,21**	**2,71**	**2,25**
	0,24	0,22	0,23		67	55	62					64		
167	**1,30**	**1,11**	**1,21**	(9)	**914**	**70**	**293**	**322**	**86**	**2,5**	**4,5**	**4,20**	**2,57**	**2,13**
	0,31	0,27	0,29		64	50	59					61		
168	**1,37**	**1,14**	**1,26**	(3)	**916**	**60**	**307**	**337**	**84**	**2,0**	**4,5**	**4,19**	**2,38**	**1,96**
	0,38	0,31	0,35		60	41	55					57		
169	**1,00**	**1,00**	**1,00**	(9)	**889**	**161**	**263**	**291**	**111**	**3,5**	**5,0**	**4,24**	**2,88**	**2,37**
	0,17	0,17	0,17		71	74	70					68		
170	**1,05**	**1,02**	**1,04**	(9)	**895**	**150**	**276**	**304**	**105**	**3,5**	**5,0**	**4,25**	**2,76**	**2,26**
	0,18	0,18	0,18		68	71	64					65		
171	**1,10**	**1,04**	**1,07**	(8)	**905**	**123**	**289**	**318**	**95**	**3,0**	**4,5**	**4,25**	**2,68**	**2,20**
	0,21	0,20	0,20		66	68	60					63		
172	**1,13**	**1,05**	**1,10**	(6)	**908**	**109**	**296**	**325**	**92**	**3,0**	**4,5**	**4,24**	**2,52**	**2,07**
	0,23	0,22	0,23		62	64	56					60		
173	**0,93**	**0,97**	**0,94**	(2)	**893**	**156**	**228**	**255**	**107**	**3,5**	**5,5**	**4,25**	**3,05**	**2,55**
	0,19	0,20	0,19		75	69	70					72		
174	**0,94**	**0,97**	**0,95**	(4)	**895**	**147**	**216**	**242**	**105**	**3,5**	**5,5**	**4,25**	**2,97**	**2,48**
	0,18	0,19	0,18		73	69	64					70		
175	**0,96**	**0,98**	**0,96**	(2)	**910**	**110**	**241**	**268**	**90**	**3,0**	**5,0**	**4,25**	**2,98**	**2,51**
	0,23	0,24	0,23		73	58	60					70		

N°	Aliments	MS (g/kg)	VALEUR ENERGETIQUE (par kg)		VALEUR AZOTEE (g/kg)			
			UFL	UFV	MAD	PDIA	PDIN	PDIE
	CÉRÉALES PLANTES ENTIÈRES							
	• **Avoine** *(Avena sativa)*							
176	début montaison	**1000** 149	**1,00** 0,15	**0,98** 0,15	**86** 13	**27** 4	**75** 11	**87** 13
177	début épiaison	**1000** 206	**0,84** 0,17	**0,78** 0,16	**70** 14	**23** 5	**64** 13	**78** 16
178	floraison	**1000** 177	**0,74** 0,13	**0,67** 0,12	**69** 12	**23** 4	**63** 11	**73** 13
179	laiteux-pâteux	**1000** 318	**0,67** 0,21	**0,58** 0,18	**40** 13	**15** 5	**42** 13	**62** 20
180	pâteux	**1000** 383	**0,65** 0,25	**0,56** 0,21	**32** 12	**14** 5	**40** 15	**59** 23
	• **Blé** *(Triticum sativum)*							
181	début épiaison	**1000** 172	**0,81** 0,14	**0,74** 0,13	**108** 19	**32** 6	**90** 15	**84** 14
182	floraison	**1000** 217	**0,71** 0,15	**0,62** 0,13	**69** 15	**23** 5	**64** 14	**71** 15
183	laiteux-pâteux	**1000** 347	**0,70** 0,24	**0,62** 0,22	**42** 15	**17** 6	**46** 16	**65** 23
184	pâteux	**1000** 368	**0,72** 0,26	**0,64** 0,24	**38** 14	**16** 6	**45** 17	**66** 24
	• **Maïs** *(Zea mays)*(a)							
185	début de la formation du grain	**1000** 178	**0,87** 0,15	**0,81** 0,14	**61** 11	**22** 4	**62** 11	**79** 14
186	laiteux	**1000** 229	**0,90** 0,21	**0,84** 0,19	**49** 11	**20** 5	**55** 13	**78** 18
187	pâteux	**1000** 273	**0,91** 0,25	**0,85** 0,23	**43** 12	**18** 5	**52** 14	**77** 21
188	vitreux	**1000** 321	**0,93** 0,30	**0,88** 0,28	**37** 12	**17** 5	**46** 15	**77** 25

(a) Conditions normales de végétation.
En caractères gras : par kg de matière sèche. — En caractères maigres : par kg de produit brut.

N°	VALEUR D'ENCOMBREMENT			Nombre d'essais	CONSTITUANTS ORGANIQUES • **teneurs (g/kg de MS)** • digestibilité (100 × d)				CONSTITUANTS MINERAUX (g/kg de MS)			ENERGIE • **teneurs (Mcal/kg MS)** • digestibilité (100 × dE)		
	UEM	UEL	UEB		MO	MAT	CB	LC	Cendres	P	Ca	EB	ED	EM
176	**0,94**			(2)	**879**	**120**	**230**	**257**	**121**	**4,0**	**5,0**	**4,18**	**3,25**	**2,75**
	0,14				81	72	79					78		
177	**1,25**			(2)	**905**	**102**	**302**	**331**	**95**	**3,5**	**4,5**	**4,27**	**2,91**	**2,40**
	0,26				71	68	37					68		
178	**1,59**			(1)	**900**	**101**	**333**	**364**	**100**	**3,0**	**4,0**	**4,24**	**2,67**	**2,16**
	0,28				66	69	65					63		
179	**1,44**	**1,03**	**1,05**	(1)	**928**	**67**	**270**	**298**	**72**	**2,5**	**3,5**	**4,31**	**2,41**	**1,99**
	0,46	0,33	0,33		59	60	44					56		
180	**1,35**	**1,03**	**1,05**	(1)	**930**	**63**	**263**	**291**	**70**	**2,5**	**3,0**	**4,31**	**2,35**	**1,95**
	0,52	0,39	0,40		57	51	39					54		
181	**1,15**			(1)	**869**	**143**	**336**	**367**	**131**	**3,5**	**4,0**	**4,18**	**2,84**	**2,30**
	0,20				71	75	71					68		
182	**1,60**			(2)	**907**	**102**	**334**	**365**	**93**	**3,0**	**4,0**	**4,28**	**2,57**	**2,08**
	0,35				63	68	62					60		
183	**1,45**	**1,01**	**1,01**	(2)	**924**	**74**	**298**	**327**	**76**	**2,5**	**3,5**	**4,30**	**2,51**	**2,07**
	0,50	0,35	0,35		61	57	51					58		
184	**1,64**	**1,01**	**1,01**	(2)	**925**	**72**	**289**	**318**	**75**	**2,5**	**3,0**	**4,31**	**2,58**	**2,12**
	0,60	0,37	0,37		63	53	51					60		
185	**1,39**			(21)	**934**	**99**	**227**	**254**	**66**	**3,5**	**5,5**	**4,39**	**2,99**	**2,48**
	0,25				71	62	61					68		
186	**1,43**	**1,10**	**1,10**	(33)	**944**	**88**	**201**	**227**	**56**	**3,0**	**4,0**	**4,42**	**3,04**	**2,55**
	0,33	0,25	0,25		72	56	57					69		
187	**1,43**	**1,05**	**1,05**	(23)	**948**	**82**	**184**	**209**	**52**	**2,0**	**2,0**	**4,43**	**3,06**	**2,57**
	0,39	0,29	0,29		72	53	55					69		
188	**1,48**	**1,00**	**1,00**	(5)	**955**	**74**	**175**	**200**	**45**	**2,5**	**3,0**	**4,44**	**3,12**	**2,63**
	0,48	0,32	0,32		73	50	49					70		

N°	Aliments	MS (g/kg)	VALEUR ENERGETIQUE (par kg) UFL	UFV	VALEUR AZOTEE (g/kg) MAD	PDIA	PDIN	PDIE
	• **Orge** *(Hordeum vulgare)*							
189	floraison	**1000**	**0,71**	**0,63**	**84**	**27**	**75**	**75**
		155	0,11	0,10	13	4	12	12
190	laiteux	**1000**	**0,72**	**0,63**	**65**	**22**	**62**	**71**
		232	0,17	0,15	15	5	14	16
191	laiteux	**1000**	**0,70**	**0,61**	**63**	**22**	**62**	**69**
		251	0,18	0,15	16	6	16	17
192	laiteux-pâteux	**1000**	**0,72**	**0,64**	**52**	**19**	**54**	**68**
		308	0,22	0,20	16	6	17	21
	• **Seigle** *(Secale cereale)*							
193	Début montaison	**1000**	**1,00**	**0,98**	**184**	**49**	**138**	**107**
		140	0,14	0,14	26	7	19	15
194	début épiaison	**1000**	**0,87**	**0,81**	**101**	**31**	**88**	**87**
		140	0,12	0,11	14	4	12	12
195	épiaison	**1000**	**0,84**	**0,78**	**93**	**30**	**84**	**84**
		171	0,14	0,13	16	5	14	14
196	floraison	**1000**	**0,68**	**0,59**	**58**	**21**	**60**	**69**
		233	0,16	0,14	14	5	14	16
197	laiteux-pâteux	**1000**	**0,69**	**0,60**	**27**	**12**	**35**	**61**
		333	0,23	0,20	9	4	12	20
198	pâteux	**1000**	**0,68**	**0,58**	**30**	**13**	**37**	**60**
		416	0,28	0,24	12	5	15	25
	• **Sorgho fourrager** *(Sorghum)*							
	1er cycle							
199	montaison	**1000**	**0,81**	**0,74**	**146**	**43**	**119**	**93**
		154	0,12	0,11	22	7	18	14
200	1 semaine avant le début de l'épiaison	**1000**	**0,75**	**0,67**	**90**	**29**	**81**	**78**
		185	0,14	0,12	17	5	15	14
201	début épiaison	**1000**	**0,72**	**0,64**	**82**	**27**	**77**	**76**
		185	0,13	0,12	15	5	14	14
202	épiaison	**1000**	**0,69**	**0,60**	**71**	**24**	**68**	**71**
		210	0,14	0,13	15	5	14	15
203	floraison	**1000**	**0,68**	**0,59**	**53**	**20**	**55**	**66**
		244	0,17	0,14	13	5	13	16
204	laiteux	**1000**	**0,69**	**0,61**	**36**	**16**	**43**	**64**
		276	0,19	0,17	10	4	12	18

En caractères gras : par kg de matière sèche. — En caractères maigres : par kg de produit brut.

N°	VALEUR D'ENCOMBREMENT			Nombre d'essais	CONSTITUANTS ORGANIQUES • **teneurs (g/kg de MS)** • digestibilité (100 × d)				CONSTITUANTS MINERAUX (g/kg de MS)			ENERGIE • **teneurs (Mcal/kg MS)** • digestibilité (100 × dE)		
	UEM	UEL	UEB		MO	MAT	CB	LC	Cendres	P	Ca	EB	ED	EM
189	**1,58**			(1)	**875**	**120**	**329**	**359**	**125**	**3,0**	**4,0**	**4,16**	**2,57**	**2,07**
	0,24				65	70	59					62		
190	**1,51**			(1)	**912**	**99**	**300**	**329**	**88**	**2,5**	**4,0**	**4,29**	**2,58**	**2,10**
	0,35				63	65	53					60		
191	**1,77**			(1)	**916**	**99**	**278**	**306**	**84**	**2,5**	**3,5**	**4,31**	**2,52**	**2,05**
	0,44				61	63	42					59		
192	**1,88**	**1,03**	**1,05**	(1)	**922**	**86**	**271**	**299**	**78**	**2,5**	**3,0**	**4,32**	**2,59**	**2,11**
	0,58	0,32	0,32		63	60	46					60		
193	**1,10**			(2)	**850**	**220**	**190**	**215**	**150**	**4,5**	**5,0**	**4,22**	**3,37**	**2,75**
	0,15				84	84	83					80		
194	**1,47**			(1)	**890**	**140**	**270**	**298**	**110**	**3,5**	**4,5**	**4,27**	**3,02**	**2,45**
	0,21				74	72	72					71		
195	**1,72**			(3)	**900**	**133**	**295**	**324**	**100**	**3,0**	**4,0**	**4,30**	**2,96**	**2,39**
	0,29				72	70	71					69		
196	**3,42**			(2)	**934**	**95**	**364**	**396**	**66**	**3,0**	**4,0**	**4,39**	**2,54**	**2,02**
	0,80				61	61	61					58		
197	**2,25**			(2)	**947**	**55**	**324**	**354**	**53**	**2,5**	**3,5**	**4,38**	**2,51**	**2,05**
	0,75				60	49	52					57		
198	**1,92**			(1)	**949**	**59**	**326**	**356**	**51**	**2,5**	**3,0**	**4,39**	**2,46**	**2,01**
	0,80				59	50	47					56		
199	**1,04**	**1,02**	**1,03**	(7)	**884**	**190**	**264**	**292**	**116**	**3,0**	**6,5**	**4,20**	**2,83**	**2,30**
	0,16	0,16	0,16		71	77	72					67		
200	**1,22**	**1,09**	**1,16**	(14)	**914**	**129**	**304**	**333**	**86**	**3,0**	**6,0**	**4,26**	**2,66**	**2,18**
	0,23	0,20	0,21		66	70	66					63		
201	**1,25**	**1,10**	**1,18**	(19)	**915**	**122**	**304**	**333**	**85**	**3,0**	**5,0**	**4,25**	**2,59**	**2,11**
	0,23	0,20	0,22		64	67	64					61		
202	**1,38**	**1,14**	**1,26**	(18)	**922**	**108**	**323**	**353**	**78**	**2,5**	**4,5**	**4,27**	**2,49**	**2,03**
	0,29	0,24	0,26		61	66	62					58		
203	**1,39**	**1,14**	**1,27**	(6)	**927**	**87**	**321**	**351**	**73**	**4,0**	**3,5**	**4,26**	**2,44**	**2,00**
	0,34	0,28	0,31		60	61	48					57		
204	**1,38**	**1,14**	**1,27**	(3)	**941**	**69**	**307**	**337**	**59**	**3,5**	**7,5**	**4,30**	**2,48**	**2,04**
	0,38	0,31	0,35		60	52	57					58		

N°	Aliments	MS (g/kg)	VALEUR ENERGETIQUE (par kg)		VALEUR AZOTEE (g/kg)			
			UFL	UFV	MAD	PDIA	PDIN	PDIE
	2e cycle après coupe à l'épiaison							
205	repousses non épiées de 6 semaines (conditions normales)	**1000** 173	**0,78** 0,13	**0,71** 0,12	**119** 21	**37** 6	**103** 18	**87** 15
206	repousses non épiées de 8 semaines (conditions normales)	**1000** 165	**0,79** 0,13	**0,73** 0,12	**98** 16	**32** 5	**89** 15	**83** 14
207	repousses épiées de 6 semaines (sécheresse)	**1000** 199	**0,75** 0,15	**0,68** 0,14	**89** 18	**28** 6	**78** 16	**78** 16
208	repousses épiées de 8 semaines (sécheresse)	**1000** 268	**0,65** 0,17	**0,56** 0,15	**58** 16	**21** 6	**60** 16	**67** 18
	LÉGUMINEUSES FOURRAGÈRES							
	• **Luzerne** *(Medicago sativa)*							
	1er cycle							
209	végétatif (30 cm de haut)	**1000** 144	**0,96** 0,14	**0,92** 0,13	**199** 29	**55** 8	**155** 22	**108** 16
210	végétatif (60 cm de haut)	**1000** 156	**0,88** 0,14	**0,82** 0,13	**176** 28	**51** 8	**141** 22	**101** 16
211	début bourgeonnement	**1000** 162	**0,83** 0,13	**0,75** 0,12	**159** 26	**46** 7	**129** 21	**95** 15
212	bourgeonnement	**1000** 176	**0,77** 0,14	**0,69** 0,12	**147** 26	**43** 8	**121** 21	**90** 16
213	début floraison	**1000** 189	**0,73** 0,14	**0,65** 0,12	**132** 25	**40** 8	**112** 21	**85** 16
214	floraison	**1000** 217	**0,69** 0,15	**0,59** 0,13	**122** 27	**38** 8	**106** 23	**81** 18
	2e cycle après coupe au stade bourgeonnement							
215	repousses à tiges de 5 semaines	**1000** 193	**0,82** 0,16	**0,75** 0,14	**178** 34	**50** 10	**139** 27	**98** 19
216	repousses à tiges de 6 semaines	**1000** 183	**0,82** 0,15	**0,74** 0,14	**172** 31	**48** 9	**135** 25	**96** 18
217	repousses à tiges de 7 semaines	**1000** 197	**0,77** 0,15	**0,68** 0,13	**154** 30	**45** 9	**124** 24	**90** 18
218	repousses à tiges de 8 semaines	**1000** 228	**0,73** 0,17	**0,64** 0,15	**149** 34	**43** 10	**121** 28	**87** 20
219	repousses à tiges de 9 semaines	**1000** 225	**0,67** 0,15	**0,57** 0,13	**137** 31	**40** 9	**112** 25	**82** 18

En caractères gras : par kg de matière sèche. — En caractères maigres : par kg de produit brut.

N°	VALEUR D'ENCOMBREMENT			Nombre d'essais	CONSTITUANTS ORGANIQUES • teneurs (g/kg de MS) • digestibilité (100 × d)				CONSTITUANTS MINERAUX (g/kg de MS)			ENERGIE • teneurs (Mcal/kg MS) • digestibilité (100 × dE)		
	UEM	UEL	UEB		MO	MAT	CB	LC	Cendres	P	Ca	EB	ED	EM
205	**1,10**	**1,04**	**1,07**	(5)	**869**	**164**	**272**	**300**	**131**	**3,5**	**8,0**	**4,10**	**2,74**	**2,23**
	0,19	0,18	0,19		70	73	71					67		
206	**1,12**	**1,05**	**1,09**	(5)	**877**	**141**	**280**	**309**	**123**	**3,0**	**7,5**	**4,11**	**2,76**	**2,26**
	0,18	0,17	0,18		70	69	70					67		
207	**1,38**	**1,14**	**1,27**	(3)	**929**	**124**	**285**	**314**	**71**	**2,5**	**7,5**	**4,32**	**2,68**	**2,19**
	0,27	0,23	0,25		65	72	66					62		
208	**1,44**	**1,16**	**1,31**	(2)	**934**	**95**	**300**	**329**	**66**	**2,0**	**6,5**	**4,30**	**2,38**	**1,94**
	0,39	0,31	0,35		58	61	61					55		
209	**0,88**	**0,94**	**0,90**	(7)	**871**	**246**	**201**	**259**	**129**	**4,5**	**16,5**	**4,44**	**3,29**	**2,69**
	0,13	0,14	0,13		77	81	61					74		
210	**0,89**	**0,95**	**0,92**	(11)	**879**	**225**	**240**	**299**	**121**	**3,5**	**16,5**	**4,45**	**3,07**	**2,50**
	0,14	0,15	0,14		72	78	60					69		
211	**0,94**	**0,97**	**0,95**	(11)	**883**	**206**	**274**	**334**	**117**	**3,0**	**16,5**	**4,43**	**2,92**	**2,37**
	0,15	0,16	0,15		69	77	57					66		
212	**0,98**	**0,99**	**0,98**	(13)	**888**	**193**	**299**	**360**	**112**	**3,0**	**16,5**	**4,43**	**2,78**	**2,25**
	0,17	0,17	0,17		66	76	52					63		
213	**1,00**	**1,00**	**1,00**	(6)	**891**	**178**	**315**	**377**	**109**	**3,0**	**16,5**	**4,42**	**2,66**	**2,15**
	0,19	0,19	0,19		63	74	46					60		
214	**1,03**	**1,01**	**1,02**	(7)	**898**	**168**	**333**	**396**	**102**	**2,5**	**16,5**	**4,43**	**2,53**	**2,04**
	0,22	0,22	0,22		60	73	42					57		
215	**0,83**	**0,92**	**0,87**	(2)	**894**	**222**	**286**	**347**	**106**	**3,0**	**15,0**	**4,51**	**2,92**	**2,38**
	0,16	0,18	0,17		68	80	52					65		
216	**0,86**	**0,93**	**0,89**	(3)	**895**	**215**	**308**	**370**	**105**	**2,5**	**14,5**	**4,50**	**2,91**	**2,36**
	0,16	0,17	0,16		68	80	49					65		
217	**0,94**	**0,97**	**0,95**	(5)	**895**	**198**	**315**	**377**	**105**	**2,5**	**14,5**	**4,47**	**2,76**	**2,23**
	0,19	0,19	0,19		65	78	44					62		
218	**0,99**	**1,00**	**0,99**	(4)	**896**	**192**	**342**	**405**	**104**	**2,0**	**14,5**	**4,47**	**2,66**	**2,13**
	0,23	0,23	0,23		62	78	43					60		
219	**1,04**	**1,02**	**1,03**	(4)	**893**	**179**	**345**	**408**	**107**	**2,0**	**14,0**	**4,43**	**2,49**	**1,99**
	0,23	0,23	0,23		59	77	41					56		

N°	Aliments	MS (g/kg)	VALEUR ENERGETIQUE (par kg)		VALEUR AZOTEE (g/kg)			
			UFL	UFV	MAD	PDIA	PDIN	PDIE
	3e cycle							
220	repousses à tiges de 5 semaines	**1000**	**0,83**	**0,76**	**197**	**54**	**151**	**102**
		210	0,17	0,16	41	11	32	21
221	repousses à tiges de 6 semaines	**1000**	**0,78**	**0,70**	**183**	**51**	**144**	**97**
		215	0,17	0,15	39	11	31	21
222	repousses à tiges de 7 semaines	**1000**	**0,78**	**0,70**	**178**	**50**	**141**	**96**
		205	0,16	0,14	37	10	29	20
223	repousses à tiges de 8 semaines	**1000**	**0,73**	**0,65**	**157**	**46**	**128**	**89**
		224	0,16	0,15	35	10	29	20
224	repousses à tiges de 9 semaines	**1000**	**0,72**	**0,63**	**158**	**46**	**128**	**89**
		249	0,18	0,16	39	11	32	22
	4e cycle							
225	repousses à tiges de 5 semaines	**1000**	**0,84**	**0,78**	**210**	**58**	**163**	**105**
		191	0,16	0,15	40	11	31	20
226	repousses à tiges de 6 semaines	**1000**	**0,83**	**0,76**	**203**	**57**	**160**	**104**
		202	0,17	0,15	41	12	32	21
227	repousses à tiges de 7 semaines	**1000**	**0,79**	**0,72**	**187**	**53**	**149**	**98**
		200	0,16	0,14	37	11	30	20
228	repousses à tiges de 8 semaines	**1000**	**0,78**	**0,71**	**184**	**53**	**148**	**98**
		215	0,17	0,15	39	11	32	21
229	repousses à tiges de 9 semaines	**1000**	**0,76**	**0,68**	**182**	**53**	**148**	**97**
		222	0,17	0,15	40	12	33	22
	• **Sainfoin** *(Onobrychis sativa)*							
	1er cycle							
230	début bourgeonnement	**1000**	**1,00**	**0,97**	**129**	**41**	**116**	**98**
		130	0,13	0,13	17	5	15	13
231	bourgeonnement	**1000**	**0,91**	**0,86**	**105**	**36**	**100**	**90**
		135	0,12	0,12	14	5	14	12
232	début floraison	**1000**	**0,83**	**0,77**	**91**	**32**	**90**	**84**
		142	0,12	0,11	13	5	13	12
233	floraison	**1000**	**0,77**	**0,69**	**81**	**29**	**82**	**79**
		170	0,13	0,12	14	5	14	13
234	fin floraison	**1000**	**0,70**	**0,61**	**83**	**30**	**84**	**76**
		217	0,15	0,13	18	7	18	16
	• **Trèfle blanc** *(Trifolium repens)*							
	1er cycle							
235	végétatif	**1000**	**1,09**	**1,06**	**208**	**56**	**156**	**115**
		97	0,11	0,10	20	5	15	11
236	début floraison	**1000**	**1,03**	**1,00**	**186**	**51**	**144**	**109**
		110	0,11	0,11	20	6	16	12
237	floraison	**1000**	**0,98**	**0,93**	**158**	**45**	**126**	**101**
		120	0,12	0,11	19	5	15	12

En caractères gras : par kg de matière sèche. — En caractères maigres : par kg de produit brut.

N°	VALEUR D'ENCOMBREMENT			Nombre d'essais	CONSTITUANTS ORGANIQUES • teneurs (g/kg de MS) • digestibilité (100 × d)				CONSTITUANTS MINERAUX (g/kg de MS)			ENERGIE • teneurs (Mcal/kg MS) • digestibilité (100 × dE)		
	UEM	UEL	UEB		MO	MAT	CB	LC	Cendres	P	Ca	EB	ED	EM
220	0,93	0,97	0,95	(5)	882	241	261	321	118	3,0	19,0	4,49	2,97	2,40
	0,20	0,20	0,20		69	82	48					66		
221	0,94	0,97	0,95	(5)	885	229	277	337	115	2,5	17,0	4,48	2,83	2,28
	0,20	0,21	0,20		66	80	45					63		
222	0,96	0,98	0,96	(5)	889	224	277	337	111	2,5	19,0	4,49	2,82	2,27
	0,20	0,20	0,20		66	80	43					63		
223	0,98	0,99	0,99	(3)	887	203	280	341	113	2,5	18,5	4,44	2,67	2,15
	0,22	0,22	0,22		63	77	33					60		
224	1,00	1,00	1,00	(3)	891	204	287	348	109	3,0	18,5	4,46	2,64	2,13
	0,25	0,25	0,25		62	77	32					59		
225	0,83	0,92	0,87	(2)	850	259	207	265	150	3,0	18,5	4,37	2,97	2,41
	0,16	0,18	0,17		71	81	47					68		
226	0,87	0,94	0,89	(3)	859	254	225	283	141	3,0	19,0	4,40	2,96	2,39
	0,18	0,19	0,18		70	80	46					67		
227	0,90	0,96	0,92	(4)	844	237	223	281	156	3,0	18,5	4,30	2,83	2,28
	0,18	0,19	0,18		69	79	46					66		
228	0,96	0,98	0,96	(4)	862	236	233	292	138	2,5	18,0	4,39	2,82	2,27
	0,21	0,21	0,21		67	78	43					64		
229	1,01	1,00	1,00	(3)	853	235	239	298	147	2,5	17,5	4,34	2,75	2,20
	0,22	0,22	0,22		66	78	40					63		
230	0,75	0,87	0,80	(1)	880	184	160	216	120	3,5	9,5	4,30	3,24	2,75
	0,10	0,11	0,10		79	70	75					75		
231	0,87	0,94	0,89	(1)	885	159	214	272	115	3,0	9,5	4,28	3,05	2,55
	0,12	0,13	0,12		75	66	66					71		
232	1,02	1,01	1,02	(1)	889	143	266	326	111	3,0	9,5	4,27	2,88	2,37
	0,14	0,14	0,14		71	63	60					67		
233	1,17	1,07	1,13	(1)	896	131	310	372	104	3,0	9,0	4,28	2,72	2,22
	0,20	0,18	0,19		67	62	54					64		
234	1,28	1,11	1,20	(1)	907	133	336	399	93	3,0	9,0	4,33	2,55	2,06
	0,28	0,24	0,26		62	62	50					59		
235	0,83	0,92	0,87	(5)	880	249	175	258	120	3,0	13,5	4,49	3,58	2,97
	0,08	0,09	0,08		83	84	79					80		
236	0,83	0,92	0,87	(4)	887	229	214	298	113	2,5	13,0	4,49	3,45	2,86
	0,09	0,10	0,10		80	81	77					77		
237	0,86	0,93	0,89	(3)	900	200	250	335	100	2,0	13,0	4,50	3,30	2,73
	0,10	0,11	0,11		77	79	72					73		

N°	Aliments	MS (g/kg)	VALEUR ENERGETIQUE (par kg)		VALEUR AZOTEE (g/kg)			
			UFL	UFV	MAD	PDIA	PDIN	PDIE
	Repousses (Pluviométrie non limitante)							
238	2e cycle, 6 semaines	**1000**	**0,96**	**0,92**	**174**	**49**	**138**	**103**
		121	0,12	0,11	21	6	17	12
239	3e cycle, 8 semaines	**1000**	**1,04**	**1,00**	**238**	**65**	**182**	**122**
		115	0,12	0,12	27	7	21	14
240	4e cycle, 6 semaines	**1000**	**1,07**	**1,04**	**260**	**69**	**193**	**126**
		106	0,11	0,11	28	7	20	13
	Repousses (Pluviométrie limitante)							
241	2e cycle, 4 semaines	**1000**	**0,96**	**0,90**	**177**	**51**	**144**	**106**
		130	0,12	0,12	23	7	19	14
242	3e cycle, 4 semaines	**1000**	**0,94**	**0,89**	**218**	**62**	**175**	**115**
		130	0,12	0,12	28	8	23	15
	• **Trèfle violet** *(Trifolium pratense)*							
	1er cycle							
243	végétatif (30 cm de haut)	**1000**	**1,00**	**0,98**	**177**	**49**	**138**	**106**
		127	0,13	0,12	23	6	18	13
244	début bourgeonnement	**1000**	**0,92**	**0,88**	**152**	**44**	**123**	**98**
		128	0,12	0,11	19	6	16	13
245	bourgeonnement	**1000**	**0,89**	**0,84**	**135**	**40**	**113**	**94**
		143	0,13	0,12	19	6	16	13
246	début floraison	**1000**	**0,81**	**0,74**	**119**	**37**	**104**	**87**
		153	0,12	0,11	18	6	16	13
247	floraison	**1000**	**0,78**	**0,70**	**108**	**35**	**97**	**84**
		180	0,14	0,13	19	6	17	15
248	fin floraison	**1000**	**0,75**	**0,67**	**107**	**36**	**99**	**84**
		198	0,15	0,13	21	7	20	17
	2e cycle après coupe au stade bourgeonnement							
249	repousses à tiges de 5 semaines	**1000**	**0,93**	**0,88**	**194**	**55**	**154**	**107**
		180	0,17	0,16	35	10	28	19
250	repousses à tiges de 6 semaines	**1000**	**0,88**	**0,83**	**154**	**46**	**129**	**98**
		164	0,14	0,14	25	8	21	16
251	repousses à tiges de 7 semaines	**1000**	**0,84**	**0,77**	**140**	**43**	**121**	**93**
		189	0,16	0,15	26	8	23	18
252	repousses à tiges de 8 semaines	**1000**	**0,80**	**0,73**	**117**	**37**	**104**	**87**
		200	0,16	0,15	23	7	21	17
	3e cycle							
253	repousses à tiges de 6 semaines	**1000**	**0,90**	**0,86**	**177**	**51**	**142**	**102**
		142	0,13	0,12	25	7	20	14
254	repousses à tiges de 7 semaines	**1000**	**0,88**	**0,83**	**172**	**50**	**140**	**101**
		158	0,14	0,13	27	8	22	16
255	repousses à tiges de 8 semaines	**1000**	**0,83**	**0,77**	**167**	**50**	**139**	**98**
		151	0,13	0,12	25	8	21	15

En caractères gras : par kg de matière sèche. — En caractères maigres : par kg de produit brut.

N°	VALEUR D'ENCOMBREMENT			Nombre d'essais	CONSTITUANTS ORGANIQUES • teneurs (g/kg de MS) • digestibilité (100 × d)				CONSTITUANTS MINERAUX (g/kg de MS)			ENERGIE • teneurs (Mcal/kg MS) • digestibilité (100 × dE)		
	UEM	UEL	UEB		MO	MAT	CB	LC	Cendres	P	Ca	EB	ED	EM
238	**0,85**	**0,93**	**0,88**	(2)	**845**	**220**	**187**	**270**	**155**	**3,5**	**14,0**	**4,28**	**3,22**	**2,66**
	0,10	0,11	0,11		79	79	72					75		
239	**0,85**	**0,93**	**0,88**	(1)	**882**	**290**	**172**	**254**	**118**	**3,0**	**14,0**	**4,57**	**3,52**	**2,88**
	0,10	0,11	0,10		81	82	76					77		
240	**0,85**	**0,93**	**0,88**	(2)	**878**	**307**	**166**	**248**	**122**	**4,0**	**14,0**	**4,58**	**3,62**	**2,95**
	0,09	0,10	0,09		83	85	78					79		
241	**0,94**	**0,97**	**0,95**	(1)	**901**	**229**	**207**	**291**	**99**	**3,0**	**13,5**	**4,55**	**3,27**	**2,69**
	0,12	0,13	0,12		75	77						72		
242	**0,94**	**0,97**	**0,95**	(1)	**879**	**278**	**180**	**263**	**121**	**2,5**	**13,0**	**4,54**	**3,28**	**2,65**
	0,12	0,13	0,12		76	79						72		
243	**0,89**	**0,95**	**0,91**	(5)	**863**	**219**	**152**	**234**	**137**	**4,0**	**14,0**	**4,28**	**3,32**	**2,76**
	0,11	0,12	0,12		81	81	70					78		
244	**0,90**	**0,95**	**0,92**	(6)	**868**	**196**	**207**	**291**	**132**	**3,5**	**13,5**	**4,26**	**3,11**	**2,58**
	0,12	0,12	0,12		76	77	66					73		
245	**0,91**	**0,96**	**0,93**	(5)	**883**	**180**	**232**	**317**	**117**	**3,0**	**13,0**	**4,30**	**3,03**	**2,51**
	0,13	0,14	0,13		74	75	64					70		
246	**1,01**	**1,01**	**1,01**	(6)	**883**	**166**	**263**	**349**	**117**	**2,5**	**13,0**	**4,28**	**2,83**	**2,31**
	0,15	0,15	0,15		69	72	57					66		
247	**1,03**	**1,01**	**1,02**	(5)	**897**	**154**	**289**	**376**	**103**	**2,5**	**12,5**	**4,32**	**2,75**	**2,25**
	0,19	0,18	0,18		67	70	56					64		
248	**1,04**	**1,02**	**1,03**	(3)	**899**	**158**	**289**	**376**	**101**	**2,5**	**12,0**	**4,34**	**2,68**	**2,19**
	0,21	0,20	0,20		65	68	52					62		
249	**0,79**	**0,89**	**0,83**	(1)	**868**	**245**	**166**	**248**	**132**	**3,5**	**14,0**	**4,35**	**3,15**	**2,61**
	0,14	0,16	0,15		76	79	62					72		
250	**0,83**	**0,92**	**0,86**	(3)	**878**	**205**	**219**	**303**	**122**	**3,0**	**14,0**	**4,32**	**3,02**	**2,50**
	0,14	0,15	0,14		73	75	59					70		
251	**0,85**	**0,93**	**0,88**	(3)	**891**	**192**	**238**	**323**	**109**	**3,0**	**13,5**	**4,36**	**2,90**	**2,39**
	0,16	0,18	0,17		70	73	54					67		
252	**0,91**	**0,96**	**0,93**	(3)	**894**	**166**	**260**	**346**	**106**	**3,0**	**13,5**	**4,33**	**2,80**	**2,31**
	0,18	0,19	0,19		68	71	52					65		
253	**0,87**	**0,94**	**0,90**	(1)	**842**	**226**	**166**	**248**	**158**	**3,5**	**12,5**	**4,20**	**3,07**	**2,53**
	0,12	0,13	0,13		77	79	61					73		
254	**0,89**	**0,95**	**0,91**	(1)	**853**	**223**	**184**	**267**	**147**	**3,0**	**12,0**	**4,24**	**3,03**	**2,49**
	0,14	0,15	0,14		75	77	59					71		
255	**1,02**	**1,01**	**1,01**	(1)	**845**	**221**	**183**	**266**	**155**	**3,0**	**12,0**	**4,20**	**2,91**	**2,36**
	0,15	0,15	0,15		72	76	58					69		

N°	Aliments	MS (g/kg)	VALEUR ENERGETIQUE (par kg)		VALEUR AZOTEE (g/kg)			
			UFL	UFV	MAD	PDIA	PDIN	PDIE
	• **Vesce** *(Vicia sativa)* (a)							
256	début floraison	**1000**	**0,89**	**0,84**	**204**	**54**	**152**	**106**
		189	0,17	0,16	38	10	29	20
257	début de fructification	**1000**	**0,87**	**0,80**	**169**	**48**	**134**	**99**
		191	0,17	0,15	32	9	26	19
258	formation de la graine	**1000**	**0,79**	**0,71**	**140**	**42**	**116**	**90**
		200	0,16	0,14	28	8	23	18
	AUTRES LÉGUMINEUSES							
	• **Féverole** *(Vicia faba)*							
259	floraison	**1000**	**0,87**	**0,81**	**128**	**39**	**109**	**92**
		169	0,15	0,14	22	7	18	16
260	formation des gousses	**1000**	**0,87**	**0,81**	**128**	**38**	**105**	**90**
		199	0,17	0,16	25	8	21	18
261	graine consistante	**1000**	**0,89**	**0,83**	**106**	**33**	**92**	**88**
		263	0,23	0,22	28	9	24	23
262	début de la maturité de la graine	**1000**	**0,88**	**0,82**	**85**	**28**	**79**	**84**
		350	0,31	0,29	30	10	28	29
	• **Lupin blanc** *(Lupinus albus)*							
263	floraison	**1000**	**0,93**	**0,88**	**160**	**46**	**128**	**103**
		160	0,15	0,14	26	7	20	16
264	début de la formation de la graine	**1000**	**0,94**	**0,89**	**139**	**40**	**113**	**99**
		165	0,16	0,15	23	7	19	16
	• **Pois** *(Pisum sativum)*							
265	formation de la graine	**1000**	**0,97**	**0,93**	**133**	**39**	**110**	**97**
		183	0,18	0,17	24	7	20	18
266	jaunissement de la graine	**1000**	**0,93**	**0,87**	**127**	**39**	**109**	**95**
		331	0,31	0,29	42	13	36	31
	• **Soja** *(Glycine max L.)* (b)							
	Variétés précoces							
267	*formation des gousses*	**1000**	**0,76**	**0,68**	**140**	**39**	**109**	**86**
		172	0,13	0,12	24	7	19	15
268	début de la formation de la graine	**1000**	**0,81**	**0,73**	**145**	**40**	**113**	**87**
		232	0,19	0,17	34	9	26	20
269	maturité de la graine	**1000**	**0,89**	**0,82**	**195**	**51**	**143**	**98**
		321	0,29	0,26	63	16	46	31

(a) Résultats empruntés aux « Tableaux de la valeur alimentaire pour les ruminants des fourrages et sous-produits d'origine méditerranéenne ». Institut Agronomique méditerranéen de Zaragoza (Espagne).
(b) Résultats obtenus par l'ENSA de Toulouse.
En caractères gras : par kg de matière sèche. — En caractères maigres : par kg de produit brut.

N°	VALEUR D'ENCOMBREMENT			Nombre d'essais	CONSTITUANTS ORGANIQUES • teneurs (g/kg de MS) • digestibilité (100 × d)				CONSTITUANTS MINERAUX (g/kg de MS)			ENERGIE • teneurs (Mcal/kg MS) • digestibilité (100 × dE)		
	UEM	UEL	UEB		MO	MAT	CB	LC	Cendres	P	Ca	EB	ED	EM
256	**0,88**	**0,94**	**0,91**	(1)	**883**	**242**	**244**	**303**	**117**	**4,0**	**12,5**	**4,42**	**3,11**	**2,53**
	0,17	0,18	0,17		74	84	78					70		
257	**0,94**	**0,97**	**0,95**	(1)	**901**	**214**	**266**	**326**	**99**	**3,5**	**12,0**	**4,45**	**3,03**	**2,47**
	0,18	0,19	0,18		71	79						68		
258	**1,00**	**1,00**	**1,00**	(1)	**903**	**185**	**280**	**341**	**97**	**3,0**	**12,0**	**4,41**	**2,81**	**2,29**
	0,20	0,20	0,20		67	76						64		
259	**0,79**	**0,90**	**0,83**	(2)	**907**	**174**	**262**	**322**	**93**	**4,0**	**13,0**	**4,34**	**2,95**	**2,46**
	0,13	0,15	0,14		71	74	48					68		
260	**0,83**	**0,92**	**0,87**	(2)	**905**	**167**	**264**	**324**	**95**	**3,5**	**12,5**	**4,33**	**2,95**	**2,46**
	0,17	0,18	0,17		71	77	46					68		
261	**0,89**	**0,95**	**0,91**	(2)	**919**	**146**	**306**	**368**	**81**	**3,0**	**12,0**	**4,40**	**3,03**	**2,51**
	0,23	0,25	0,24		72	72	49					69		
262	**0,95**	**0,98**	**0,96**	(2)	**917**	**126**	**367**	**431**	**83**	**3,0**	**12,0**	**4,39**	**3,01**	**2,49**
	0,33	0,34	0,34		72	68	63					69		
263	**1,40**	**1,14**	**1,28**	(1)	**924**	**203**	**183**	**240**	**76**	**3,0**	**12,5**	**4,43**	**3,20**	**2,61**
	0,22	0,18	0,20		76	79	60					72		
264	**1,52**	**1,18**	**1,36**	(1)	**939**	**180**	**214**	**272**	**61**	**2,5**	**12,0**	**4,50**	**3,25**	**2,65**
	0,25	0,19	0,22		76	77	60					72		
265	**0,83**	**0,92**	**0,86**	(1)	**908**	**175**	**180**	**237**	**92**	**3,0**	**13,5**	**4,33**	**3,17**	**2,68**
	0,15	0,17	0,16		77	76	54					73		
266	**0,88**	**0,95**	**0,91**	(1)	**919**	**174**	**192**	**249**	**81**	**2,5**	**13,0**	**4,38**	**3,10**	**2,60**
	0,29	0,31	0,30		74	73	33					71		
267	**0,98**	**0,99**	**0,98**	(1)	**895**	**174**	**296**	**357**	**105**	**3,0**	**12,5**	**4,38**	**2,72**	**2,22**
	0,17	0,17	0,17		65	80	47					62		
268	**0,90**	**0,95**	**0,92**	(1)	**910**	**180**	**250**	**309**	**90**	**3,5**	**13,0**	**4,46**	**2,83**	**2,34**
	0,21	0,22	0,21		67	81	44					64		
269	**0,96**	**0,98**	**0,97**	(1)	**918**	**228**	**272**	**332**	**82**	**3,0**	**13,0**	**4,70**	**3,15**	**2,56**
	0,31	0,31	0,31		70	86	47					67		

N°	Aliments	MS (g/kg)	VALEUR ENERGETIQUE (par kg) UFL	UFV	VALEUR AZOTEE (g/kg) MAD	PDIA	PDIN	PDIE
	Variétés tardives							
270	début floraison	**1000**	**0,70**	**0,61**	**117**	**35**	**97**	**80**
		162	0,11	0,10	19	6	16	13
271	floraison	**1000**	**0,68**	**0,59**	**117**	**34**	**94**	**78**
		189	0,13	0,11	22	6	18	15
272	formation des gousses	**1000**	**0,69**	**0,60**	**133**	**38**	**106**	**82**
		208	0,14	0,12	28	8	22	17
273	début de la formation de la graine	**1000**	**0,70**	**0,61**	**132**	**38**	**107**	**81**
		239	0,17	0,15	32	9	26	19
	AUTRES ESPÈCES							
	• **Silphium** *(Silphium perfoliatum)*							
	1er cycle							
274	début de la formation des capitules	**1000**	**0,80**	**0,75**	**106**	**33**	**92**	**84**
		100	0,08	0,08	11	3	9	8
275	formation des capitules	**1000**	**0,72**	**0,65**	**89**	**30**	**83**	**76**
		101	0,07	0,07	9	3	8	8
276	début floraison	**1000**	**0,68**	**0,60**	**68**	**24**	**67**	**69**
		115	0,08	0,07	8	3	8	8
	2e cycle							
277	repousses de 10 semaines	**1000**	**0,76**	**0,70**	**91**	**31**	**86**	**79**
		112	0,09	0,08	10	3	10	9
	• **Tournesol** *(Helianthus annuus)*							
278	début de la formation des capitules	**1000**	**0,83**	**0,79**	**127**	**37**	**104**	**91**
		104	0,09	0,08	13	4	11	9
279	début floraison	**1000**	**0,82**	**0,77**	**121**	**37**	**102**	**90**
		138	0,11	0,11	17	5	14	12
280	fin floraison	**1000**	**0,78**	**0,72**	**99**	**31**	**87**	**81**
		134	0,10	0,10	13	4	12	11
281	graine consistante	**1000**	**0,75**	**0,67**	**76**	**27**	**75**	**69**
		179	0,13	0,12	14	5	13	12
282	début du jaunissement des capitules	**1000**	**0,80**	**0,71**	**79**	**27**	**75**	**68**
		200	0,16	0,14	16	5	15	14
283	capitules jaunes	**1000**	**0,79**	**0,70**	**79**	**27**	**76**	**67**
		254	0,20	0,18	20	7	19	17
	• **Choux** *(Brassica oleracea)*							
284	moelliers et demi-moelliers	**1000**	**1,03**	**1,01**	**131**	**37**	**104**	**98**
		124	0,13	0,13	16	5	13	12
285	feuillus	**1000**	**1,03**	**1,01**	**135**	**38**	**107**	**99**
		120	0,12	0,12	16	5	13	12
286	cavaliers rouges	**1000**	**1,04**	**1,02**	**139**	**39**	**108**	**100**
		149	0,15	0,15	21	6	16	15
287	mille-têtes	**1000**	**1,01**	**1,00**	**138**	**40**	**111**	**99**
		124	0,13	0,12	17	5	14	12

En caractères gras : par kg de matière sèche. — En caractères maigres : par kg de produit brut.

N°	VALEUR D'ENCOMBREMENT			Nombre d'essais	CONSTITUANTS ORGANIQUES • teneurs (g/kg de MS) • digestibilité (100 × d)				CONSTITUANTS MINERAUX (g/kg de MS)			ENERGIE • teneurs (Mcal/kg MS) • digestibilité (100 × dE)		
	UEM	UEL	UEB		MO	MAT	CB	LC	Cendres	P	Ca	EB	ED	EM
270	**1,15**	**1,06**	**1,11**	(2)	**888**	**154**	**303**	**364**	112	3,0	12,5	**4,35**	**2,56**	**2,07**
	0,19	0,17	0,18		62	76	43					59		
271	**1,13**	**1,05**	**1,09**	(1)	**892**	**150**	**327**	**389**	108	3,5	13,0	**4,37**	**2,51**	**2,02**
	0,21	0,20	0,21		60	78	44					57		
272	**1,05**	**1,02**	**1,04**	(2)	**897**	**169**	**305**	**366**	103	3,0	12,5	**4,39**	**2,54**	**2,05**
	0,22	0,21	0,22		61	79	42					58		
273	**0,97**	**0,99**	**0,98**	(1)	**908**	**171**	**292**	**353**	92	3,0	12,5	**4,45**	**2,54**	**2,07**
	0,23	0,24	0,23		60	77	37					57		
274	**0,96**	**0,98**	**0,97**	(1)	**850**	**147**	**217**	**275**	150			**4,00**	**2,75**	**2,28**
	0,10	0,10	0,10		72	72	62					69		
275	**0,94**	**0,97**	**0,95**	(1)	**855**	**132**	**250**	**309**	145			**4,02**	**2,52**	**2,08**
	0,09	0,10	0,10		66	67	53					63		
276	**1,25**	**1,10**	**1,18**	(1)	**870**	**107**	**280**	**341**	130			**4,09**	**2,43**	**1,98**
	0,14	0,13	0,14		62	64	45					59		
277	**1,03**	**1,01**	**1,02**	(1)	**843**	**137**	**217**	**275**	157			**3,97**	**2,62**	**2,16**
	0,12	0,11	0,11		69	66	58					66		
278	**1,42**	**1,15**	**1,29**	(3)	**842**	**165**	**190**	**247**	158			**3,96**	**2,88**	**2,34**
	0,15	0,12	0,13		76	77	61					73		
279	**2,07**	**1,30**	**1,65**	(3)	**848**	**163**	**210**	**268**	152			**3,99**	**2,89**	**2,32**
	0,29	0,18	0,23		76	74	60					72		
280	**1,44**	**1,16**	**1,30**	(3)	**865**	**139**	**236**	**295**	135			**4,07**	**2,74**	**2,23**
	0,19	0,16	0,17		70	71	51					67		
281	**1,01**	**1,01**	**1,01**	(2)	**882**	**120**	**254**	**314**	118	3,0	13,5	**4,38**	**2,66**	**2,20**
	0,18	0,18	0,18		64	63	42					61		
282	**1,07**	**1,03**	**1,05**	(2)	**884**	**120**	**252**	**312**	116			**4,69**	**2,84**	**2,34**
	0,21	0,21	0,21		63	66	40					60		
283	**1,17**	**1,07**	**1,13**	(2)	**891**	**121**	**295**	**356**	109			**4,73**	**2,84**	**2,32**
	0,30	0,27	0,29		63	66	50					60		
284	**0,95**	**0,98**	**0,97**	(47)	**869**	**165**	**175**	**232**	131	3,5	15,0	**4,20**	**3,37**	**2,81**
	0,12	0,12	0,12		83	80	70					80		
285	**0,95**	**0,98**	**0,97**	(21)	**868**	**171**	**163**	**219**	132	3,5	15,0	**4,20**	**3,38**	**2,81**
	0,11	0,12	0,12		83	79	73					81		
286	**0,95**	**0,98**	**0,97**	(13)	**880**	**172**	**166**	**222**	120	3,0	15,0	**4,25**	**3,41**	**2,84**
	0,14	0,15	0,14		83	81	67					80		
287	**0,95**	**0,98**	**0,97**	(2)	**832**	**177**	**138**	**193**	168	4,0	20,0	**4,02**	**3,29**	**2,74**
	0,12	0,12	0,12		85	78	79					82		

N°	Aliments	MS (g/kg)	VALEUR ENERGETIQUE (par kg)		VALEUR AZOTEE (g/kg)			
			UFL	UFV	MAD	PDIA	PDIN	PDIE
	• Colza *(Brassica napus)*							
	En culture dérobée							
288	*feuillu*	**1000** 127	**0,91** 0,12	**0,89** 0,11	**159** 20	**45** 6	**124** 16	**97** 12
289	bourgeonnement	**1000** 123	**0,85** 0,10	**0,81** 0,10	**159** 20	**44** 5	**122** 15	**95** 12
290	floraison	**1000** 135	**0,76** 0,10	**0,70** 0,09	**118** 16	**34** 5	**94** 13	**82** 11
	Immature							
291	*feuillu*	**1000** 89	**0,96** 0,09	**0,94** 0,08	**141** 13	**38** 3	**107** 10	**95** 8
292	début floraison	**1000** 109	**0,90** 0,10	**0,87** 0,09	**119** 13	**33** 4	**94** 10	**89** 10
293	formation des siliques	**1000** 134	**0,79** 0,11	**0,73** 0,10	**113** 15	**32** 4	**90** 12	**82** 11
	• Perko (a)							
294	feuillu	**1000** 116	**0,87** 0,10	**0,84** 0,10	**164** 19	**47** 5	**130** 15	**99** 11

(a) Hybride de Chou Chinois × navette.
En caractères gras : par kg de matière sèche. — En caractères maigres : par kg de produit brut.

N°	VALEUR D'ENCOMBREMENT			Nombre d'essais	CONSTITUANTS ORGANIQUES • teneurs (g/kg de MS) • digestibilité (100 × d)				CONSTITUANTS MINERAUX (g/kg de MS)			ENERGIE • teneurs (Mcal/kg MS) • digestibilité (100 × dE)		
	UEM	UEL	UEB		MO	MAT	CB	LC	Cendres	P	Ca	EB	ED	EM
288	**0,91** 0,12	**0,96** 0,12	**0,93** 0,12	(32)	**824** 81	**198** 80	**169** 70	**225**	**176**	**4,0**	**16,0**	**3,86** 79	**3,03**	**2,51**
289	**1,45** 0,18	**1,16** 0,14	**1,31** 0,16	(7)	**822** 79	**194** 82	**215** 70	**273**	**178**	**4,0**	**16,0**	**3,85** 77	**2,95**	**2,36**
290	**1,71** 0,23	**1,23** 0,17	**1,47** 0,20	(6)	**846** 71	**150** 79	**286** 59	**347**	**154**	**4,5**	**18,0**	**3,96** 69	**2,72**	**2,18**
291	**1,00** 0,09	**1,00** 0,09	**1,00** 0,09	(1)	**848** 82	**171** 82	**194** 79	**251**	**152**	**4,5**	**14,0**	**3,97** 80	**3,17**	**2,63**
292	**1,21** 0,13	**1,08** 0,12	**1,15** 0,13	(1)	**861** 78	**149** 80	**230** 66	**289**	**139**	**4,5**	**14,0**	**4,03** 76	**3,05**	**2,51**
293	**1,04** 0,14	**1,02** 0,14	**1,03** 0,14	(2)	**868** 70	**144** 78	**273** 53	**333**	**132**	**4,0**	**16,0**	**4,07** 68	**2,75**	**2,26**
294	**1,36** 0,16	**1,13** 0,13	**1,26** 0,15	(1)	**829** 79	**207** 79	**111** 83	**165**	**171**			**3,88** 76	**2,97**	**2,42**

N°	Aliments	MS (g/kg)	VALEUR ENERGETIQUE (par kg)		VALEUR AZOTEE (g/kg)			
			UFL	UFV	MAD	PDIA	PDIN	PDIE
	ENSILAGES (a)							
	PRAIRIES PERMANENTES							
	• Prairie permanente de plaine (Normandie)							
	1er cycle, 25/05, début épiaison							
295	brins courts sans conservateur	**1000**	**0,90**	**0,83**	**88**	**20**	**78**	**63**
		191	0,17	0,16	17	4	15	12
296	brins courts avec conservateur	**1000**	**0,89**	**0,83**	**85**	**29**	**80**	**76**
		191	0,17	0,16	16	6	15	15
297	brins longs sans conservateur	**1000**	**0,90**	**0,83**	**88**	**20**	**78**	**63**
		191	0,17	0,16	17	4	15	12
298	brins longs avec conservateur	**1000**	**0,88**	**0,81**	**85**	**29**	**80**	**76**
		191	0,17	0,15	16	6	15	15
299	préfané coupe fine (35 % de MS)	**1000**	**0,85**	**0,77**	**91**	**23**	**82**	**69**
		335	0,28	0,26	31	8	27	23
	1er cycle, 10/06, épiaison							
300	brins courts sans conservateur	**1000**	**0,81**	**0,72**	**73**	**17**	**68**	**57**
		211	0,17	0,15	15	4	14	12
301	brins courts avec conservateur	**1000**	**0,80**	**0,72**	**71**	**25**	**70**	**69**
		211	0,17	0,15	15	5	15	15
302	brins longs sans conservateur	**1000**	**0,81**	**0,72**	**73**	**17**	**68**	**57**
		211	0,17	0,15	15	4	14	12
303	brins longs avec conservateur	**1000**	**0,79**	**0,70**	**71**	**25**	**70**	**69**
		211	0,17	0,15	15	5	15	15
304	préfané coupe fine (35 % de MS)	**1000**	**0,75**	**0,66**	**74**	**20**	**70**	**62**
		335	0,25	0,22	25	7	23	21
	2e cycle après coupe à l'épiaison, repousses feuillues de 7 semaines							
305	brins courts sans conservateur	**1000**	**0,89**	**0,82**	**103**	**22**	**89**	**64**
		202	0,18	0,17	21	4	18	13
306	brins courts avec conservateur	**1000**	**0,88**	**0,81**	**101**	**33**	**92**	**79**
		202	0,18	0,16	20	7	19	16
307	brins longs sans conservateur	**1000**	**0,89**	**0,81**	**103**	**22**	**89**	**64**
		202	0,18	0,16	21	4	18	13
308	brins longs avec conservateur	**1000**	**0,86**	**0,79**	**101**	**33**	**92**	**79**
		202	0,17	0,16	20	7	19	16
309	préfané coupe fine (35 % de MS)	**1000**	**0,84**	**0,76**	**107**	**27**	**93**	**71**
		335	0,28	0,25	36	9	31	24
	• Prairie permanente de demi-montagne (Auvergne)							
	1er cycle, 10/06, début épiaison							
310	brins courts sans conservateur	**1000**	**0,92**	**0,86**	**97**	**21**	**85**	**65**
		185	0,17	0,16	18	4	16	12
311	brins courts avec conservateur	**1000**	**0,91**	**0,85**	**95**	**32**	**88**	**80**
		185	0,17	0,16	18	6	16	15

(a) Quand le nombre d'essais ne figure pas, les valeurs ont été calculées à partir de celle des fourrages verts à l'aide des relations de passage établies sur 277 comparaisons (cf. Bull. Tech. CRZV Theix, INRA, 70).
En caractères gras : par kg de matière sèche. — En caractères maigres : par kg de produit brut.

N°	VALEUR (b) D'ENCOMBREMENT			Nombre d'essais (a)	CONSTITUANTS ORGANIQUES • **teneurs (g/kg de MS)** • digestibilité (100 × d)				CONSTITUANTS MINERAUX (g/kg de MS)			ENERGIE • **teneurs (Mcal/kg MS)** • digestibilité (100 × dE)		
	UEM	UEL	UEB		MO	MAT	CB	LC	Cendres	P	Ca	EB	ED	EM
295	**1,36**	**1,18**	**1,31**		**911**	**134**	**296**	**325**	**89**	**3,5**	**6,5**	**4,57**	**3,13**	**2,56**
	0,26	0,23	0,25		72	65	76					69		
296	**1,30**	**1,09**	**1,16**		**911**	**134**	**296**	**325**	**89**	**3,5**	**6,5**	**4,52**	**3,10**	**2,53**
	0,25	0,21	0,22		72	64	76					69		
297	**2,17**	**1,31**	**1,55**		**911**	**134**	**296**	**325**	**89**	**3,5**	**6,5**	**4,66**	**3,20**	**2,57**
	0,41	0,25	0,30		72	65	76					69		
298	**2,08**	**1,22**	**1,36**		**911**	**134**	**296**	**325**	**89**	**3,5**	**6,5**	**4,54**	**3,11**	**2,50**
	0,40	0,23	0,26		72	64	76					69		
299	**1,40**	**1,06**	**1,09**		**896**	**141**	**285**	**314**	**104**	**4,0**	**7,5**	**4,49**	**2,99**	**2,43**
	0,47	0,36	0,37		70	65	76					67		
300	**1,51**	**1,26**	**1,45**		**923**	**117**	**321**	**351**	**77**	**3,0**	**6,5**	**4,58**	**2,88**	**2,34**
	0,32	0,27	0,31		67	63	69					63		
301	**1,44**	**1,17**	**1,30**		**923**	**117**	**321**	**351**	**77**	**3,0**	**6,5**	**4,53**	**2,85**	**2,31**
	0,30	0,25	0,27		67	61	69					63		
302	**2,41**	**1,40**	**1,72**		**923**	**117**	**321**	**351**	**77**	**3,0**	**6,5**	**4,68**	**2,94**	**2,35**
	0,51	0,30	0,36		67	63	69					63		
303	**2,30**	**1,30**	**1,53**		**923**	**117**	**321**	**351**	**77**	**3,0**	**6,5**	**4,55**	**2,86**	**2,29**
	0,49	0,27	0,32		67	61	69					63		
304	**1,85**	**1,15**	**1,26**		**909**	**120**	**324**	**354**	**91**	**3,5**	**7,0**	**4,51**	**2,74**	**2,20**
	0,62	0,39	0,42		65	61	73					61		
305	**1,35**	**1,17**	**1,27**		**906**	**153**	**293**	**322**	**94**	**3,5**	**8,0**	**4,59**	**3,12**	**2,53**
	0,27	0,24	0,26		72	68	74					68		
306	**1,30**	**1,08**	**1,13**		**906**	**153**	**293**	**322**	**94**	**3,5**	**8,0**	**4,54**	**3,09**	**2,51**
	0,26	0,22	0,23		72	66	74					68		
307	**2,17**	**1,30**	**1,50**		**906**	**153**	**293**	**322**	**94**	**3,5**	**8,0**	**4,69**	**3,18**	**2,54**
	0,44	0,26	0,30		72	68	74					68		
308	**2,08**	**1,20**	**1,33**		**906**	**153**	**293**	**322**	**94**	**3,5**	**8,0**	**4,56**	**3,10**	**2,48**
	0,42	0,24	0,27		72	66	74					68		
309	**1,39**	**1,06**	**1,08**		**893**	**160**	**285**	**314**	**107**	**4,0**	**9,0**	**4,52**	**2,98**	**2,40**
	0,47	0,36	0,36		70	67	75					66		
310	**1,41**	**1,15**	**1,24**		**925**	**146**	**291**	**320**	**75**	**4,0**	**7,5**	**4,66**	**3,22**	**2,62**
	0,26	0,21	0,23		73	67	76					69		
311	**1,35**	**1,06**	**1,08**		**925**	**146**	**291**	**320**	**75**	**4,0**	**7,5**	**4,61**	**3,19**	**2,60**
	0,25	0,20	0,20		73	65	76					69		

(b) Pour des teneurs en matières sèches différentes, les valeurs d'encombrement sont à corriger à partir du tableau 16.4.

N°	Aliments	MS (g/kg)	VALEUR ENERGETIQUE (par kg)		VALEUR AZOTEE (g/kg)			
			UFL	UFV	MAD	PDIA	PDIN	PDIE
312	brins longs sans conservateur	**1000**	**0,92**	**0,85**	**97**	**21**	**85**	**65**
		185	0,17	0,16	18	4	16	12
313	brins longs avec conservateur	**1000**	**0,90**	**0,83**	**95**	**32**	**88**	**80**
		185	0,17	0,15	18	6	16	15
314	préfané coupe fine (35 % de MS)	**1000**	**0,85**	**0,78**	**102**	**26**	**90**	**72**
		335	0,28	0,26	34	9	30	24
	1er cycle, 25/06, épiaison							
315	brins courts sans conservateur	**1000**	**0,81**	**0,73**	**74**	**17**	**69**	**57**
		212	0,17	0,15	16	4	15	12
316	brins courts avec conservateur	**1000**	**0,81**	**0,73**	**72**	**26**	**71**	**70**
		212	0,17	0,15	15	6	15	15
317	brins longs sans conservateur	**1000**	**0,82**	**0,73**	**74**	**17**	**69**	**57**
		212	0,17	0,15	16	4	15	12
318	brins longs avec conservateur	**1000**	**0,80**	**0,71**	**72**	**26**	**71**	**70**
		212	0,17	0,15	15	6	15	15
319	préfané coupe fine (35 % de MS)	**1000**	**0,75**	**0,66**	**75**	**20**	**71**	**63**
		335	0,25	0,22	25	7	24	21
	2e cycle après coupe à l'épiaison, repousses feuillues de 6 semaines							
320	brins courts sans conservateur	**1000**	**0,93**	**0,87**	**139**	**29**	**114**	**71**
		200	0,19	0,17	28	6	23	14
321	brins courts avec conservateur	**1000**	**0,92**	**0,86**	**136**	**42**	**118**	**89**
		200	0,18	0,17	27	8	24	18
322	brins longs sans conservateur	**1000**	**0,93**	**0,86**	**139**	**29**	**114**	**71**
		200	0,19	0,17	28	6	23	14
323	brins longs avec conservateur	**1000**	**0,91**	**0,84**	**136**	**42**	**118**	**89**
		200	0,18	0,17	27	8	24	18
324	préfané coupe fine (35 % de MS)	**1000**	**0,86**	**0,79**	**145**	**34**	**120**	**79**
		335	0,29	0,26	49	11	40	26
	GRAMINÉES FOURRAGÈRES							
	• Brome							
	1er cycle, 1 semaine avant le début de l'épiaison							
325	brins courts sans conservateur	**1000**	**0,97**	**0,92**	**100**	**22**	**87**	**66**
		191	0,19	0,18	19	4	17	13
326	brins courts avec conservateur	**1000**	**0,96**	**0,92**	**98**	**32**	**89**	**81**
		191	0,18	0,18	19	6	17	15
327	brins longs sans conservateur	**1000**	**0,95**	**0,90**	**100**	**22**	**87**	**66**
		191	0,18	0,17	19	4	17	13
328	brins longs avec conservateur	**1000**	**0,94**	**0,89**	**98**	**32**	**89**	**81**
		191	0,18	0,17	19	6	17	15
329	prefane coupe fine (35 % de MS)	**1000**	**0,89**	**0,84**	**104**	**26**	**91**	**74**
		335	0,30	0,28	35	9	30	25
	1er cycle, début épiaison							
330	brins courts sans conservateur	**1000**	**0,93**	**0,87**	**85**	**19**	**76**	**63**
		194	0,18	0,17	16	4	15	12

En caractères gras : par kg de matière sèche. — En caractères maigres : par kg de produit brut.

N°	VALEUR (a) D'ENCOMBREMENT			Nombre d'essais	CONSTITUANTS ORGANIQUES • teneurs (g/kg de MS) • digestibilité (100 × d)				CONSTITUANTS MINERAUX (g/kg de MS)			ENERGIE • teneurs (Mcal/kg MS) • digestibilité (100 × dE)		
	UEM	UEL	UEB		MO	MAT	CB	LC	Cendres	P	Ca	EB	ED	EM
312	**2,25**	**1,27**	**1,45**		**925**	**146**	**291**	**320**	**75**	**4,0**	**7,5**	**4,76**	**3,29**	**2,63**
	0,42	0,23	0,27		73	67	76					69		
313	**2,16**	**1,17**	**1,27**		**925**	**146**	**291**	**320**	**75**	**4,0**	**7,5**	**4,63**	**3,20**	**2,57**
	0,40	0,22	0,23		73	65	76					69		
314	**1,54**	**1,02**	**1,02**		**906**	**154**	**276**	**304**	**94**	**4,5**	**8,5**	**4,48**	**3,00**	**2,43**
	0,52	0,34	0,34		71	66	76					67		
315	**1,46**	**1,18**	**1,29**		**930**	**118**	**314**	**344**	**70**	**3,0**	**7,5**	**4,62**	**2,90**	**2,36**
	0,31	0,25	0,27		67	63	69					63		
316	**1,39**	**1,10**	**1,16**		**930**	**118**	**314**	**344**	**70**	**3,0**	**7,5**	**4,56**	**2,87**	**2,34**
	0,29	0,23	0,25		67	61	69					63		
317	**2,33**	**1,31**	**1,54**		**930**	**118**	**314**	**344**	**70**	**3,0**	**7,5**	**4,71**	**2,96**	**2,38**
	0,49	0,28	0,33		67	63	69					63		
318	**2,23**	**1,22**	**1,36**		**930**	**118**	**314**	**344**	**70**	**3,0**	**7,5**	**4,59**	**2,88**	**2,32**
	0,47	0,26	0,29		67	61	69					63		
319	**1,68**	**1,08**	**1,13**		**916**	**122**	**315**	**345**	**84**	**3,5**	**8,0**	**4,46**	**2,71**	**2,19**
	0,56	0,36	0,38		65	62	72					61		
320	**1,35**	**1,11**	**1,17**		**908**	**196**	**260**	**288**	**92**	**4,0**	**11,0**	**4,71**	**3,29**	**2,65**
	0,27	0,22	0,23		74	71	77					70		
321	**1,30**	**1,03**	**1,04**		**908**	**196**	**260**	**288**	**92**	**4,0**	**11,0**	**4,65**	**3,25**	**2,63**
	0,26	0,21	0,21		74	70	77					70		
322	**2,17**	**1,24**	**1,39**		**908**	**196**	**260**	**288**	**92**	**4,0**	**11,0**	**4,80**	**3,35**	**2,66**
	0,43	0,25	0,28		74	71	77					70		
323	**2,08**	**1,15**	**1,23**		**908**	**196**	**260**	**288**	**92**	**4,0**	**11,0**	**4,68**	**3,27**	**2,59**
	0,42	0,23	0,25		74	70	77					70		
324	**1,39**	**1,01**	**1,00**		**895**	**206**	**245**	**272**	**105**	**4,5**	**12,5**	**4,54**	**3,07**	**2,47**
	0,47	0,34	0,34		72	70	76					68		
325	**1,33**	**1,16**	**1,26**		**882**	**149**	**285**	**314**	**118**	**5,0**	**5,0**	**4,46**	**3,32**	**2,70**
	0,25	0,22	0,24		78	67	81					75		
326	**1,27**	**1,07**	**1,11**		**882**	**149**	**285**	**314**	**118**	**5,0**	**5,0**	**4,41**	**3,29**	**2,68**
	0,24	0,20	0,21		78	66	81					75		
327	**2,12**	**1,29**	**1,49**		**882**	**149**	**285**	**314**	**118**	**5,0**	**5,0**	**4,49**	**3,34**	**2,68**
	0,40	0,25	0,28		78	67	81					75		
328	**2,04**	**1,19**	**1,31**		**882**	**149**	**285**	**314**	**118**	**5,0**	**5,0**	**4,43**	**3,30**	**2,64**
	0,39	0,23	0,25		78	66	81					75		
329	**1,33**	**1,04**	**1,05**		**871**	**156**	**271**	**299**	**129**	**5,5**	**5,5**	**4,27**	**3,09**	**2,51**
	0,45	0,35	0,35		76	67	80					72		
330	**1,38**	**1,20**	**1,32**		**895**	**130**	**300**	**329**	**105**	**4,5**	**4,5**	**4,47**	**3,20**	**2,61**
	0,27	0,23	0,26		75	65	78					72		

a) Pour des teneurs en matière sèche différentes, les valeurs d'encombrement sont à corriger à partir du ableau 16.4.

N°	Aliments	MS (g/kg)	VALEUR ENERGETIQUE (par kg)		VALEUR AZOTEE (g/kg)			
			UFL	UFV	MAD	PDIA	PDIN	PDIE
331	brins courts avec conservateur	**1000** 194	**0,92** 0,18	**0,87** 0,17	**82** 16	**28** 5	**78** 15	**76** 15
332	brins longs sans conservateur	**1000** 194	**0,91** 0,18	**0,86** 0,17	**85** 16	**19** 4	**76** 15	**63** 12
333	brins longs avec conservateur	**1000** 194	**0,90** 0,17	**0,85** 0,16	**82** 16	**28** 5	**78** 15	**76** 15
334	préfané coupe fine (35 % de MS)	**1000** 335	**0,85** 0,28	**0,79** 0,26	**87** 29	**22** 7	**79** 26	**70** 23
	1er cycle, fin épiaison							
335	brins courts sans conservateur	**1000** 209	**0,84** 0,18	**0,76** 0,16	**62** 13	**15** 3	**60** 13	**56** 12
336	brins courts avec conservateur	**1000** 209	**0,83** 0,17	**0,76** 0,16	**59** 12	**22** 5	**62** 13	**68** 14
337	brins longs sans conservateur	**1000** 209	**0,83** 0,17	**0,75** 0,16	**62** 13	**15** 3	**60** 13	**56** 12
338	brins longs avec conservateur	**1000** 209	**0,82** 0,17	**0,74** 0,15	**59** 12	**22** 5	**62** 13	**68** 14
339	préfané coupe fine (35 % de MS)	**1000** 335	**0,76** 0,25	**0,68** 0,23	**62** 21	**17** 6	**61** 20	**62** 21
	2e cycle après coupe à l'épiaison, repousses à tiges de 7 semaines							
340	brins courts sans conservateur	**1000** 219	**0,87** 0,19	**0,80** 0,18	**79** 17	**18** 4	**72** 16	**59** 13
341	brins courts avec conservateur	**1000** 219	**0,86** 0,19	**0,80** 0,18	**77** 17	**27** 6	**74** 16	**72** 16
342	brins longs sans conservateur	**1000** 219	**0,86** 0,19	**0,79** 0,17	**79** 17	**18** 4	**72** 16	**59** 13
343	brins longs avec conservateur	**1000** 219	**0,85** 0,19	**0,78** 0,17	**77** 17	**27** 6	**74** 16	**72** 16
344	préfané coupe fine (35 % de MS)	**1000** 335	**0,80** 0,27	**0,73** 0,24	**79** 27	**21** 7	**73** 24	**66** 22
	• Dactyle							
	1er cycle, 1 semaine avant le début de l'épiaison							
345	brins courts sans conservateur	**1000** 184	**0,95** 0,17	**0,89** 0,16	**128** 23	**27** 5	**106** 20	**72** 13
346	brins courts avec conservateur	**1000** 184	**0,94** 0,17	**0,88** 0,16	**125** 23	**39** 7	**109** 20	**85** 16
347	brins longs sans conservateur	**1000** 184	**0,94** 0,17	**0,88** 0,16	**128** 23	**27** 5	**106** 20	**72** 13
348	brins longs avec conservateur	**1000** 184	**0,92** 0,17	**0,86** 0,16	**125** 23	**39** 7	**109** 20	**85** 16
349	préfané coupe fine (35 % de MS)	**1000** 335	**0,87** 0,29	**0,81** 0,27	**134** 45	**32** 11	**112** 38	**77** 26

En caractères gras : par kg de matière sèche. — En caractères maigres : par kg de produit brut.

N°	VALEUR (a) D'ENCOMBREMENT			Nombre d'essais	CONSTITUANTS ORGANIQUES • teneurs (g/kg de MS) • digestibilité (100 × d)				CONSTITUANTS MINERAUX (g/kg de MS)			ENERGIE • teneurs (Mcal/kg MS) • digestibilité (100 × dE)		
	UEM	UEL	UEB		MO	MAT	CB	LC	Cendres	P	Ca	EB	ED	EM
331	1,32	1,11	1,17		895	130	300	329	105	4,5	4,5	4,42	3,17	2,59
	0,26	0,22	0,23		75	63	78					72		
332	2,21	1,33	1,57		895	130	300	329	105	4,5	4,5	4,50	3,23	2,59
	0,43	0,26	0,30		75	65	78					72		
333	2,12	1,24	1,38		895	130	300	329	105	4,5	4,5	4,44	3,18	2,56
	0,41	0,24	0,27		75	63	78					72		
334	1,46	1,08	1,12		883	135	291	320	117	5,0	5,0	4,28	2,98	2,42
	0,49	0,36	0,38		73	64	78					70		
335	1,65	1,35	1,67		915	103	325	355	85	3,0	3,5	4,50	2,96	2,40
	0,34	0,28	0,35		70	60	71					66		
336	1,57	1,26	1,50		915	103	325	355	85	3,0	3,5	4,45	2,93	2,38
	0,33	0,26	0,31		70	58	71					66		
337	2,64	1,50	1,99		915	103	325	355	85	3,0	3,5	4,53	2,98	2,39
	0,55	0,31	0,42		70	60	71					66		
338	2,51	1,40	1,76		915	103	325	355	85	3,0	3,5	4,47	2,94	2,36
	0,52	0,29	0,37		70	58	71					66		
339	2,50	1,23	1,45		902	105	327	357	98	3,5	4,0	4,31	2,75	2,20
	0,84	0,41	0,49		68	59	74					64		
340	1,40	1,17	1,29		889	123	309	339	111	4,5	5,5	4,43	3,04	2,47
	0,31	0,26	0,28		72	64	77					69		
341	1,33	1,09	1,15		889	123	309	339	111	4,5	5,5	4,38	3,00	2,45
	0,29	0,24	0,25		72	62	77					69		
342	2,23	1,30	1,53		889	123	309	339	111	4,5	5,5	4,46	3,06	2,45
	0,49	0,28	0,34		72	64	77					69		
343	2,14	1,21	1,36		889	123	309	339	111	4,5	5,5	4,40	3,02	2,42
	0,47	0,26	0,30		72	62	77					69		
344	1,50	1,08	1,14		883	126	312	342	117	4,5	5,5	4,26	2,84	2,29
	0,50	0,36	0,38		70	63	78					67		
345	1,27	1,14	1,20		888	182	282	311	112	3,0	3,5	4,59	3,30	2,67
	0,23	0,21	0,22		76	70	78					72		
346	1,22	1,05	1,06		888	182	282	311	112	3,0	3,5	4,54	3,27	2,65
	0,22	0,19	0,20		76	69	78					72		
347	2,03	1,26	1,42		888	182	282	311	112	3,0	3,5	4,67	3,36	2,67
	0,37	0,23	0,26		76	70	78					72		
348	1,95	1,16	1,24		888	182	282	311	112	3,0	3,5	4,57	3,29	2,61
	0,36	0,21	0,23		76	69	78					72		
349	1,19	1,01	0,99		875	192	266	294	125	3,5	4,0	4,36	3,05	2,46
	0,40	0,34	0,33		74	70	78					70		

(a) Pour des teneurs en matière sèche différentes, les valeurs d'encombrement sont à corriger à partir du tableau 16.4.

N°	Aliments	MS (g/kg)	VALEUR ENERGETIQUE (par kg)		VALEUR AZOTEE (g/kg)			
			UFL	UFV	MAD	PDIA	PDIN	PDIE
	1er cycle, début épiaison							
350	brins courts sans conservateur	**1000**	**0,91**	**0,85**	**105**	**23**	**90**	**67**
		185	0,17	0,16	19	4	17	12
351	brins courts avec conservateur	**1000**	**0,90**	**0,84**	**103**	**34**	**93**	**79**
		185	0,17	0,16	19	6	17	15
352	brins longs sans conservateur	**1000**	**0,90**	**0,84**	**105**	**23**	**90**	**67**
		185	0,17	0,16	19	4	17	12
353	brins longs avec conservateur	**1000**	**0,89**	**0,82**	**103**	**34**	**93**	**79**
		185	0,16	0,15	19	6	17	15
354	préfané coupe fine (35 % de MS)	**1000**	**0,83**	**0,77**	**110**	**27**	**95**	**72**
		335	0,28	0,26	37	9	32	24
	1er cycle, fin épiaison							
355	brins courts sans conservateur	**1000**	**0,81**	**0,73**	**79**	**18**	**72**	**60**
		196	0,16	0,14	16	4	14	12
356	brins courts avec conservateur	**1000**	**0,80**	**0,72**	**77**	**27**	**74**	**69**
		196	0,16	0,14	15	5	15	14
357	brins longs sans conservateur	**1000**	**0,81**	**0,72**	**79**	**18**	**72**	**60**
		196	0,16	0,14	16	4	14	12
358	brins longs avec conservateur	**1000**	**0,79**	**0,71**	**77**	**27**	**74**	**69**
		196	0,15	0,14	15	5	15	14
359	préfané coupe fine (35 % de MS)	**1000**	**0,73**	**0,65**	**82**	**21**	**75**	**63**
		335	0,24	0,22	27	7	25	21
	2e cycle après coupe à l'épiaison, repousses feuillues de 7 semaines							
360	brins courts sans conservateur	**1000**	**0,80**	**0,72**	**99**	**22**	**86**	**61**
		232	0,19	0,17	23	5	20	14
361	brins courts avec conservateur	**1000**	**0,79**	**0,71**	**97**	**32**	**89**	**72**
		232	0,18	0,16	23	7	21	17
362	brins longs sans conservateur	**1000**	**0,80**	**0,71**	**99**	**22**	**86**	**61**
		232	0,19	0,16	23	5	20	14
363	brins longs avec conservateur	**1000**	**0,78**	**0,70**	**97**	**32**	**89**	**72**
		232	0,18	0,16	23	7	21	17
364	préfané coupe fine (35 % de MS)	**1000**	**0,73**	**0,65**	**100**	**25**	**88**	**66**
		335	0,24	0,22	33	8	29	22
	• Fétuque élevée							
	1er cycle, 1 semaine avant le début de l'épaison							
365	brins courts sans conservateur	**1000**	**0,82**	**0,74**	**95**	**21**	**83**	**58**
		204	0,17	0,15	19	4	17	12
366	brins courts avec conservateur	**1000**	**0,81**	**0,74**	**93**	**31**	**85**	**72**
		204	0,17	0,15	19	6	17	15
367	brins longs sans conservateur	**1000**	**0,82**	**0,75**	**95**	**21**	**83**	**58**
		204	0,17	0,15	19	4	17	12

En caractères gras : par kg de matière sèche. — En caractères maigres : par kg de produit brut.

N°	VALEUR (a) D'ENCOMBREMENT			Nombre d'essais	CONSTITUANTS ORGANIQUES • teneurs (g/kg de MS) • digestibilité (100 × d)				CONSTITUANTS MINERAUX (g/kg de MS)			ENERGIE • teneurs (Mcal/kg MS) • digestibilité (100 × dE)		
	UEM	UEL	UEB		MO	MAT	CB	LC	Cendres	P	Ca	EB	ED	EM
350	1,32	1,17	1,27		883	155	286	315	117	2,5	3,0	4,50	3,17	2,57
	0,24	0,22	0,23		74	68	78					70		
351	1,27	1,08	1,12		883	155	286	315	117	2,5	3,0	4,45	3,14	2,55
	0,23	0,20	0,21		74	67	78					70		
352	2,11	1,30	1,51		883	155	286	315	117	2,5	3,0	4,58	3,23	2,57
	0,39	0,24	0,28		74	68	78					70		
353	2,03	1,20	1,32		883	155	286	315	117	2,5	3,0	4,48	3,15	2,52
	0,38	0,22	0,24		74	67	78					70		
354	1,31	1,04	1,05		871	163	270	298	129	3,0	3,5	4,28	2,93	2,37
	0,44	0,35	0,35		72	68	78					68		
355	1,48	1,26	1,46		903	124	327	357	97	2,5	3,0	4,52	2,88	2,33
	0,29	0,25	0,29		68	64	72					64		
356	1,41	1,16	1,29		903	124	327	357	97	2,5	3,0	4,47	2,85	2,31
	0,28	0,23	0,25		68	62	72					64		
357	2,37	1,39	1,73		903	124	327	357	97	2,5	3,0	4,60	2,94	2,34
	0,46	0,27	0,34		68	64	72					64		
358	2,27	1,29	1,52		903	124	327	357	97	2,5	3,0	4,49	2,87	2,29
	0,44	0,25	0,30		68	62	72					64		
359	1,76	1,13	1,23		890	129	325	355	110	3,0	3,5	4,30	2,66	2,13
	0,59	0,38	0,41		66	63	75					62		
360	1,34	1,11	1,18		889	148	306	336	111	3,5	5,5	4,51	2,86	2,31
	0,31	0,26	0,27		67	67	73					63		
361	1,29	1,04	1,07		889	148	306	336	111	3,5	5,5	4,46	2,83	2,29
	0,30	0,24	0,25		67	66	73					63		
362	2,15	1,24	1,41		889	148	306	336	111	3,5	5,5	4,59	2,91	2,32
	0,50	0,29	0,33		67	67	73					63		
363	2,06	1,16	1,26		889	148	306	336	111	3,5	5,5	4,49	2,85	2,27
	0,48	0,27	0,29		67	66	73					63		
364	1,36	1,05	1,07		886	151	314	344	114	3,5	5,5	4,33	2,66	2,14
	0,46	0,35	0,36		65	66	75					61		
365	1,37	1,18	1,29		869	142	274	302	131	3,5	3,5	4,38	2,89	2,34
	0,28	0,24	0,26		70	67	73					66		
366	1,31	1,09	1,15		869	142	274	302	131	3,5	3,5	4,33	2,86	2,32
	0,27	0,22	0,23		70	65	73					66		
367	2,19	1,31	1,53		869	142	274	302	131	3,5	3,5	4,50	2,97	2,37
	0,45	0,27	0,31		70	67	73					66		

(a) Pour des teneurs en matière sèche différentes, les valeurs d'encombrement sont à corriger à partir du tableau 16.4.

N°	Aliments	MS (g/kg)	VALEUR ENERGETIQUE (par kg)		VALEUR AZOTEE (g/kg)			
			UFL	UFV	MAD	PDIA	PDIN	PDIE
368	brins longs avec conservateur	**1000**	**0,79**	**0,72**	**93**	**31**	**85**	**72**
		204	0,16	0,15	19	6	17	15
369	préfané coupe fine (35 % de MS)	**1000**	**0,75**	**0,68**	**97**	**24**	**86**	**66**
		335	0,25	0,23	33	8	29	22
	1er cycle, début épiaison							
370	brins courts sans conservateur	**1000**	**0,79**	**0,72**	**87**	**19**	**77**	**56**
		206	0,16	0,15	18	4	16	12
371	brins courts avec conservateur	**1000**	**0,79**	**0,71**	**85**	**29**	**79**	**70**
		206	0,16	0,15	17	6	16	14
372	brins longs sans conservateur	**1000**	**0,80**	**0,72**	**87**	**19**	**77**	**56**
		206	0,16	0,15	18	4	16	12
373	brins longs avec conservateur	**1000**	**0,77**	**0,70**	**85**	**29**	**79**	**70**
		206	0,16	0,14	17	6	16	14
374	préfané coupe fine (35 % de MS)	**1000**	**0,73**	**0,65**	**89**	**23**	**80**	**63**
		335	0,24	0,22	30	8	27	21
	1er cycle, fin épiaison							
375	brins courts sans conservateur	**1000**	**0,73**	**0,64**	**69**	**16**	**65**	**51**
		215	0,16	0,14	15	3	14	11
376	brins courts avec conservateur	**1000**	**0,72**	**0,64**	**67**	**24**	**67**	**63**
		215	0,15	0,14	14	5	14	14
377	brins longs sans conservateur	**1000**	**0,74**	**0,65**	**69**	**16**	**65**	**51**
		215	0,16	0,14	15	3	14	11
378	brins longs avec conservateur	**1000**	**0,71**	**0,63**	**67**	**24**	**67**	**63**
		215	0,15	0,14	14	5	14	14
379	préfané coupe fine (35 % de MS)	**1000**	**0,67**	**0,58**	**70**	**19**	**66**	**58**
		335	0,22	0,19	23	6	22	19
	2e cycle après coupe à l'épiaison, repousses feuillues de 7 semaines							
380	brins courts sans conservateur	**1000**	**0,78**	**0,70**	**92**	**20**	**80**	**56**
		219	0,17	0,15	20	4	18	12
381	brins courts avec conservateur	**1000**	**0,77**	**0,69**	**90**	**30**	**83**	**70**
		219	0,17	0,15	20	7	18	15
382	brins longs sans conservateur	**1000**	**0,78**	**0,70**	**92**	**20**	**80**	**56**
		219	0,17	0,15	20	4	18	12
383	brins longs avec conservateur	**1000**	**0,76**	**0,68**	**90**	**30**	**83**	**70**
		219	0,17	0,15	20	7	18	15
384	préfané coupe fine (35 % de MS)	**1000**	**0,72**	**0,64**	**92**	**23**	**82**	**63**
		335	0,24	0,21	31	8	27	21

En caractères gras : par kg de matière sèche. — En caractères maigres : par kg de produit brut.

N°	VALEUR (a) D'ENCOMBREMENT			Nombre d'essais	CONSTITUANTS ORGANIQUES • **teneurs (g/kg de MS)** • digestibilité (100 × d)				CONSTITUANTS MINERAUX (g/kg de MS)			ENERGIE • **teneurs (Mcal/kg MS)** • digestibilité (100 × dE)		
	UEM	UEL	UEB		MO	MAT	CB	LC	Cendres	P	Ca	EB	ED	EM
368	**2,09**	**1,21**	**1,35**		**869**	**142**	**274**	**302**	**131**	**3,5**	**3,5**	**4,34**	**2,87**	**2,29**
	0,43	0,25	0,28		70	65	73					66		
369	**1,43**	**1,07**	**1,11**		**863**	**147**	**264**	**292**	**137**	**4,0**	**4,0**	**4,21**	**2,70**	**2,18**
	0,48	0,36	0,37		68	66	74					64		
370	**1,39**	**1,18**	**1,31**		**874**	**132**	**289**	**318**	**126**	**3,0**	**3,5**	**4,38**	**2,83**	**2,29**
	0,29	0,24	0,27		69	66	72					65		
371	**1,33**	**1,10**	**1,16**		**874**	**132**	**289**	**318**	**126**	**3,0**	**3,5**	**4,33**	**2,80**	**2,27**
	0,27	0,23	0,24		69	64	72					65		
372	**2,22**	**1,32**	**1,55**		**874**	**132**	**289**	**318**	**126**	**3,0**	**3,5**	**4,50**	**2,90**	**2,32**
	0,46	0,27	0,32		69	66	72					65		
373	**2,12**	**1,22**	**1,37**		**874**	**132**	**289**	**318**	**126**	**3,0**	**3,5**	**4,34**	**2,80**	**2,24**
	0,44	0,25	0,28		69	64	72					65		
374	**1,48**	**1,08**	**1,13**		**868**	**137**	**283**	**312**	**132**	**3,5**	**4,0**	**4,22**	**2,64**	**2,13**
	0,50	0,36	0,38		67	65	73					63		
375	**1,48**	**1,23**	**1,40**		**880**	**111**	**313**	**343**	**120**	**2,5**	**3,5**	**4,35**	**2,63**	**2,13**
	0,32	0,26	0,30		65	63	69					60		
376	**1,41**	**1,14**	**1,26**		**880**	**111**	**313**	**343**	**120**	**2,5**	**3,5**	**4,31**	**2,61**	**2,11**
	0,30	0,25	0,27		65	61	69					60		
377	**2,37**	**1,37**	**1,67**		**880**	**111**	**313**	**343**	**120**	**2,5**	**3,5**	**4,47**	**2,71**	**2,16**
	0,51	0,29	0,36		65	63	69					60		
378	**2,26**	**1,27**	**1,48**		**880**	**111**	**313**	**343**	**120**	**2,5**	**3,5**	**4,32**	**2,61**	**2,09**
	0,49	0,27	0,32		65	61	69					60		
379	**1,76**	**1,13**	**1,23**		**875**	**114**	**315**	**345**	**125**	**3,0**	**4,0**	**4,20**	**2,45**	**1,97**
	0,59	0,38	0,41		63	61	72					58		
380	**1,38**	**1,15**	**1,26**		**870**	**138**	**288**	**317**	**130**	**3,0**	**5,0**	**4,37**	**2,78**	**2,25**
	0,30	0,25	0,28		68	67	73					64		
381	**1,32**	**1,08**	**1,13**		**870**	**138**	**288**	**317**	**130**	**3,0**	**5,0**	**4,33**	**2,76**	**2,23**
	0,29	0,24	0,25		68	65	73					64		
382	**2,21**	**1,29**	**1,50**		**870**	**138**	**288**	**317**	**130**	**3,0**	**5,0**	**4,49**	**2,86**	**2,28**
	0,48	0,28	0,33		68	67	73					64		
383	**2,12**	**1,20**	**1,33**		**870**	**138**	**288**	**317**	**130**	**3,0**	**5,0**	**4,34**	**2,76**	**2,20**
	0,46	0,26	0,29		68	65	73					64		
384	**1,46**	**1,07**	**1,12**		**867**	**141**	**286**	**315**	**133**	**3,5**	**5,0**	**4,22**	**2,60**	**2,09**
	0,49	0,36	0,38		66	65	74					62		

(a) Pour des teneurs en matière sèche différentes, les valeurs d'encombrement sont à corriger à partir du tableau 16.4.

N°	Aliments	MS (g/kg)	VALEUR ENERGETIQUE (par kg)		VALEUR AZOTEE (g/kg)			
			UFL	UFV	MAD	PDIA	PDIN	PDIE
	• Ray-Grass anglais							
	1er cycle, 1 semaine avant le début de l'épiaison (a)							
385	brins courts sans conservateur	**1000**	**1,01**	**0,96**	**102**	**22**	**88**	**68**
		181	0,18	0,17	18	4	16	12
386	brins courts avec conservateur	**1000**	**1,00**	**0,96**	**99**	**33**	**91**	**83**
		181	0,18	0,17	18	6	16	15
387	brins longs sans conservateur	**1000**	**0,99**	**0,94**	**102**	**22**	**88**	**68**
		181	0,18	0,17	18	4	16	12
388	brins Longs avec conservateur	**1000**	**0,98**	**0,93**	**99**	**33**	**91**	**83**
		181	0,18	0,17	18	6	16	15
389	préfané coupe fine (35 % de MS)	**1000**	**0,93**	**0,88**	**107**	**27**	**93**	**76**
		335	0,31	0,29	36	9	31	25
	1er cycle, début de l'épiaison (a)							
390	brins courts sans conservateur	**1000**	**0,97**	**0,92**	**93**	**21**	**82**	**66**
		186	0,18	0,17	17	4	15	12
391	brins courts avec conservateur	**1000**	**0,96**	**0,91**	**91**	**31**	**85**	**80**
		186	0,18	0,17	17	6	16	15
392	brins longs sans conservateur	**1000**	**0,95**	**0,90**	**93**	**21**	**82**	**66**
		186	0,18	0,17	17	4	15	12
393	brins longs avec conservateur	**1000**	**0,95**	**0,89**	**91**	**31**	**85**	**80**
		186	0,18	0,17	17	6	16	15
394	préfané coupe fine (35 % de MS)	**1000**	**0,89**	**0,84**	**97**	**25**	**86**	**74**
		335	0,30	0,28	33	8	29	25
	1er cycle, fin épiaison (a)							
395	brins courts sans conservateur	**1000**	**0,85**	**0,78**	**69**	**16**	**65**	**58**
		191	0,16	0,15	13	3	12	11
396	brins courts avec conservateur	**1000**	**0,84**	**0,77**	**67**	**24**	**67**	**70**
		191	0,16	0,15	13	5	13	13
397	brins longs sans conservateur	**1000**	**0,84**	**0,77**	**69**	**16**	**65**	**58**
		191	0,16	0,15	13	3	12	11
398	brins longs avec conservateur	**1000**	**0,83**	**0,76**	**67**	**24**	**67**	**70**
		191	0,16	0,15	13	5	13	13
399	préfané coupe fine (35 % de MS)	**1000**	**0,78**	**0,70**	**72**	**19**	**68**	**64**
		335	0,26	0,23	24	6	23	21
	2e cycle après coupe à l'épiaison, repousses à tiges de 7 semaines							
400	brins courts sans conservateur	**1000**	**0,83**	**0,76**	**85**	**19**	**76**	**58**
		224	0,19	0,17	19	4	17	13
401	brins courts avec conservateur	**1000**	**0,83**	**0,76**	**83**	**28**	**79**	**71**
		224	0,19	0,17	19	6	18	16
402	brins longs sans conservateur	**1000**	**0,82**	**0,75**	**85**	**19**	**76**	**58**
		224	0,18	0,17	19	4	17	13

(a) Cas des variétés précoces.
En caractères gras : par kg de matière sèche. — En caractères maigres : par kg de produit brut.

N°	VALEUR (a) D'ENCOMBREMENT			Nombre d'essais	CONSTITUANTS ORGANIQUES • teneurs (g/kg de MS) • digestibilité (100 × d)				CONSTITUANTS MINERAUX (g/kg de MS)			ENERGIE • teneurs (Mcal/kg MS) • digestibilité (100 × dE)		
	UEM	UEL	UEB		MO	MAT	CB	LC	Cendres	P	Ca	EB	ED	EM
385	1,31	1,16	1,27		903	151	266	294	97	3,5	5,5	4,54	3,42	2,80
	0,24	0,21	0,23		79	67	81					75		
386	1,26	1,07	1,12		903	151	266	294	97	3,5	5,5	4,49	3,38	2,78
	0,23	0,19	0,20		79	66	81					75		
387	2,10	1,29	1,50		903	151	266	294	97	3,5	5,5	4,55	3,43	2,76
	0,38	0,23	0,27		79	67	81					75		
388	2,02	1,19	1,31		903	151	266	294	97	3,5	5,5	4,51	3,40	2,74
	0,37	0,22	0,24		79	66	81					75		
389	1,29	1,03	1,04		887	160	245	272	113	4,0	6,5	4,35	3,19	2,60
	0,43	0,35	0,35		77	67	80					73		
390	1,40	1,21	1,37		913	141	273	301	87	3,5	5,5	4,56	3,33	2,72
	0,26	0,23	0,25		77	66	79					73		
391	1,33	1,12	1,21		913	141	273	301	87	3,5	5,5	4,51	3,29	2,70
	0,25	0,21	0,23		77	65	79					73		
392	2,23	1,35	1,62		913	141	273	301	87	3,5	5,5	4,57	3,34	2,69
	0,41	0,25	0,30		77	66	79					73		
393	2,14	1,24	1,42		913	141	273	301	87	3,5	5,5	4,53	3,31	2,67
	0,40	0,23	0,26		77	65	79					73		
394	1,50	1,08	1,14		896	148	254	282	104	4,0	6,5	4,37	3,10	2,52
	0,50	0,36	0,38		75	66	78					71		
395	1,49	1,28	1,48		915	112	312	342	85	3,0	5,5	4,50	2,99	2,44
	0,28	0,24	0,28		70	62	73					67		
396	1,42	1,18	1,31		915	112	312	342	85	3,0	5,5	4,45	2,96	2,42
	0,27	0,23	0,25		70	60	73					67		
397	2,39	1,42	1,76		915	112	312	342	85	3,0	5,5	4,51	3,00	2,41
	0,46	0,27	0,34		70	62	73					67		
398	2,28	1,31	1,54		915	112	312	342	85	3,0	5,5	4,47	2,98	2,39
	0,44	0,25	0,29		70	60	73					67		
399	1,80	1,14	1,24		899	117	305	334	101	3,5	6,5	4,32	2,78	2,25
	0,60	0,38	0,42		68	61	75					64		
400	1,39	1,16	1,26		896	131	288	317	104	4,0	6,0	4,46	2,94	2,39
	0,31	0,26	0,28		70	65	72					66		
401	1,33	1,08	1,14		896	131	288	317	104	4,0	6,0	4,41	2,91	2,37
	0,30	0,24	0,26		70	63	72					66		
402	2,23	1,29	1,50		896	131	288	317	104	4,0	6,0	4,47	2,95	2,37
	0,50	0,29	0,34		70	65	72					66		

(a) Pour des teneurs en matière sèche différentes, les valeurs d'encombrement sont à corriger à partir du tableau 16.4.

N°	Aliments	MS (g/kg)	VALEUR ENERGETIQUE (par kg)		VALEUR AZOTEE (g/kg)			
			UFL	UFV	MAD	PDIA	PDIN	PDIE
403	brins longs avec conservateur	**1000** 224	**0,81** 0,18	**0,74** 0,17	**83** 19	**28** 6	**79** 18	**71** 16
404	préfané coupe fine (35 % de MS)	**1000** 335	**0,77** 0,26	**0,70** 0,23	**86** 29	**22** 7	**78** 26	**66** 22
	• Ray-grass d'Italie							
	1er cycle, 1 semaine avant le début de l'épiaison							
405	brins courts sans conservateur	**1000** 186	**0,93** 0,17	**0,87** 0,16	**73** 14	**17** 3	**68** 13	**60** 11
406	brins courts avec conservateur	**1000** 186	**0,92** 0,17	**0,86** 0,16	**71** 13	**25** 5	**70** 13	**73** 14
407	brins longs sans conservateur	**1000** 186	**0,91** 0,17	**0,85** 0,16	**73** 14	**17** 3	**68** 13	**60** 11
408	brins longs avec conservateur	**1000** 186	**0,90** 0,17	**0,85** 0,16	**71** 13	**25** 5	**70** 13	**73** 14
409	préfané coupe fine (35 % de MS)	**1000** 335	**0,85** 0,28	**0,80** 0,27	**77** 26	**20** 7	**72** 24	**68** 23
	1er cycle, début épiaison							
410	brins courts sans conservateur	**1000** 187	**0,90** 0,17	**0,84** 0,16	**69** 13	**16** 3	**65** 12	**58** 11
411	brins courts avec conservateur	**1000** 187	**0,89** 0,17	**0,83** 0,16	**66** 12	**24** 4	**67** 13	**71** 13
412	brins longs sans conservateur	**1000** 187	**0,88** 0,16	**0,82** 0,15	**69** 13	**16** 3	**65** 12	**58** 11
413	brins longs avec conservateur	**1000** 187	**0,88** 0,16	**0,82** 0,15	**66** 12	**24** 4	**67** 13	**71** 13
414	préfané coupe fine (35 % de MS)	**1000** 335	**0,83** 0,28	**0,77** 0,26	**72** 24	**19** 6	**68** 23	**66** 22
	1er cycle, fin épiaison							
415	brins courts sans conservateur	**1000** 212	**0,81** 0,17	**0,73** 0,15	**54** 11	**14** 3	**54** 11	**52** 11
416	brins courts avec conservateur	**1000** 212	**0,80** 0,17	**0,73** 0,15	**51** 11	**20** 4	**56** 12	**64** 14
417	brins longs sans conservateur	**1000** 212	**0,80** 0,17	**0,72** 0,15	**54** 11	**14** 3	**54** 11	**52** 11

En caractères gras : par kg de matière sèche. — En caractères maigres : par kg de produit brut.

N°	VALEUR (a) D'ENCOMBREMENT			Nombre d'essais	CONSTITUANTS ORGANIQUES • teneurs (g/kg de MS) • digestibilité (100 × d)				CONSTITUANTS MINERAUX (g/kg de MS)			ENERGIE • teneurs (Mcal/kg MS) • digestibilité (100 × dE)		
	UEM	UEL	UEB		MO	MAT	CB	LC	Cendres	P	Ca	EB	ED	EM
403	**2,13**	**1,20**	**1,34**		**896**	**131**	**288**	**317**	**104**	**4,0**	**6,0**	**4,43**	**2,93**	**2,35**
	0,48	0,27	0,30		70	63	72					66		
404	**1,49**	**1,08**	**1,13**		**890**	**134**	**288**	**317**	**110**	**4,0**	**6,5**	**4,31**	**2,76**	**2,23**
	0,50	0,36	0,38		68	64	74					64		
405	**1,34**	**1,18**	**1,29**		**905**	**117**	**266**	**294**	**95**	**3,0**	**4,5**	**4,46**	**3,17**	**2,61**
	0,25	0,22	0,24		75	63	75					71		
406	**1,28**	**1,09**	**1,14**		**905**	**117**	**266**	**294**	**95**	**3,0**	**4,5**	**4,42**	**3,13**	**2,59**
	0,24	0,20	0,21		75	61	75					71		
407	**2,14**	**1,31**	**1,53**		**905**	**117**	**266**	**294**	**95**	**3,0**	**4,5**	**4,48**	**3,18**	**2,57**
	0,40	0,24	0,28		75	63	75					71		
408	**2,05**	**1,21**	**1,34**		**905**	**117**	**266**	**294**	**95**	**3,0**	**4,5**	**4,44**	**3,15**	**2,55**
	0,38	0,23	0,25		75	61	75					71		
409	**1,35**	**1,05**	**1,07**		**890**	**123**	**246**	**273**	**110**	**3,5**	**5,0**	**4,29**	**2,95**	**2,43**
	0,45	0,35	0,36		73	62	75					69		
410	**1,36**	**1,19**	**1,30**		**905**	**111**	**272**	**300**	**95**	**3,0**	**4,5**	**4,45**	**3,09**	**2,54**
	0,25	0,22	0,24		73	62	74					70		
411	**1,30**	**1,10**	**1,15**		**905**	**111**	**272**	**300**	**95**	**3,0**	**4,5**	**4,40**	**3,06**	**2,52**
	0,24	0,21	0,22		73	60	74					70		
412	**2,17**	**1,32**	**1,55**		**905**	**111**	**272**	**300**	**95**	**3,0**	**4,5**	**4,46**	**3,10**	**2,51**
	0,41	0,25	0,29		73	62	74					70		
413	**2,08**	**1,22**	**1,35**		**905**	**111**	**272**	**300**	**95**	**3,0**	**4,5**	**4,42**	**3,07**	**2,49**
	0,39	0,23	0,25		73	60	74					70		
414	**1,39**	**1,06**	**1,08**		**890**	**117**	**254**	**282**	**110**	**3,5**	**5,0**	**4,27**	**2,88**	**2,37**
	0,47	0,36	0,36		71	61	74					67		
415	**1,44**	**1,21**	**1,35**		**913**	**93**	**298**	**327**	**87**	**2,5**	**4,5**	**4,44**	**2,84**	**2,33**
	0,31	0,26	0,29		68	58	68					64		
416	**1,37**	**1,13**	**1,21**		**913**	**93**	**298**	**327**	**87**	**2,5**	**4,5**	**4,39**	**2,81**	**2,31**
	0,29	0,24	0,26		68	55	68					64		
417	**2,30**	**1,35**	**1,61**		**913**	**93**	**298**	**327**	**87**	**2,5**	**4,5**	**4,46**	**2,85**	**2,31**
	0,49	0,29	0,34		68	58	68					64		

(a) Pour des teneurs en matière sèche différentes, les valeurs d'encombrement sont à corriger à partir du tableau 16.4.

N°	Aliments	MS (g/kg)	VALEUR ENERGETIQUE (par kg)		VALEUR AZOTEE (g/kg)			
			UFL	UFV	MAD	PDIA	PDIN	PDIE
418	brins longs avec conservateur	**1000** 212	**0,79** 0,17	**0,72** 0,15	**51** 11	**20** 4	**56** 12	**64** 14
419	préfané coupe fine (35 % de MS)	**1000** 335	**0,74** 0,25	**0,67** 0,22	**53** 18	**16** 5	**55** 18	**59** 20
	2e cycle après coupe à l'épiaison, repousses à tiges de 7 semaines							
420	brins courts sans conservateur	**1000** 204	**0,79** 0,16	**0,71** 0,14	**82** 17	**19** 4	**74** 15	**55** 11
421	brins courts avec conservateur	**1000** 204	**0,78** 0,16	**0,70** 0,14	**80** 16	**27** 6	**76** 16	**69** 14
422	brins longs sans conservateur	**1000** 204	**0,78** 0,16	**0,69** 0,14	**82** 17	**19** 4	**74** 15	**55** 11
423	brins longs avec conservateur	**1000** 204	**0,77** 0,16	**0,69** 0,14	**80** 16	**27** 6	**76** 16	**69** 14
424	préfané coupe fine (35 % de MS)	**1000** 335	**0,72** 0,24	**0,64** 0,21	**84** 28	**22** 7	**77** 26	**63** 21
	CÉRÉALES							
	• Blé							
	Stade laiteux-pâteux (conditions normales)							
425	hachage fin sans conservateur	**1000** 350	**0,64** 0,22	**0,55** 0,19	**57** 20	**21** 7	**60** 21	**60** 21
	• Maïs (a)							
	Plantes entières							
	Conditions de végétations normales			(b)				
426	laiteux-pâteux (25 % de MS)	**1000** 250	**0,90** 0,23	**0,80** 0,20	**46** 11	**19** 5	**53** 13	**64** 16
427	pâteux-vitreux (30 % de MS)	**1000** 300	**0,90** 0,27	**0,80** 0,24	**44** 13	**18** 5	**52** 16	**66** 20
428	vitreux (35 % de MS)	**1000** 350	**0,90** 0,32	**0,80** 0,28	**42** 15	**18** 6	**50** 18	**68** 24
	Très bonnes conditions de végétation							
429	vitreux (PIOO D'ÉPI > à 65)	**1000** 350	**0,96** 0,34	**0,87** 0,30	**42** 15	**18** 6	**50** 18	**71** 25

(a) Hachage fin sans conservateur
(b) Les valeurs UFV des ensilages de maïs plantes entières, qui sont riches en grain, ont été diminuées de 5 p. 100 pour tenir compte des phénomènes d'interaction entre les concentrés et les fourrages dans la ration des bovins à l'engrais (chap. 7).
En caractères gras : par kg de matière sèche. — En caractères maigres : par kg de produit brut.

N°	VALEUR D'ENCOMBREMENT			Nombre d'essais	CONSTITUANTS ORGANIQUES • **teneurs (g/kg de MS)** • digestibilité (100 × d)				CONSTITUANTS MINERAUX (g/kg de MS)			ENERGIE • **teneurs (Mcal/kg MS)** • digestibilité (100 × dE)		
	UEM	UEL	UEB		MO	MAT	CB	LC	Cendres	P	Ca	EB	ED	EM
418	**2,20** 0,47	**1,25** 0,27	**1,42** 0,30		**913** 68	**93** 55	**298** 68	**327**	**87**	**2,5**	**4,5**	**4,42** 64	**2,83**	**2,29**
419	**1,62** 0,54	**1,11** 0,37	**1,18** 0,40		**901** 66	**95** 56	**297** 71	**326**	**99**	**3,0**	**5,0**	**4,28** 62	**2,65**	**2,16**
420	**1,39** 0,28	**1,19** 0,24	**1,31** 0,27		**908** 67	**127** 64	**305** 66	**334**	**92**	**3,0**	**4,5**	**4,50** 63	**2,82**	**2,29**
421	**1,33** 0,27	**1,10** 0,22	**1,17** 0,24		**908** 67	**127** 63	**305** 66	**334**	**92**	**3,0**	**4,5**	**4,45** 63	**2,79**	**2,27**
422	**2,23** 0,45	**1,32** 0,27	**1,56** 0,32		**908** 67	**127** 64	**305** 66	**334**	**92**	**3,0**	**4,5**	**4,52** 63	**2,83**	**2,26**
423	**2,13** 0,43	**1,22** 0,25	**1,37** 0,28		**908** 67	**127** 63	**305** 66	**334**	**92**	**3,0**	**4,5**	**4,48** 63	**2,80**	**2,25**
424	**1,49** 0,50	**1,08** 0,36	**1,13** 0,38		**895** 65	**132** 64	**301** 70	**330**	**105**	**3,5**	**5,0**	**4,33** 61	**2,62**	**2,12**
425	**1,36** 0,48	**1,01** 0,35	**1,01** 0,35	(7)	**892** 59	**98** 58	**267** 47	**295**	**108**	**3,0**	**4,0**	**4,28** 55	**2,34**	**1,92**
426	**1,29** 0,32	**1,22** 0,31	**1,23** 0,31	(8)	**937** 71	**86** 53	**222** 60	**248**	**63**	**2,0**	**3,0**	**4,47** 68	**3,05**	**2,55**
427	**1,32** 0,40	**1,13** 0,34	**1,13** 0,34	(17)	**942** 71	**84** 52	**205** 59	**231**	**58**	**2,5**	**3,5**	**4,50** 68	**3,07**	**2,57**
428	**1,34** 0,47	**1,03** 0,36	**1,05** 0,37	(30)	**947** 71	**82** 51	**187** 57	**212** 2,5	**53**	**2,5**	**3,5**	**4,43** 68	**3,02**	**2,54**
429	**1,36** 0,48	**0,98** 0,34	**1,00** 0,35	(7)	**953** 74	**82** 51	**165** 55	**189**	**47**	**2,5**	**3,0**	**4,46** 71	**3,17**	**2,68**

N°	Aliments	MS (g/kg)	VALEUR ENERGETIQUE (par kg)		VALEUR AZOTEE (g/kg)			
			UFL	UFV	MAD	PDIA	PDIN	PDIE
	Mauvaises conditions de végétation							
430	températures estivales insuffisantes	**1000**	**0,85**	**0,73**	**62**	**23**	**65**	**66**
	(récolte plus de 2 mois après floraison)	240	0,20	0,17	15	6	16	16
431	gel au stade laiteux-pâteux	**1000**	**0,82**	**0,70**	**59**	**22**	**62**	**66**
	(récolte 3 semaines après le gel)	270	0,22	0,19	16	6	17	18
432	sécheresse (maïs pauvre en épi)	**1000**	**0,84**	**0,73**	**38**	**17**	**47**	**64**
		320	0,27	0,23	12	5	15	20
	Cannes de maïs							
433	à la maturité du grain	**1000**	**0,61**	**0,51**	**28**	**10**	**38**	**46**
		310	0,19	0,16	9	3	12	14
	Épis complets							
434	stade vitreux	**1000**	**1,08**	**1,05**	**42**	**37**	**61**	**98**
		530	0,57	0,56	22	20	32	52
	• Orge							
	Stade laiteux-pâteux (conditions normales)							
435	hachage fin sans conservateur	**1000**	**0,69**	**0,60**	**41**	**18**	**50**	**58**
		350	0,24	0,21	14	6	18	20
	LÉGUMINEUSES FOURRAGÈRES							
	• Luzerne							
	1er cycle, début bourgeonnement							
436	brins courts avec conservateur	**1000**	**0,82**	**0,74**	**132**	**38**	**111**	**79**
		187	0,15	0,14	25	7	21	15
437	brins moyens avec conservateur	**1000**	**0,82**	**0,74**	**132**	**38**	**111**	**79**
		187	0,15	0,14	25	7	21	15
438	préfané coupe fine (35 % de MS)	**1000**	**0,78**	**0,70**	**144**	**31**	**117**	**71**
		335	0,26	0,23	48	10	39	24
	1er cycle, bourgeonnement							
439	brins courts avec conservateur	**1000**	**0,77**	**0,68**	**126**	**36**	**106**	**75**
		197	0,15	0,13	25	7	21	15
440	brins moyens avec conservateur	**1000**	**0,76**	**0,68**	**126**	**36**	**106**	**75**
		197	0,15	0,13	25	7	21	15
441	préfané coupe fine (35 % de MS)	**1000**	**0,74**	**0,64**	**133**	**29**	**110**	**67**
		335	0,25	0,21	45	10	37	22
	2e cycle après coupe à l'épiaison, repousses à tiges de 7 semaines							
442	brins courts avec conservateur	**1000**	**0,76**	**0,67**	**130**	**37**	**109**	**75**
		210	0,16	0,14	27	8	23	16

En caractères gras : par kg de matière sèche. — En caractères maigres : par kg de produit brut.

N°	VALEUR (a) D'ENCOMBREMENT			Nombre d'essais	CONSTITUANTS ORGANIQUES • teneurs (g/kg de MS) • digestibilité (100 × d)				CONSTITUANTS MINERAUX (g/kg de MS)			ENERGIE • teneurs (Mcal/kg MS) • digestibilité (100 × dE)		
	UEM	UEL	UEB		MO	MAT	CB	LC	Cendres	P	Ca	EB	ED	EM
430	**1,53**	**1,25**	**1,26**	(18)	**944**	**105**	**226**	**253**	**56**	**2,0**	**3,0**	**4,50**	**2,94**	**2,43**
	0,37	0,30	0,30		68	59	61					65		
431	**1,50**	**1,25**	**1,26**	(6)	**929**	**101**	**225**	**251**	**71**	**2,0**	**3,5**	**4,43**	**2,85**	**2,35**
	0,41	0,34	0,34		67	58	59					64		
432	**1,42**	**1,15**	**1,16**	(13)	**943**	**77**	**203**	**229**	**57**	**2,0**	**3,0**	**4,41**	**2,88**	**2,41**
	0,45	0,37	0,37		68	49	56					65		
433	**2,50**			(4)	**907**	**66**	**337**	**368**	**93**	**3,0**	**1,5**	**4,28**	**2,26**	**1,82**
	0,78				57	42	65					53		
434	**1,56**			(6)	**981**	**83**	**90**	**111**	**19**	**3,5**	**0,2**	**4,65**	**3,50**	**2,98**
	0,83				78	51	0					75		
435	**1,36**	**1,06**	**1,10**	(2)	**930**	**81**	**200**	**226**	**70**	**3,0**	**4,0**	**4,51**	**2,47**	**2,06**
	0,48	0,37	0,39		59	51	29					55		
436	**1,07**	**1,02**	**1,03**		**888**	**190**	**300**	**361**	**112**	**3,0**	**16,0**	**4,54**	**2,93**	**2,37**
	0,20	0,19	0,19		69	70	56					65		
437	**1,24**	**1,08**	**1,12**		**888**	**190**	**300**	**361**	**112**	**3,0**	**16,0**	**4,56**	**2,95**	**2,36**
	0,23	0,20	0,21		69	70	56					65		
438	**1,11**	**0,98**	**0,97**		**883**	**206**	**292**	**353**	**117**	**3,5**	**19,0**	**4,56**	**2,85**	**2,29**
	0,37	0,33	0,32		67	70	59					63		
439	**1,10**	**1,04**	**1,05**		**892**	**182**	**318**	**380**	**108**	**3,0**	**16,5**	**4,54**	**2,79**	**2,24**
	0,22	0,20	0,21		65	69	53					61		
440	**1,28**	**1,10**	**1,14**		**892**	**182**	**318**	**380**	**108**	**3,0**	**16,5**	**4,56**	**2,80**	**2,24**
	0,25	0,22	0,22		65	69	53					61		
441	**1,15**	**1,01**	**1,00**		**888**	**193**	**308**	**370**	**112**	**3,5**	**19,0**	**4,56**	**2,71**	**2,17**
	0,39	0,34	0,34		63	69	56					59		
442	**1,06**	**1,04**	**1,05**		**896**	**187**	**330**	**392**	**104**	**2,5**	**15,0**	**4,57**	**2,76**	**2,22**
	0,22	0,22	0,22		64	69	48					60		

(a) Pour des teneurs en matière sèche différentes, les valeurs d'encombrement des légumineuses fourragères sont à corriger à partir du tableau 16.4.

N°	Aliments	MS (g/kg)	VALEUR ENERGETIQUE (par kg)		VALEUR AZOTEE (g/kg)			
			UFL	UFV	MAD	PDIA	PDIN	PDIE
443	brins moyens avec conservateur	**1000**	**0,75**	**0,66**	**130**	**37**	**109**	**75**
		210	0,16	0,14	27	8	23	16
444	préfané coupe fine (35 % de MS)	**1000**	**0,73**	**0,63**	**137**	**30**	**113**	**67**
		335	0,24	0,21	46	10	38	22
	• Trèfle violet							
	1er cycle, début bourgeonnement							
445	brins courts avec conservateur	**1000**	**0,90**	**0,84**	**122**	**36**	**104**	**80**
		176	0,16	0,15	22	6	18	14
446	brins moyens avec conservateur	**1000**	**0,89**	**0,83**	**122**	**36**	**104**	**80**
		176	0,16	0,15	22	6	18	14
	1er cycle, bourgeonnement							
447	brins courts avec conservateur	**1000**	**0,86**	**0,79**	**116**	**34**	**100**	**78**
		186	0,16	0,15	22	6	19	15
448	brins moyens avec conservateur	**1000**	**0,86**	**0,79**	**116**	**34**	**100**	**78**
		186	0,16	0,15	22	6	19	15
	2e cycle après coupe à l'épiaison, repousses à tiges de 7 semaines							
449	brins courts avec conservateur	**1000**	**0,81**	**0,73**	**125**	**36**	**106**	**76**
		216	0,17	0,16	27	8	23	16
450	brins moyens avec conservateur	**1000**	**0,80**	**0,72**	**125**	**36**	**106**	**76**
		216	0,17	0,16	27	8	23	16
	ENSILAGES DIVERS							
	• Féverole							
	Stade graine consistante							
451	hachage fin avec conservateur	**1000**	**0,77**	**0,69**	**94**	**27**	**82**	**68**
		262	0,20	0,18	25	7	21	18
	• Pois							
	Stade graine consistante							
452	hachage fin avec conservateur	**1000**	**0,89**	**0,83**	**106**	**31**	**91**	**74**
		280	0,25	0,23	30	9	25	21
	• Tournesol							
	stade graine consistante							
453	hachage fin sans conservateur	**1000**	**0,73**	**0,64**	**68**	**24**	**65**	**56**
		230	0,17	0,15	16	6	15	13

En caractères gras : par kg de matière sèche. — En caractères maigres : par kg de produit brut.

N°	VALEUR (a) D'ENCOMBREMENT			Nombre d'essais	CONSTITUANTS ORGANIQUES • teneurs (g/kg de MS) • digestibilité (100 × d)				CONSTITUANTS MINERAUX (g/kg de MS)			ENERGIE • teneurs (Mcal/kg MS) • digestibilité (100 × dE)		
	UEM	UEL	UEB		MO	MAT	CB	LC	Cendres	P	Ca	EB	ED	EM
443	1,23	1,10	1,14		896	187	330	392	104	2,5	15,0	4,59	2,77	2,21
	0,26	0,23	0,24		64	69	48					60		
444	1,10	1,01	1,00		895	198	319	381	105	3,0	16,5	4,61	2,69	2,15
	0,37	0,34	0,34		62	69	50					58		
445	1,02	1,03	1,04		878	178	239	324	122	3,0	12,5	4,45	3,09	2,54
	0,18	0,18	0,18		73	69	67					70		
446	1,18	1,09	1,14		878	178	239	324	122	3,0	12,5	4,47	3,11	2,53
	0,21	0,19	0,20		73	69	67					70		
447	1,03	1,03	1,04		891	171	257	343	109	3,0	12,0	4,49	3,01	2,46
	0,19	0,19	0,19		71	68	66					67		
448	1,20	1,09	1,13		891	171	257	343	109	3,0	12,0	4,51	3,02	2,46
	0,22	0,20	0,21		71	68	66					67		
449	0,98	0,98	0,94		893	181	253	339	107	3,0	14,0	4,53	2,85	2,33
	0,21	0,21	0,20		67	69	58					63		
450	1,13	1,03	1,03		893	181	253	339	107	3,0	14,0	4,55	2,87	2,33
	0,24	0,22	0,22		67	69	58					63		
451	1,20			(3)	907	145	286	347	93	3,5	13,0	4,47	2,76	2,25
	0,31				66	65	45					62		
452	1,08			(4)	910	155	211	269	90	3,0	13,0	4,47	3,06	2,53
	0,30				72	68	55					68		
453	1,63			(3)	899	105	273	333	101	3,0	13,0	4,59	2,66	2,16
	0,37				62	65	46					58		

(a) Pour des teneurs en matière sèche différentes, les valeurs d'encombrement du trèfle violet sont à corriger à partir du tableau 16.4.

N°	Aliments	MS (g/kg)	VALEUR ENERGETIQUE (par kg) UFL	UFV	VALEUR AZOTEE (g/kg) MAD	PDIA	PDIN	PDIE
	• Choux (toutes variétés confondues)							
454	hachage fin sans conservateur	**1000** 157	**1,03** 0,16	**0,99** 0,16	**114** 18	**34** 5	**94** 15	**79** 12
	FOINS (a)							
	PRAIRIES PERMANENTES							
	• Prairie permanente de plaine (Normandie)							
	1er cycle, 25/05, début épiaison							
455	ventilé	**1000** 850	**0,80** 0,68	**0,72** 0,61	**75** 64	**34** 29	**79** 67	**85** 72
456	fané au sol par beau temps	**1000** 850	**0,80** 0,68	**0,72** 0,61	**75** 64	**34** 29	**79** 67	**86** 73
457	fané au sol par temps de pluie (temps de séjour au sol inférieur a 10 jours)	**1000** 850	**0,76** 0,65	**0,67** 0,57	**70** 59	**32** 27	**76** 65	**83** 71
458	fané au sol par temps de pluie (temps de séjour au sol supérieur à 10 jours)	**1000** 850	**0,71** 0,60	**0,62** 0,53	**65** 55	**31** 26	**73** 62	**80** 68
	1er cycle, 10/06, épiaison							
459	ventilé	**1000** 850	**0,71** 0,60	**0,63** 0,54	**55** 47	**27** 23	**65** 55	**76** 65
460	fané au sol par beau temps	**1000** 850	**0,72** 0,61	**0,63** 0,54	**55** 47	**27** 23	**65** 55	**77** 65
461	fané au sol par temps de pluie (temps de séjour au sol inférieur à 10 jours)	**1000** 850	**0,69** 0,59	**0,60** 0,51	**49** 42	**26** 22	**62** 53	**75** 64
462	fané au sol par temps de pluie (temps de séjour au sol supérieur à 10 jours)	**1000** 850	**0,65** 0,55	**0,55** 0,47	**45** 38	**25** 21	**59** 50	**71** 60
	1er cycle, 25/06, floraison							
463	ventilé	**1000** 850	**0,63** 0,54	**0,53** 0,45	**41** 35	**23** 20	**55** 47	**68** 58
464	fané au sol par beau temps	**1000** 850	**0,63** 0,54	**0,53** 0,45	**41** 35	**23** 20	**55** 47	**69** 59
465	fané au sol par temps de pluie (temps de séjour au sol inférieur à 10 jour)	**1000** 850	**0,61** 0,52	**0,51** 0,43	**35** 30	**22** 19	**52** 44	**67** 57
466	fané au sol par temps de pluie (temps de séjour au sol supérieur à 10 jours)	**1000** 850	**0,58** 0,49	**0,48** 0,41	**30** 26	**21** 18	**49** 42	**64** 54
	2e cycle après coupe à l'épiaison, repousses feuillues de 7 semaines							
467	ventilé	**1000** 850	**0,79** 0,67	**0,71** 0,60	**90** 76	**39** 33	**92** 78	**90** 77

En caractères gras : par kg de matière sèche. — En caractères maigres : par kg de produit brut.
(a) Quand le nombre d'essais ne figure pas, les valeurs ont été établies à partir de celles des fourrages verts à l'aide des relations de passage établies sur 154 comparaisons (cf. Bull. Tech. CRZV Theix, INRA, 70).

N°	VALEUR D'ENCOMBREMENT			Nombre d'essais (a)	CONSTITUANTS ORGANIQUES • teneurs (g/kg de MS) • digestibilité (100 × d)				CONSTITUANTS MINERAUX (g/kg de MS)			ENERGIE • teneurs (Mcal/kg MS) • digestibilité (100 × dE)		
	UEM	UEL	UEB		MO	MAT	CB	LC	Cendres	P	Ca	EB	ED	EM
454				(30)	**888**	**157**	**190**	**247**	**112**	**3,0**	**13,5**	**4,51**	**3,45**	**2,84**
					79	72	73					77		
455	**1,21**	**1,02**	**1,04**		**910**	**127**	**295**	**324**	**90**	**3,5**	**6,5**	**4,42**	**2,82**	**2,31**
	1,03	0,87	0,88		67	59	71					64		
456	**1,30**	**1,02**	**1,04**		**910**	**127**	**295**	**324**	**90**	**3,5**	**6,5**	**4,42**	**2,82**	**2,30**
	1,11	0,87	0,88		67	59	71					64		
457	**1,40**	**1,08**	**1,13**		**909**	**122**	**317**	**347**	**91**	**3,0**	**6,0**	**4,40**	**2,72**	**2,20**
	1,19	0,92	0,96		65	57	71					62		
458	**1,49**	**1,14**	**1,23**		**917**	**117**	**329**	**359**	**83**	**3,0**	**5,0**	**4,43**	**2,59**	**2,10**
	1,27	0,97	1,05		62	56	71					59		
459	**1,42**	**1,11**	**1,20**		**919**	**104**	**333**	**364**	**81**	**3,0**	**6,0**	**4,42**	**2,59**	**2,11**
	1,21	0,94	1,02		62	53	65					59		
460	**1,53**	**1,11**	**1,20**		**922**	**104**	**333**	**364**	**78**	**3,0**	**6,0**	**4,43**	**2,60**	**2,11**
	1,30	0,94	1,02		62	53	65					59		
461	**1,69**	**1,16**	**1,29**		**921**	**99**	**351**	**382**	**79**	**2,5**	**5,5**	**4,42**	**2,54**	**2,05**
	1,44	0,99	1,10		61	50	65					57		
462	**1,81**	**1,22**	**1,39**		**927**	**94**	**363**	**395**	**73**	**2,5**	**5,0**	**4,44**	**2,41**	**1,94**
	1,54	1,04	1,18		58	47	65					54		
463	**1,55**	**1,16**	**1,31**		**919**	**88**	**353**	**384**	**81**	**3,0**	**5,5**	**4,39**	**2,34**	**1,89**
	1,32	0,99	1,11		57	47	62					53		
464	**1,69**	**1,16**	**1,31**		**923**	**88**	**353**	**384**	**77**	**3,0**	**5,5**	**4,41**	**2,35**	**1,90**
	1,44	0,99	1,11		57	46	62					53		
465	**1,88**	**1,21**	**1,40**		**922**	**83**	**370**	**402**	**78**	**2,5**	**5,0**	**4,40**	**2,30**	**1,85**
	1,60	1,03	1,19		56	42	62					52		
466	**2,03**	**1,26**	**1,50**		**928**	**78**	**382**	**414**	**72**	**2,5**	**4,5**	**4,42**	**2,21**	**1,77**
	1,73	1,07	1,28		53	39	62					50		
467	**1,21**	**1,02**	**1,03**		**908**	**148**	**295**	**324**	**92**	**3,5**	**8,0**	**4,45**	**2,81**	**2,29**
	1,03	0,87	0,88		67	61	69					63		

N°	Aliments	MS (g/kg)	VALEUR ENERGETIQUE (par kg)		VALEUR AZOTEE (g/kg)			
			UFL	UFV	MAD	PDIA	PDIN	PDIE
468	fané au sol par beau temps	**1000**	**0,79**	**0,71**	**90**	**39**	**92**	**90**
		850	0,67	0,60	76	33	78	77
469	fané au sol par temps de pluie (temps de séjour au sol inférieur à 10 jours)	**1000**	**0,75**	**0,66**	**83**	**38**	**89**	**87**
		850	0,64	0,56	71	32	76	74
470	fané au sol par temps de pluie (temps de séjour au sol supérieur à 10 jours)	**1000**	**0,70**	**0,61**	**79**	**36**	**86**	**83**
		850	0,60	0,52	67	31	73	71
	• Prairie de plaine méditerranéenne (Crau)							
	1er cycle, 10/05, coupe précoce							
471	fané au sol par beau temps	**1000**	**0,77**	**0,69**	**64**	**30**	**70**	**80**
		850	0,65	0,59	54	26	60	68
472	fané au sol par temps de pluie (temps de séjour au sol inférieur à 10 jours)	**1000**	**0,73**	**0,65**	**59**	**28**	**67**	**78**
		850	0,62	0,55	50	24	57	66
473	fané au sol par temps de pluie (temps de séjour au sol supérieur à 10 jours)	**1000**	**0,69**	**0,60**	**54**	**27**	**64**	**75**
		850	0,59	0,51	46	23	54	64
	1er cycle, 25/05, coupe tardive							
474	fané au sol par beau temps	**1000**	**0,63**	**0,53**	**52**	**26**	**60**	**69**
		850	0,54	0,45	45	22	51	59
	2e cycle, 10/07							
475	fané au sol par beau temps	**1000**	**0,75**	**0,66**	**71**	**32**	**76**	**81**
		850	0,64	0,56	60	27	65	69
	3e cycle, 25/08							
476	fané au sol par beau temps	**1000**	**0,79**	**0,72**	**83**	**35**	**83**	**86**
		850	0,67	0,61	71	30	71	73
	• Prairie permanente de demi-montagne (Auvergne)							
	1er cycle, 10/06, début épiaison							
477	ventilé	**1000**	**0,82**	**0,74**	**91**	**38**	**88**	**89**
		850	0,70	0,63	77	32	75	76
478	fané au sol par beau temps	**1000**	**0,82**	**0,74**	**91**	**38**	**88**	**90**
		850	0,70	0,63	77	32	75	77
479	fané au sol par temps de pluie (temps de séjour au sol inférieur à 10 jours)	**1000**	**0,77**	**0,69**	**85**	**36**	**85**	**87**
		850	0,65	0,59	73	31	72	74
480	fané au sol par temps de pluie (temps de séjour au sol supérieur à 10 jours)	**1000**	**0,73**	**0,63**	**81**	**35**	**82**	**84**
		850	0,62	0,54	69	30	70	71
	1er cycle, 25/06 épiaison							
481	ventilé	**1000**	**0,72**	**0,64**	**59**	**28**	**66**	**77**
		850	0,61	0,54	50	24	56	65

En caractères gras : par kg de matière sèche. — En caractères maigres : par kg de produit brut.

N°	VALEUR D'ENCOMBREMENT			Nombre d'essais	CONSTITUANTS ORGANIQUES • teneurs (g/kg de MS) • digestibilité (100 × d)				CONSTITUANTS MINERAUX (g/kg de MS)			ENERGIE • teneurs (Mcal/kg MS) • digestibilité (100 × dE)		
	UEM	UEL	UEB		MO	MAT	CB	LC	Cendres	P	Ca	EB	ED	EM
468	1,29	1,02	1,03		908	148	295	324	92	3,5	8,0	4,45	2,81	2,28
	1,10	0,87	0,88		67	61	69					63		
469	1,40	1,08	1,12		906	143	317	347	94	3,0	7,0	4,43	2,71	2,18
	1,19	0,92	0,95		65	58	69					61		
470	1,48	1,14	1,22		915	138	329	359	85	3,0	6,5	4,46	2,59	2,08
	1,26	0,97	1,04		62	57	69					58		
471	1,37			(1)	905	112	281	310	95	3,0	10,5	4,37	2,72	2,23
	1,16				66	57	62					62		
472	1,49				903	107	304	333	97	2,5	9,5	4,35	2,63	2,14
	1,27				64	55	62					60		
473	1,59				912	102	316	346	88	2,5	8,5	4,38	2,52	2,04
	1,35				61	53	62					57		
474	1,50			(2)	913	97	328	358	87	3,0	10,0	4,38	2,32	1,88
	1,28				56	54	57					53		
475	1,06			(2)	918	122	269	297	82	3,0	11,0	4,45	2,65	2,19
	0,90				63	58	56					60		
476	1,17			(2)	905	133	258	286	95	4,0	13,0	4,41	2,79	2,30
	0,99				67	63	61					63		
477	1,16	0,98	0,97		916	142	285	314	84	4,0	7,5	4,47	2,87	2,35
	0,99	0,83	0,82		68	64	71					64		
478	1,25	0,98	0,97		919	142	285	314	81	4,0	7,5	4,49	2,88	2,35
	1,06	0,83	0,82		68	64	71					64		
479	1,36	1,04	1,05		918	137	308	338	82	3,5	6,5	4,47	2,77	2,25
	1,16	0,88	0,89		66	62	71					62		
480	1,45	1,10	1,16		925	132	320	350	75	3,0	6,0	4,50	2,64	2,14
	1,23	0,94	0,99		62	61	71					59		
481	1,22	1,04	1,07		923	106	324	354	77	3,0	7,0	4,44	2,60	2,13
	1,04	0,88	0,91		62	56	64					59		

N°	Aliments	MS (g/kg)	VALEUR ENERGETIQUE (par kg)		VALEUR AZOTEE (g/kg)			
			UFL	UFV	MAD	PDIA	PDIN	PDIE
482	fané au sol par beau temps	**1000** 850	**0,73** 0,62	**0,64** 0,54	**59** 50	**28** 24	**66** 56	**78** 66
483	fané au sol par temps de pluie (temps de séjour au sol inférieur à 10 jours)	**1000** 850	**0,70** 0,60	**0,61** 0,52	**53** 45	**27** 23	**63** 54	**76** 65
484	fané au sol par temps de pluie (temps de séjour au sol supérieur à 10 jours)	**1000** 850	**0,66** 0,56	**0,56** 0,48	**49** 42	**25** 21	**60** 51	**72** 61
	1er cycle, 10/07, floraison							
485	ventilé	**1000** 850	**0,63** 0,54	**0,53** 0,45	**44** 37	**23** 20	**55** 47	**67** 57
486	fané au sol par beau temps	**1000** 850	**0,63** 0,54	**0,53** 0,45	**44** 37	**23** 20	**55** 47	**68** 58
487	fané au sol par temps de pluie (temps de séjour au sol inférieur à 10 jours)	**1000** 850	**0,61** 0,52	**0,51** 0,43	**38** 32	**22** 19	**52** 44	**66** 56
488	fané au sol par temps de pluie (temps de séjour au sol supérieur à 10 jours)	**1000** 850	**0,58** 0,49	**0,47** 0,40	**33** 28	**21** 18	**49** 42	**64** 54
	2e cycle après coupe à l'épiaison, repousses feuillues de 6 semaines							
489	ventilé	**1000** 850	**0,83** 0,71	**0,75** 0,64	**143** 122	**53** 45	**125** 106	**103** 88
490	fané au sol par beau temps	**1000** 850	**0,83** 0,71	**0,75** 0,64	**143** 122	**53** 45	**125** 106	**103** 88
491	fané au sol par temps de pluie (temps de séjour au sol inférieur à 10 jours)	**1000** 850	**0,78** 0,66	**0,70** 0,60	**137** 116	**52** 44	**121** 103	**100** 85
492	fané au sol par temps de pluie (temps de séjour au sol supérieur à 10 jours)	**1000** 850	**0,74** 0,63	**0,64** 0,54	**132** 112	**50** 43	**118** 100	**97** 82
	• Prairie permanente de montagne (Alpes du Nord) (a)							
	A base de graminées							
	1er cycle, épiaison du dactyle (b)							
493	ventilé ou fané au sol par beau temps	**1000** 850	**0,71** 0,60	**0,62** 0,53	**66** 56	**30** 26	**70** 60	**77** 65
494	fané au sol par temps de pluie (temps de séjour au sol supérieur à 10 jours)	**1000** 850	**0,65** 0,54	**0,55** 0,46	**55** 47	**27** 23	**64** 54	**72** 61
	1er cycle, fructification du dactyle (c)							
495	ventilé ou fané au sol par beau temps	**1000** 850	**0,57** 0,48	**0,47** 0,39	**29** 25	**19** 16	**44** 37	**60** 51
496	fané au sol par temps de pluie (temps de séjour au sol supérieur à 10 jours	**1000** 850	**0,54** 0,46	**0,43** 0,36	**18** 16	**16** 14	**38** 32	**56** 48

(a) Dans l'attente d'un dépouillement plus complet des résultats obtenus par le Groupement d'intérêt scientifique des Alpes du Nord, ces valeurs ont été estimées à partir des lois générales concernant les modifications dues à la fenaison et mises au point au laboratoire des Aliments.
(b) Le 10 juin à 1 000 m d'altitude.
(c) Le 10 juillet à 1 000 m d'altitude.
En caractères gras : par kg de matière sèche. — En caractères maigres : par kg de produit brut.

N°	VALEUR D'ENCOMBREMENT			Nombre d'essais	CONSTITUANTS ORGANIQUES • teneurs (g/kg de MS) • digestibilité (100 × d)				CONSTITUANTS MINERAUX (g/kg de MS)			ENERGIE • teneurs (Mcal/kg MS) • digestibilité (100 × dE)		
	UEM	UEL	UEB		MO	MAT	CB	LC	Cendres	P	Ca	EB	ED	EM
482	**1,32**	**1,04**	**1,07**		**928**	**106**	**324**	**354**	**72**	**3,0**	**7,0**	**4,46**	**2,62**	**2,14**
	1,12	0,88	0,91		62	56	64					59		
483	**1,44**	**1,10**	**1,16**		**927**	**101**	**344**	**375**	**73**	**2,5**	**6,5**	**4,45**	**2,56**	**2,08**
	1,22	0,94	0,99		61	53	64					57		
484	**1,54**	**1,16**	**1,27**		**932**	**96**	**356**	**387**	**68**	**2,5**	**5,5**	**4,47**	**2,42**	**1,96**
	1,31	0,99	1,08		58	51	64					54		
485	**1,37**	**1,11**	**1,20**		**916**	**88**	**342**	**373**	**84**	**2,5**	**5,5**	**4,38**	**2,32**	**1,88**
	1,16	0,94	1,02		56	50	57					53		
486	**1,49**	**1,11**	**1,20**		**919**	**88**	**342**	**373**	**81**	**2,5**	**5,5**	**4,39**	**2,32**	**1,88**
	1,27	0,94	1,02		56	50	57					53		
487	**1,66**	**1,16**	**1,29**		**918**	**83**	**360**	**392**	**82**	**2,5**	**5,0**	**4,38**	**2,27**	**1,83**
	1,41	0,99	1,10		55	46	57					52		
488	**1,79**	**1,22**	**1,39**		**925**	**78**	**372**	**404**	**75**	**2,0**	**4,5**	**4,40**	**2,19**	**1,76**
	1,52	1,04	1,18		53	43	57					50		
489	**1,09**	**0,97**	**0,95**		**909**	**200**	**255**	**283**	**91**	**4,0**	**11,0**	**4,54**	**2,95**	**2,39**
	0,93	0,82	0,81		69	72	71					65		
490	**1,17**	**0,97**	**0,95**		**910**	**200**	**255**	**283**	**90**	**4,0**	**11,0**	**4,54**	**2,95**	**2,39**
	0,99	0,82	0,81		69	72	71					65		
491	**1,27**	**1,03**	**1,04**		**908**	**195**	**280**	**309**	**92**	**3,5**	**10,0**	**4,53**	**2,83**	**2,27**
	1,08	0,88	0,88		66	70	71					63		
492	**1,34**	**1,09**	**1,14**		**916**	**190**	**292**	**321**	**84**	**3,0**	**8,0**	**4,56**	**2,71**	**2,17**
	1,14	0,93	0,97		63	70	71					59		
493	**1,22**	**1,04**	**1,07**		**918**	**113**	**327**	**357**	**82**	**3,0**	**7,5**	**4,43**	**2,56**	**2,10**
	1,04	0,88	0,91		61	58						58		
494	**1,54**	**1,16**	**1,27**		**927**	**103**	**358**	**389**	**73**	**2,5**	**6,0**	**4,45**	**2,39**	**1,96**
	1,31	0,99	1,08		57	54						54		
495	**1,37**	**1,11**	**1,20**		**924**	**71**	**390**	**423**	**76**	**2,0**	**7,0**	**4,39**	**2,12**	**1,74**
	1,16	0,94	1,02		52	41						48		
496	**1,79**	**1,22**	**1,39**		**933**	**61**	**416**	**450**	**67**	**1,5**	**5,5**	**4,41**	**2,03**	**1,67**
	1,52	1,04	1,18		49	30						46		

N°	Aliments	MS (g/kg)	VALEUR ENERGETIQUE (par kg)		VALEUR AZOTEE (g/kg)			
			UFL	UFV	MAD	PDIA	PDIN	PDIE
	2e cycle, repousses feuillues de 6 semaines							
497	fané au sol par beau temps	**1000** 850	**0,73** 0,62	**0,65** 0,54	**89** 76	**36** 31	**86** 73	**84** 71
	A base de dicotylédones (a)							
	1er cycle, épiaison du dactyle (b)							
498	ventilé ou fané au sol par beau temps	**1000** 850	**0,72** 0,61	**0,64** 0,54	**73** 62	**32** 27	**75** 64	**79** 67
499	fané au sol par temps de pluie (temps de séjour au sol supérieur à 10 jours)	**1000** 850	**0,66** 0,55	**0,57** 0,47	**63** 53	**29** 25	**69** 59	**74** 63
	1er cycle, fructification du dactyle (c)							
500	ventilé ou fané au sol par beau temps	**1000** 850	**0,65** 0,54	**0,55** 0,46	**37** 31	**21** 18	**50** 43	**66** 56
501	fané au sol par temps de pluie (temps de séjour au sol supérieur à 10 jours)	**1000** 850	**0,60** 0,50	**0,50** 0,42	**26** 22	**18** 15	**44** 37	**62** 53
	2e cycle, repousses feuillues de 6 semaines							
502	fané au sol par beau temps	**1000** 850	**0,74** 0,62	**0,65** 0,54	**92** 78	**37** 31	**88** 75	**84** 71
	GRAMINÉES							
	• Dactyle							
	1er cycle, épiaison							
503	ventilé	**1000** 850	**0,76** 0,65	**0,69** 0,59	**87** 74	**36** 31	**86** 73	**87** 74
504	fané au sol par beau temps	**1000** 850	**0,76** 0,65	**0,68** 0,58	**87** 74	**36** 31	**86** 73	**87** 74
505	fané au sol par temps de pluie (temps de séjour au sol inférieur à 10 jours)	**1000** 850	**0,72** 0,61	**0,64** 0,54	**81** 69	**35** 30	**83** 71	**84** 71
506	fané au sol par temps de pluie (temps de séjour au sol supérieur à 10 jours)	**1000** 850	**0,68** 0,58	**0,59** 0,50	**76** 65	**34** 29	**80** 68	**81** 69
	1er cycle, floraison							
507	ventilé	**1000** 850	**0,60** 0,51	**0,51** 0,43	**47** 40	**25** 21	**58** 49	**68** 58
508	fané au sol par beau temps	**1000** 850	**0,60** 0,51	**0,51** 0,43	**47** 40	**25** 21	**58** 49	**69** 59

(a) Dans l'attente d'un dépouillement plus complet des résultats obtenus par le Groupement d'intérêt scientifique des Alpes du Nord, ces valeurs ont été estimées à partir des lois générales concernant les modifications dues à la fenaison et mises au point au laboratoire des Aliments.
(b) le 10 juin à 1 000 m d'altitude.
(c) le 10 juillet à 1 000 m d'altitude.
En caractères gras : par kg de matière sèche. — En caractères maigres : par kg de produit brut.

N°	VALEUR D'ENCOMBREMENT			Nombre d'essais	CONSTITUANTS ORGANIQUES • **teneurs (g/kg de MS)** • digestibilité (100 × d)				CONSTITUANTS MINERAUX (g/kg de MS)			ENERGIE • **teneurs (Mcal/kg MS)** • digestibilité (100 × dE)		
	UEM	UEL	UEB		MO	MAT	CB	LC	Cendres	P	Ca	EB	ED	EM
497	**1,17**	**0,97**	**0,95**		**906**	**138**	**282**	**311**	**94**	**3,5**	**11,0**	**4,42**	**2,62**	**2,15**
	0,99	0,82	0,81		63	65						59		
498	**1,70**	**1,20**	**1,35**		**912**	**121**	**276**	**304**	**88**	**3,5**	**12,0**	**4,42**	**2,58**	**2,13**
	1,45	1,02	1,15		62	60						59		
499	**2,30**	**1,35**	**1,60**		**920**	**111**	**312**	**342**	**80**	**3,0**	**9,5**	**4,44**	**2,41**	**1,98**
	1,96	1,15	1,36		58	56						54		
500	**2,15**	**1,30**	**1,55**		**918**	**80**	**333**	**364**	**82**	**3,0**	**14,0**	**4,37**	**2,34**	**1,93**
	1,83	1,11	1,32		57	46						53		
501	**2,45**	**1,40**	**1,75**		**927**	**70**	**363**	**395**	**73**	**2,5**	**11,0**	**4,40**	**2,21**	**1,82**
	2,08	1,19	1,49		54	38						50		
502	**1,20**	**1,00**	**1,00**		**898**	**141**	**208**	**234**	**102**	**4,0**	**18,0**	**4,39**	**2,61**	**2,15**
	1,02	0,85	0,85		63	65						59		
503	**1,27**	**1,05**	**1,08**		**899**	**138**	**307**	**337**	**101**	**2,5**	**3,0**	**4,30**	**2,72**	**2,21**
	1,08	0,89	0,92		67	63	72					63		
504	**1,36**	**1,05**	**1,08**		**896**	**138**	**307**	**337**	**104**	**2,5**	**3,0**	**4,29**	**2,71**	**2,20**
	1,16	0,89	0,92		67	63	72					63		
505	**1,49**	**1,10**	**1,17**		**894**	**133**	**328**	**358**	**106**	**2,5**	**2,5**	**4,27**	**2,61**	**2,10**
	1,27	0,94	0,99		65	61	72					61		
506	**1,58**	**1,17**	**1,27**		**905**	**128**	**340**	**371**	**95**	**2,0**	**2,5**	**4,31**	**2,50**	**2,01**
	1,34	0,99	1,08		62	60	72					58		
507	**1,53**	**1,15**	**1,29**		**912**	**93**	**357**	**388**	**88**	**2,0**	**2,5**	**4,28**	**2,25**	**1,82**
	1,30	0,98	1,10		56	51	59					53		
508	**1,66**	**1,15**	**1,29**		**914**	**93**	**357**	**388**	**86**	**2,0**	**2,5**	**4,29**	**2,26**	**1,82**
	1,41	0,98	1,10		56	51	59					53		

N°	Aliments	MS (g/kg)	VALEUR ENERGETIQUE (par kg)		VALEUR AZOTEE (g/kg)			
			UFL	UFV	MAD	PDIA	PDIN	PDIE
509	fané au sol par temps de pluie (temps de séjour au sol inférieur à 10 jours)	**1000** 850	**0,59** 0,50	**0,48** 0,41	**41** 35	**23** 20	**55** 47	**67** 57
510	fané au sol par temps de pluie (temps de séjour au sol supérieur à 10 jours)	**1000** 850	**0,56** 0,48	**0,45** 0,38	**37** 31	**22** 19	**52** 44	**64** 54
	2e cycle après coupe à l'épiaison, repousses feuillues de 7 semaines							
511	ventilé	**1000** 850	**0,70** 0,60	**0,62** 0,53	**87** 74	**37** 31	**87** 74	**84** 71
512	fané au sol par beau temps	**1000** 850	**0,70** 0,60	**0,61** 0,52	**87** 74	**37** 31	**87** 74	**84** 71
513	fané au sol par temps de pluie (temps de séjour au sol inférieur à 10 jours)	**1000** 850	**0,68** 0,58	**0,59** 0,50	**80** 68	**35** 30	**83** 71	**81** 69
514	fané au sol par temps de pluie (temps de séjour au sol supérieur à 10 jours	**1000** 850	**0,64** 0,54	**0,54** 0,46	**75** 64	**34** 29	**80** 68	**78** 66
	• Fétuque élevée							
	1er cycle, épiaison							
515	ventilé	**1000** 850	**0,67** 0,57	**0,58** 0,49	**59** 50	**28** 24	**66** 56	**74** 63
516	fané au sol par beau temps	**1000** 850	**0,66** 0,56	**0,58** 0,49	**59** 50	**28** 24	**66** 56	**74** 63
517	fané au sol par temps de pluie (temps de séjour au sol inférieur à 10 jours)	**1000** 850	**0,64** 0,54	**0,55** 0,47	**54** 46	**27** 23	**63** 54	**73** 62
518	fané au sol par temps de pluie (temps de séjour au sol supérieur à 10 jours)	**1000** 850	**0,61** 0,52	**0,51** 0,43	**49** 41	**25** 21	**60** 51	**70** 60
	1er cycle, floraison							
519	ventilé	**1000** 850	**0,57** 0,48	**0,47** 0,40	**47** 40	**24** 20	**57** 48	**66** 56
520	fané au sol par beau temps	**1000** 850	**0,57** 0,48	**0,47** 0,40	**47** 40	**24** 20	**57** 48	**66** 56
521	fané au sol par temps de pluie (temps de séjour au sol inférieur à 10 jours)	**1000** 850	**0,55** 0,47	**0,45** 0,38	**41** 35	**23** 20	**54** 46	**64** 54
522	fané au sol par temps de pluie (temps de séjour au sol supérieur à 10 jours)	**1000** 850	**0,53** 0,45	**0,43** 0,37	**37** 31	**22** 19	**51** 43	**62** 53
	2e cycle après coupe à l'épiaison, repousses feuillues de 7 semaines							
523	ventilé	**1000** 850	**0,70** 0,60	**0,61** 0,52	**78** 66	**34** 29	**80** 68	**81** 69
524	fané au sol par beau temps	**1000** 850	**0,69** 0,59	**0,61** 0,52	**78** 66	**34** 29	**80** 68	**80** 68

En caractères gras : par kg de matière sèche. — En caractères maigres : par kg de produit brut.

N°	VALEUR D'ENCOMBREMENT			Nombre d'essais	CONSTITUANTS ORGANIQUES • teneurs (g/kg de MS) • digestibilité (100 × d)				CONSTITUANTS MINERAUX (g/kg de MS)			ENERGIE • teneurs (Mcal/kg MS) • digestibilité (100 × dE)		
	UEM	UEL	UEB		MO	MAT	CB	LC	Cendres	P	Ca	EB	ED	EM
509	**1,85**	**1,20**	**1,38**		**912**	**88**	**374**	**406**	**88**	**2,0**	**2,5**	**4,27**	**2,21**	**1,77**
	1,57	1,02	1,17		55	47	59					52		
510	**1,99**	**1,25**	**1,48**		**920**	**83**	**386**	**419**	**80**	**1,5**	**2,0**	**4,30**	**2,13**	**1,70**
	1,69	1,06	1,26		53	44	59					49		
511	**1,19**	**1,01**	**1,02**		**903**	**139**	**323**	**353**	**97**	**3,0**	**5,0**	**4,32**	**2,55**	**2,07**
	1,01	0,86	0,87		63	62	69					59		
512	**1,27**	**1,01**	**1,02**		**901**	**139**	**323**	**353**	**99**	**3,0**	**5,0**	**4,31**	**2,55**	**2,06**
	1,08	0,86	0,87		63	62	69					59		
513	**1,38**	**1,07**	**1,11**		**899**	**134**	**343**	**374**	**101**	**2,5**	**4,5**	**4,30**	**2,49**	**2,00**
	1,17	0,91	0,94		61	60	69					58		
514	**1,46**	**1,13**	**1,21**		**909**	**129**	**355**	**386**	**91**	**2,5**	**4,0**	**4,33**	**2,37**	**1,90**
	1,24	0,96	1,03		58	58	69					55		
515	**1,30**	**1,06**	**1,11**		**896**	**106**	**316**	**346**	**104**	**3,0**	**3,5**	**4,23**	**2,43**	**1,98**
	1,11	0,90	0,94		61	56	64					57		
516	**1,40**	**1,06**	**1,11**		**892**	**106**	**316**	**346**	**108**	**3,0**	**3,5**	**4,22**	**2,42**	**1,96**
	1,19	0,90	0,94		61	56	64					57		
517	**1,52**	**1,11**	**1,20**		**890**	**101**	**336**	**367**	**110**	**2,5**	**3,0**	**4,20**	**2,37**	**1,91**
	1,29	0,94	1,02		60	53	64					56		
518	**1,62**	**1,17**	**1,30**		**901**	**96**	**348**	**379**	**99**	**2,5**	**3,0**	**4,24**	**2,26**	**1,82**
	1,38	0,99	1,11		57	51	64					53		
519	**1,51**	**1,14**	**1,27**		**899**	**92**	**348**	**379**	**101**	**2,5**	**3,5**	**4,22**	**2,15**	**1,73**
	1,28	0,97	1,08		54	51	59					51		
520	**1,64**	**1,14**	**1,27**		**895**	**92**	**348**	**379**	**105**	**2,5**	**3,5**	**4,21**	**2,14**	**1,72**
	1,39	0,97	1,08		54	51	59					51		
521	**1,82**	**1,19**	**1,36**		**893**	**87**	**366**	**398**	**107**	**2,5**	**3,0**	**4,19**	**2,09**	**1,67**
	1,55	1,01	1,16		53	48	59					50		
522	**1,96**	**1,25**	**1,46**		**904**	**82**	**378**	**410**	**96**	**2,0**	**3,0**	**4,23**	**2,03**	**1,63**
	1,67	1,06	1,24		51	45	59					48		
523	**1,24**	**1,03**	**1,06**		**890**	**128**	**296**	**325**	**110**	**3,0**	**4,5**	**4,24**	**2,52**	**2,05**
	1,05	0,88	0,90		63	61	68					59		
524	**1,33**	**1,03**	**1,06**		**884**	**128**	**296**	**325**	**116**	**3,0**	**4,5**	**4,22**	**2,51**	**2,03**
	1,13	0,88	0,90		63	61	68					59		

N°	Aliments	MS (g/kg)	VALEUR ENERGETIQUE (par kg)		VALEUR AZOTEE (g/kg)			
			UFL	UFV	MAD	PDIA	PDIN	PDIE
525	fané au sol par temps de pluie (temps de séjour au sol inférieur à 10 jours)	**1000** 850	**0,67** 0,57	**0,58** 0,49	**71** 61	**32** 27	**77** 65	**78** 66
526	fané au sol par temps de pluie (temps de séjour au sol supérieur à 10 jours)	**1000** 850	**0,63** 0,54	**0,53** 0,45	**66** 56	**31** 26	**73** 62	**75** 64
	• Ray-grass anglais							
	1er cycle, épiaison (a)							
527	ventilé	**1000** 850	**0,81** 0,69	**0,74** 0,63	**66** 56	**30** 26	**72** 61	**84** 71
528	fané au sol par beau temps	**1000** 850	**0,81** 0,69	**0,74** 0,63	**66** 56	**30** 26	**72** 61	**85** 72
529	fané au sol par temps de pluie (temps de séjour au sol inférieur à 10 jours)	**1000** 850	**0,76** 0,65	**0,68** 0,58	**60** 51	**29** 25	**69** 59	**82** 70
530	fané au sol par temps de pluie (temps de séjour au sol supérieur à 10 jours)	**1000** 850	**0,72** 0,61	**0,63** 0,54	**56** 47	**28** 24	**65** 55	**78** 66
	1er cycle, floraison (a)							
531	ventilé	**1000** 850	**0,64** 0,54	**0,55** 0,47	**46** 39	**24** 20	**57** 48	**70** 60
532	fané au sol par beau temps	**1000** 850	**0,64** 0,54	**0,55** 0,47	**46** 39	**24** 20	**57** 48	**70** 60
533	fané au sol par temps de pluie (temps de séjour au sol inférieur à 10 jour)	**1000** 850	**0,62** 0,53	**0,53** 0,45	**40** 34	**23** 20	**54** 46	**69** 59
534	fané au sol par temps de pluie (temps de séjour au sol supérieur à 10 jours)	**1000** 850	**0,59** 0,50	**0,49** 0,42	**35** 30	**21** 18	**50** 43	**66** 56
	2e cycle après coupe à l'épiaison, repousses à tiges de 7 semaines							
535	ventilé	**1000** 850	**0,74** 0,63	**0,66** 0,56	**69** 59	**31** 26	**74** 63	**81** 69
536	fané au sol par beau temps	**1000** 850	**0,74** 0,63	**0,66** 0,56	**69** 59	**31** 26	**74** 63	**81** 69
537	fané au sol par temps de pluie (temps de séjour au sol inférieur à 10 jours)	**1000** 850	**0,71** 0,60	**0,62** 0,53	**63** 53	**30** 26	**71** 60	**78** 66
538	fané au sol par temps de pluie (temps de séjour au sol supérieur à 10 jours)	**1000** 850	**0,66** 0,56	**0,57** 0,48	**58** 49	**29** 25	**68** 58	**75** 64
	• Ray-grass d'Italie							
	1er cycle, épiaison							
539	ventilé	**1000** 850	**0,74** 0,63	**0,66** 0,56	**39** 33	**22** 19	**52** 44	**73** 62

(a) Cas des variétés précoces.
En caractères gras : par kg de matière sèche. — En caractères maigres : par kg de produit brut.

N°	VALEUR D'ENCOMBREMENT			Nombre d'essais	CONSTITUANTS ORGANIQUES • teneurs (g/kg de MS) • digestibilité (100 × d)				CONSTITUANTS MINERAUX (g/kg de MS)			ENERGIE • teneurs (Mcal/kg MS) • digestibilité (100 × dE)		
	UEM	UEL	UEB		MO	MAT	CB	LC	Cendres	P	Ca	EB	ED	EM
525	**1,45**	**1,09**	**1,15**		**881**	**123**	**317**	**347**	**119**	**2,5**	**4,0**	**4,20**	**2,44**	**1,96**
	1,23	0,93	0,98		62	58	68					58		
526	**1,53**	**1,15**	**1,25**		**895**	**118**	**329**	**359**	**105**	**2,5**	**3,5**	**4,25**	**2,34**	**1,88**
	1,30	0,98	1,06		58	56	68					55		
527	**1,31**	**1,06**	**1,12**		**912**	**115**	**287**	**316**	**88**	**3,0**	**5,5**	**4,32**	**2,83**	**2,32**
	1,11	0,90	0,95		69	58	72					66		
528	**1,41**	**1,06**	**1,12**		**913**	**115**	**287**	**316**	**87**	**3,0**	**5,5**	**4,33**	**2,83**	**2,32**
	1,20	0,90	0,95		69	58	72					66		
529	**1,54**	**1,11**	**1,21**		**911**	**110**	**310**	**340**	**89**	**2,5**	**5,0**	**4,31**	**2,72**	**2,21**
	1,31	0,94	1,03		67	55	72					63		
530	**1,64**	**1,17**	**1,31**		**919**	**105**	**322**	**352**	**81**	**2,5**	**4,5**	**4,34**	**2,60**	**2,10**
	1,39	0,99	1,11		63	53	72					60		
531	**1,52**	**1,15**	**1,28**		**911**	**91**	**335**	**366**	**89**	**2,5**	**5,0**	**4,28**	**2,36**	**1,92**
	1,29	0,98	1,09		59	50	60					55		
532	**1,66**	**1,15**	**1,28**		**912**	**91**	**335**	**366**	**88**	**2,5**	**5,0**	**4,28**	**2,37**	**1,91**
	1,41	0,98	1,09		59	50	60					55		
533	**1,84**	**1,20**	**1,37**		**911**	**86**	**353**	**384**	**89**	**2,5**	**4,5**	**4,27**	**2,32**	**1,87**
	1,56	1,02	1,16		58	46	60					54		
534	**1,98**	**1,25**	**1,47**		**918**	**81**	**365**	**397**	**82**	**2,0**	**4,0**	**4,29**	**2,21**	**1,78**
	1,68	1,06	1,25		55	43	60					52		
535	**1,26**	**1,04**	**1,07**		**906**	**119**	**297**	**326**	**94**	**3,5**	**5,5**	**4,30**	**2,65**	**2,16**
	1,07	0,88	0,91		65	58	67					62		
536	**1,35**	**1,04**	**1,07**		**905**	**119**	**297**	**326**	**95**	**3,5**	**5,5**	**4,30**	**2,65**	**2,16**
	1,15	0,88	0,91		65	58	67					62		
537	**1,47**	**1,10**	**1,16**		**903**	**114**	**319**	**349**	**97**	**3,0**	**5,0**	**4,28**	**2,56**	**2,07**
	1,25	0,94	0,99		63	55	67					60		
538	**1,56**	**1,16**	**1,26**		**912**	**109**	**331**	**361**	**88**	**2,5**	**4,5**	**4,31**	**2,44**	**1,97**
	1,33	0,99	1,07		60	53	67					57		
539	**1,27**	**1,05**	**1,08**		**908**	**84**	**288**	**317**	**92**	**2,5**	**4,5**	**4,25**	**2,61**	**2,16**
	1,08	0,89	0,92		65	47	65					61		

N°	Aliments	MS (g/kg)	VALEUR ENERGETIQUE (par kg)		VALEUR AZOTEE (g/kg)			
			UFL	UFV	MAD	PDIA	PDIN	PDIE
540	fané au sol par beau temps	**1000** 850	**0,74** 0,63	**0,66** 0,56	**39** 33	**22** 19	**52** 44	**74** 63
541	fané au sol par temps de pluie (temps de séjour au sol inférieur à 10 jours)	**1000** 850	**0,71** 0,60	**0,62** 0,53	**34** 29	**21** 18	**49** 42	**71** 60
542	fané au sol par temps de pluie (temps de séjour au sol supérieur à 10 jours)	**1000** 850	**0,66** 0,56	**0,57** 0,48	**29** 25	**20** 17	**46** 39	**68** 58
	1er cycle, floraison							
543	ventilé	**1000** 850	**0,61** 0,52	**0,52** 0,44	**15** 13	**15** 13	**35** 30	**60** 51
544	fané au sol par beau temps	**1000** 850	**0,61** 0,52	**0,52** 0,44	**15** 13	**15** 13	**35** 30	**61** 52
545	fané au sol par temps de pluie (temps de séjour au sol inférieur à 10 jours)	**1000** 850	**0,60** 0,51	**0,50** 0,43	**10** 8	**14** 12	**32** 27	**59** 50
546	fané au sol par temps de pluie (temps de séjour au sol supérieur à 10 jours)	**1000** 850	**0,57** 0,48	**0,47** 0,40	**5** 4	**12** 10	**29** 25	**56** 48
	2e cycle après coupe à l'épiaison, repousses à tiges de 7 semaines							
547	ventilé	**1000** 850	**0,70** 0,60	**0,61** 0,52	**67** 57	**31** 26	**73** 62	**78** 66
548	fané au sol par beau temps	**1000** 850	**0,70** 0,60	**0,61** 0,52	**67** 57	**31** 26	**73** 62	**78** 66
549	fané au sol par temps de pluie (temps de séjour au sol inférieur à 10 jours)	**1000** 850	**0,67** 0,57	**0,58** 0,49	**61** 52	**30** 26	**70** 60	**76** 65
550	fané au sol par temps de pluie (temps de séjour au sol supérieur à 10 jours)	**1000** 850	**0,63** 0,54	**0,53** 0,45	**56** 48	**28** 24	**67** 57	**73** 62
	LÉGUMINEUSES							
	• Luzerne							
	1er cycle, bourgeonnement							
551	ventilé	**1000** 850	**0,68** 0,58	**0,59** 0,50	**129** 110	**50** 43	**114** 97	**94** 80
552	fané au sol par beau temps	**1000** 850	**0,67** 0,57	**0,58** 0,49	**123** 105	**49** 42	**112** 95	**94** 80
553	fané au sol par temps de pluie	**1000** 850	**0,60** 0,51	**0,49** 0,42	**118** 101	**48** 41	**108** 92	**89** 76
	1er cycle, floraison							
554	ventilé	**1000** 850	**0,63** 0,54	**0,53** 0,45	**118** 101	**47** 40	**107** 91	**89** 76

En caractères gras : teneurs par kg de matière sèche. — En caractères maigres : par kg de produit brut.

N°	VALEUR D'ENCOMBREMENT			Nombre d'essais	CONSTITUANTS ORGANIQUES • teneurs (g/kg de MS) • digestibilité (100 × d)				CONSTITUANTS MINERAUX (g/kg de MS)			ENERGIE • teneurs (Mcal/kg MS) • digestibilité (100 × dE)		
	UEM	UEL	UEB		MO	MAT	CB	LC	Cendres	P	Ca	EB	ED	EM
540	**1,36**	**1,05**	**1,08**		**908**	**84**	**288**	**317**	**92**	**2,5**	**4,5**	**4,25**	**2,61**	**2,15**
	1,16	0,89	0,92		65	47	65					61		
541	**1,49**	**1,10**	**1,17**		**906**	**79**	**311**	**341**	**94**	**2,5**	**4,0**	**4,23**	**2,53**	**2,07**
	1,27	0,94	0,99		63	43	65					60		
542	**1,58**	**1,17**	**1,27**		**915**	**74**	**323**	**353**	**85**	**2,0**	**3,5**	**4,26**	**2,41**	**1,97**
	1,34	0,99	1,08		60	39	65					57		
543	**1,49**	**1,14**	**1,26**		**916**	**57**	**327**	**357**	**84**	**2,0**	**4,5**	**4,24**	**2,25**	**1,84**
	1,27	0,97	1,07		56	27	57					53		
544	**1,62**	**1,14**	**1,26**		**918**	**57**	**327**	**357**	**82**	**2,0**	**4,5**	**4,25**	**2,25**	**1,84**
	1,38	0,97	1,07		56	27	57					53		
545	**1,79**	**1,19**	**1,35**		**917**	**52**	**346**	**377**	**83**	**2,0**	**4,0**	**4,24**	**2,20**	**1,79**
	1,52	1,01	1,15		55	18	57					52		
546	**1,93**	**1,25**	**1,45**		**924**	**47**	**358**	**389**	**76**	**1,5**	**3,5**	**4,26**	**2,12**	**1,72**
	1,64	1,06	1,23		53	11	57					50		
547	**1,26**	**1,04**	**1,07**		**909**	**117**	**310**	**340**	**91**	**3,0**	**4,5**	**4,31**	**2,52**	**2,05**
	1,07	0,88	0,91		62	58	60					58		
548	**1,35**	**1,04**	**1,07**		**910**	**117**	**310**	**340**	**90**	**3,0**	**4,5**	**4,32**	**2,52**	**2,05**
	1,15	0,88	0,91		62	58	60					58		
549	**1,46**	**1,10**	**1,16**		**908**	**112**	**331**	**361**	**92**	**2,5**	**4,0**	**4,30**	**2,46**	**1,99**
	1,24	0,94	0,99		61	54	60					57		
550	**1,56**	**1,16**	**1,26**		**916**	**107**	**343**	**374**	**84**	**2,5**	**3,5**	**4,33**	**2,34**	**1,89**
	1,33	0,99	1,07		58	52	60					54		
551	**1,13**	**0,97**	**0,95**		**895**	**178**	**328**	**390**	**105**	**3,0**	**15,5**	**4,35**	**2,52**	**2,02**
	0,96	0,82	0,81		61	73	54					58		
552	**1,20**	**1,03**	**1,04**		**907**	**174**	**351**	**414**	**93**	**2,5**	**15,0**	**4,40**	**2,50**	**1,99**
	1,02	0,88	0,88		60	71	53					57		
553	**1,30**	**1,09**	**1,14**		**909**	**169**	**394**	**459**	**91**	**2,5**	**13,0**	**4,40**	**2,29**	**1,81**
	1,11	0,93	0,97		55	70	53					52		
554	**1,15**	**0,98**	**0,96**		**903**	**167**	**351**	**414**	**97**	**2,5**	**15,5**	**4,37**	**2,36**	**1,89**
	0,98	0,83	0,82		57	71	44					54		

N°	Aliments	MS (g/kg)	VALEUR ENERGETIQUE (par kg)		VALEUR AZOTEE (g/kg)			
			UFL	UFV	MAD	PDIA	PDIN	PDIE
555	fané au sol par beau temps	**1000** 850	**0,62** 0,53	**0,52** 0,44	**112** 95	**46** 39	**105** 89	**88** 75
556	fané au sol par temps de pluie	**1000** 850	**0,55** 0,47	**0,44** 0,37	**107** 91	**45** 38	**101** 86	**83** 71
	2e cycle après coupe à l'épiaison, repousses à tiges de 7 semaine							
557	ventilé	**1000** 850	**0,68** 0,58	**0,58** 0,49	**135** 115	**51** 43	**116** 99	**95** 81
558	fané au sol par beau temps	**1000** 850	**0,67** 0,57	**0,57** 0,48	**125** 106	**50** 43	**114** 97	**94** 80
559	fané au sol par temps de pluie	**1000** 850	**0,59** 0,50	**0,49** 0,42	**120** 102	**49** 42	**110** 94	**88** 75
	FOURRAGES DÉSHYDRATÉS ET AGGLOMÉRÉS (a)							
	• **Fétuque élevée condensée** (grille de 20 mm)							
560	1er cycle, début épiaison	**1000** 910	**0,76** 0,69	**0,70** 0,64	**79** 72	**40** 36	**81** 74	**88** 80
561	2e cycle, 5 semaines	**1000** 910	**0,83** 0,76	**0,77** 0,70	**106** 96	**50** 46	**102** 93	**100** 91
	• **Luzerne condensée**							
562	à 15 % de matières azotées	**1000** 910	**0,65** 0,59	**0,53** 0,48	**97** 88	**47** 43	**95** 86	**83** 76
563	à 16 % de matières azotées	**1000** 910	**0,67** 0,61	**0,56** 0,51	**105** 96	**50** 46	**101** 92	**87** 79
564	à 17 % de matières azotées	**1000** 910	**0,70** 0,64	**0,59** 0,54	**114** 104	**53** 48	**107** 97	**91** 83
565	à 18 % de matières azotées	**1000** 910	**0,72** 0,66	**0,62** 0,56	**123** 112	**56** 51	**114** 104	**95** 86
	• **Maïs, plantes entières compactées**							
566	stade laiteux	**1000** 910	**0,90** 0,82	**0,84** 0,76	**38** 35	**27** 25	**56** 51	**85** 77
567	stade vitreux	**1000** 910	**0,93** 0,85	**0,88** 0,80	**30** 27	**23** 21	**47** 43	**82** 75
	• **Ray-grass italien, compacté ou condensé à la grille de 20 mm**							
568	1er cycle, début épiaison	**1000** 910	**0,87** 0,79	**0,82** 0,75	**52** 47	**33** 30	**66** 60	**87** 79

(a) Fourrages agglomérés dans des presses à filières sans (fourrages compactés) ou avec broyage préalable (fourrages condensés). Ces fourrages n'ont pas de valeurs UEL et UEB car ils sont assimilables à des aliments concentrés.

En caractères gras : teneurs par kg de matière sèche. — En caractères maigres : par kg de produit brut.

N°	VALEUR D'ENCOMBREMENT			Nombre d'essais	CONSTITUANTS ORGANIQUES • teneurs (g/kg de MS) • digestibilité (100 × d)				CONSTITUANTS MINERAUX (g/kg de MS)			ENERGIE • teneurs (Mcal/kg MS) • digestibilité (100 × dE)		
	UEM	UEL	UEB		MO	MAT	CB	LC	Cendres	P	Ca	EB	ED	EM
555	**1,23**	**1,04**	**1,05**		**915**	**163**	**374**	**438**	**85**	**2,5**	**15,0**	**4,42**	**2,34**	**1,86**
	1,05	0,88	0,89		56	69	43					53		
556	**1,34**	**1,10**	**1,15**		**917**	**158**	**417**	**483**	**83**	**2,0**	**13,0**	**4,42**	**2,12**	**1,67**
	1,14	0,94	0,98		51	68	43					48		
557	**1,10**	**0,97**	**0,95**		**901**	**181**	**338**	**401**	**99**	**2,5**	**14,0**	**4,39**	**2,51**	**2,01**
	0,94	0,82	0,81		61	75	46					57		
558	**1,17**	**1,03**	**1,04**		**913**	**177**	**361**	**425**	**87**	**2,5**	**13,0**	**4,43**	**2,49**	**1,99**
	0,99	0,88	0,88		60	71	45					56		
559	**1,27**	**1,09**	**1,14**		**915**	**172**	**404**	**469**	**85**	**2,0**	**11,5**	**4,43**	**2,28**	**1,80**
	1,08	0,93	0,97		55	70	45					51		
560					**874**	**129**	**269**		**126**			**4,12**	**2,68**	**2,20**
					68	61	67					65		
561					**873**	**161**	**256**		**127**			**4,17**	**2,86**	**2,35**
					72	66	72					69		
562				(2)	**890**	**150**	**325**		**110**			**4,40**	**2,24**	**1,78**
					54	64	40					51		
563				(2)	**885**	**160**	**310**		**115**			**4,40**	**2,31**	**1,84**
					56	66	40					53		
564				(2)	**880**	**170**	**290**		**120**			**4,39**	**2,38**	**1,90**
					58	67	40					54		
565				(2)	**870**	**180**	**265**		**130**			**4,36**	**2,45**	**1,95**
					60	68	40					56		
566					**944**	**88**	**201**		**56**			**4,42**	**3,04**	**2,55**
					72	43	57					69		
567					**955**	**74**	**175**		**45**			**4,44**	**3,12**	**2,63**
					73	41	49					70		
568					**899**	**105**	**238**		**101**			**4,19**	**2,93**	**2,46**
					73	49	69					70		

N°	Aliments	MS (g/kg)	VALEUR ENERGETIQUE (par kg)		VALEUR AZOTEE (g/kg)			
			UFL	UFV	MAD	PDIA	PDIN	PDIE
569	2e cycle, 5 semaines	**1000** 910	**0,83** 0,76	**0,77** 0,70	**99** 90	**50** 48	**102** 97	**100** 94
	PAILLES, CANNES, SPATHES							
570	• **Paille d'avoine seule** (a)	**1000** 880	**0,50** 0,44	**0,39** 0,34	**0** 0	**10** 9	**20** 18	**48** 42
	• **Paille de blé**							
571	Seule (a)	**1000** 880	**0,42** 0,37	**0,31** 0,27	**0** 0	**11** 10	**22** 19	**44** 39
572	Traitée à l'ammoniac (3 à 5 % de la MS)	**1000** 880	**0,58** 0,51	**0,47** 0,41	**44** 39	**11** 10	**43** 38	**54** 48
	• **Paille d'orge**							
573	Seule (a)	**1000** 880	**0,44** 0,39	**0,33** 0,29	**3** 3	**12** 11	**24** 21	**46** 40
574	Traité à l'ammoniac (3 à 5 % de la MS)	**1000** 880	**0,58** 0,51	**0,48** 0,42	**44** 39	**12** 11	**44** 39	**56** 49
	• **Paille de sorgho**							
575	Seule (a)	**1000** 850	**0,54** 0,46	**0,43** 0,37	**7** 6	**14** 12	**28** 24	**53** 45
576	Traitée à l'ammoniac (5 % de la MS)	**1000** 860	**0,70** 0,60	**0,61** 0,52	**78** 67	**14** 12	**65** 56	**64** 55
	• **Paille de riz**							
577	Seule (a)	**1000** 900	**0,51** 0,46	**0,42** 0,38	**0** 0	**11** 10	**23** 21	**51** 46
578	Traitée à l'ammoniac (4 % de la MS)	**1000** 900	**0,61** 0,55	**0,51** 0,46	**30** 27	**11** 10	**37** 33	**52** 47
579	• **Pailles de graminées fourragères**	**1000** 880	**0,50** 0,44	**0,39** 0,34	**41** 36	**26** 23	**53** 47	**53** 47
580	• **Paille de féverole seule (a)**	**1000** 870	**0,45** 0,39	**0,34** 0,30	**6** 5	**15** 13	**31** 27	**51** 44
581	• **Paille de pois seule (a)**	**1000** 860	**0,53** 0,46	**0,42** 0,36	**23** 20	**21** 18	**42** 36	**60** 52
	• **Cannes de maïs**							
582	Fraîches (a)	**1000** 524	**0,60** 0,31	**0,51** 0,27	**5** 3	**15** 8	**30** 16	**60** 31
583	Traitées et conservées à l'ammoniac (4% de la MS)	**1000** 600	**0,73** 0,44	**0,66** 0,40	**71** 43	**15** 9	**62** 37	**68** 41

(a) Paille distribuée seule mais correctement complémentée en azote et en minéraux.
En caractères gras : teneurs par kg de matière sèche. — En caractères maigres : par kg de produit brut.

N°	VALEUR D'ENCOMBREMENT			Nombre d'essais	CONSTITUANTS ORGANIQUES • teneurs (g/kg de MS) • digestibilité (100 × d)				CONSTITUANTS MINERAUX (g/kg de MS)			ENERGIE • teneurs (Mcal/kg MS) • digestibilité (100 × dE)		
	UEM	UEL	UEB		MO	MAT	CB	LC	Cendres	P	Ca	EB	ED	EM
569					**889** 71	**161** 62	**263** 70		**111**			**4,24** 68	**2,88**	**2,37**
570	**2,30** 2,02	**1,55**	**1,70**	(4)	**910** 48	**32** 0	**420** 61		**90**	**1,0**	**3,5**	**4,24** 45	**1,90**	**1,54**
571	**2,41** 2,12	(a) **1,60**	(b) **1,80**	(20)	**920** 42	**35** 0	**420** 50		**80**	**1,0**	**2,0**	**4,34** 38	**1,65**	**1,34**
572	**1,70** 1,50	**1,15**	**1,30**	(7)	**915** 54	**100** 44	**419** 65		**85**	**1,0**	**3,5**	**4,38** 50	**2,20**	**1,75**
573	**2,47** 2,17	(a) **1,60**	(b) **1,80**	(20)	**920** 44	**38** 8	**420** 54		**80**	**1,0**	**3,5**	**4,30** 40	**1,72**	**1,40**
574	**1,74** 1,53	**1,15**	**1,30**	(1)	**920** 55	**100** 44	**420** 64		**80**			**4,30** 51	**2,20**	**1,76**
575	**1,77** 1,50	**1,18**	**1,36**	(1)	**922** 50	**44** 17	**326** 60		**78**			**4,32** 46	**2,00**	**1,65**
576	**1,35** 1,16	**1,04**	**1,07**	(1)	**932** 62	**140** 56	**312** 70		**68**			**4,40** 58	**2,56**	**2,07**
577	**2,40** 2,16	**1,60**	**1,80**	(1)	**850** 54	**37** 0	**367** 62		**150**			**3,80** 50	**1,89**	**1,54**
578	**1,82** 1,64	**1,21**	**1,37**	(1)	**856** 58	**100** 30	**377** 73		**144**			**4,19** 54	**2,28**	**1,82**
579	**1,54** 1,36	**1,11**	**1,20**	(2)	**926** 48	**84** 49	**400** 53		**74**			**4,34** 44	**1,92**	**1,55**
580	**1,74** 1,51	**1,17**	**1,33**	(1)	**924** 45	**49** 13	**479** 47		**76**			**4,20** 42	**1,76**	**1,40**
581	**1,64** 1,41	**1,14**	**1,27**	(2)	**901** 52	**66** 35	**413** 48		**99**			**4,13** 48	**1,99**	**1,61**
582	**2,07** 1,08		**1,30**	(1)	**914** 57	**48** 10	**310** 64		**86**			**4,16** 53	**2,20**	**1,80**
583	**2,20** 1,32	**1,28**	**1,30**	(1)	**908** 67	**144** 49	**340** 81		**92**			**4,22** 63	**2,68**	**2,14**

(a) Valeur pour une paille moyenne. Prendre 1,45 pour une paille excellente et 1,80 pour une mauvaise paille.
(b) Valeur pour une paille moyenne. Prendre 1,60 pour une paille excellente et 2,00 pour une mauvaise paille.

N°	Aliments	MS (g/kg)	VALEUR ENERGETIQUE (par kg)		VALEUR AZOTEE (g/kg)			
			UFL	UFV	MAD	PDIA	PDIN	PDIE
	• Spathes de maïs							
584	Fraîches (a)	**1000**	**0,79**	**0,72**	**9**	**15**	**31**	**73**
		527	0,42	0,38	5	8	16	38
585	Traitées et conservées à l'ammoniac (4% de la MS)	**1000**	**0,70**	**0,61**	**70**	**15**	**60**	**68**
		550	0,39	0,34	39	8	33	37
	RACINES, TUBERCULES ET LEURS SOUS-PRODUITS							
586	Betteraves fourragères (b)	**1000**	**1,15**	**1,16**	**63**	**11**	**62**	**86**
		130	0,15	0,15	8	1	8	11
587	Betteraves fourragères riches en matière sèche (b)	**1000**	**1,12**	**1,14**	**51**	**10**	**53**	**88**
		190	0,21	0,22	10	2	10	17
588	Betteraves sucrières (b)	**1000**	**1,15**	**1,17**	**45**	**9**	**49**	**89**
		232	0,27	0,27	10	2	11	21
589	Carottes (b)	**1000**	**1,08**	**1,08**	**61**	**10**	**61**	**82**
		125	0,14	0,14	8	1	8	10
590	Endives (après forçage) (b)	**1000**	**1,02**	**1,01**	**18**	**6**	**33**	**75**
		167	0,17	0,17	3	1	6	13
591	Manioc (racines séchées)	**1000**	**1,13**	**1,14**	**11**	**9**	**22**	**87**
		860	0,97	0,98	9	8	19	75
592	Navet (b)	**1000**	**1,12**	**1,12**	**74**	**12**	**68**	**84**
		95	0,11	0,11	7	1	7	8
593	Pommes de terre	**1000**	**1,20**	**1,22**	**63**	**25**	**63**	**103**
		200	0,24	0,24	13	5	13	21
594	Rutabagas (b)	**1000**	**1,21**	**1,24**	**64**	**14**	**57**	**94**
		115	0,14	0,14	7	2	7	11
595	Topinambours (b)	**1000**	**1,11**	**1,11**	**44**	**12**	**47**	**84**
		200	0,22	0,22	9	2	9	17
596	Feuilles et collets de betteraves propres	**1000**	**0,87**	**0,85**	**118**	**32**	**100**	**87**
		130	0,11	0,11	15	4	13	11
597	Feuilles et collets de betteraves sales	**1000**	**0,70**	**0,67**	**106**	**30**	**93**	**75**
		130	0,09	0,09	14	4	12	10
598	Pulpes de betteraves surpressées ensilées	**1000**	**1,01**	**0,99**	**54**	**28**	**60**	**84**
		220	0,22	0,22	12	6	13	18
599	Pulpes de betteraves deshydratées	**1000**	**1,01**	**0,99**	**53**	**40**	**63**	**106**
		889	0,90	0,88	47	36	56	94
600	Mélasse de betteraves	**1000**	**1,03**	**1,04**	**109**	**0**	**84**	**71**
		761	0,78	0,79	83	0	64	54
601	Mélasse de cannes	**1000**	**0,91**	**0,90**	**14**	**0**	**32**	**68**
		740	0,67	0,67	10	0	24	50
602	Vinasse ordinaire, légèrement dépotassifiée par centrifugation	**1000**	**0,81**	**0,76**	**312**	**0**	**229**	**55**
		685	0,55	0,52	214	0	157	38
603	Vinasse de levurerie, partiellement dépotassifiée par SO_4 (NH_4)	**1000**	**0,86**	**0,80**	**482**	**0**	**325**	**64**
		700	0,60	0,56	337	0	228	45
604	Vinasse de production d'acides aminés, dépotassifiée par SO_4 $(NH_4)_2$	**1000**	**0,77**	**0,70**	**574**	**0**	**378**	**69**
		734	0,57	0,51	421	0	277	51
605	Pulpes de pommes de terre	**1000**	**1,02**	**1,01**	**15**	**17**	**34**	**89**
		184	0,19	0,19	3	3	6	16
606	Protéines de pommes de terre	**1000**	**1,25**	**1,20**	**721**	**526**	**656**	**557**
		934	1,17	1,12	673	491	613	520

(a) Aliment distribué seul mais correctement complémenté en azote et en minéraux.
(b) Les valeurs UFL et UFV de toutes ces racines riches en sucres rapidement fermentescibles ne sont valables que si les racines sont distribuées en quantité limitée (< 3 kg MS chez le bovin adulte). Pour des quantités plus élevées, prendre 1 UFL ou 1 UFV.
En caractères gras : teneurs par kg de matière sèche. — En caractères maigres : par kg de produit brut.

N°	VALEUR D'ENCOMBREMENT			Nombre d'essais	CONSTITUANTS ORGANIQUES • teneurs (g/kg de MS) • digestibilité (100 × d)				CONSTITUANTS MINERAUX (g/kg de MS)			ENERGIE • teneurs (Mcal/kg MS) • digestibilité (100 × dE)		
	UEM	UEL	UEB		MO	MAT	CB	LC	Cendres	P	Ca	EB	ED	EM
584	**1,76**		**1,15**	(1)	**963**	**49**	**289**		**37**			**4,34**	**2,76**	**2,28**
	0,93				68	18	73					64		
585	**1,70**		**1,15**	(1)	**974**	**137**	**227**		**26**			**4,39**	**2,54**	**2,07**
	1,22				62	51	53					58		
586	**0,91**	**0,60**	**0,70**	(2)	**915**	**104**	**70**		**85**	**1,5**	**2,5**	**4,11**	**3,63**	**3,04**
	0,12				90	61	86					88		
587	**1,17**	**0,60**	**0,70**	(2)	**956**	**90**	**63**		**44**	**1,5**	**2,5**	**3,99**	**3,53**	**2,97**
	0,22				90	57	86					88		
588	**1,56**	**0,60**	**0,70**	(1)	**968**	**84**	**58**		**32**	**1,5**	**3,0**	**4,02**	**3,59**	**3,03**
	0,36				91	54	86					89		
589					**910**	**105**	**100**		**90**	**3,0**	**4,5**	**4,03**	**3,47**	**2,89**
					88	58	79					86		
590				(1)	**913**	**56**	**100**		**87**	**2,5**	**4,0**	**4,03**	**3,26**	**2,76**
					85	32	82					81		
591					**945**	**33**	**40**	**73**	**55**	**1,0**	**2,5**	**3,96**	**3,47**	**2,97**
					90	33	48					87		
592				(3)	**905**	**115**	**110**		**95**	**2,5**	**5,5**	**4,12**	**3,58**	**2,98**
					89	64	80					87		
593					**950**	**108**	**26**	**44**	**50**	**2,0**	**0,5**	**4,13**	**3,73**	**3,15**
					93	58	55					90		
594					**940**	**90**	**85**	**125**	**60**	**2,5**	**3,5**	**4,14**	**3,79**	**3,18**
					93	71	75					91		
595					**942**	**73**	**39**	**57**	**58**			**4,21**	**3,51**	**2,98**
					86	60	30					83		
596	**0,75**			(1)	**803**	**164**	**95**		**197**	**2,5**	**13,0**	**3,73**	**2,94**	**2,40**
	0,10				82	72	75					79		
597	**0,75**			(1)	**680**	**153**	**85**		**320**	**2,5**	**10,0**	**3,16**	**2,40**	**1,95**
	0,10				79	69	76					76		
598	**1,63**	**1,05**	**1,05**	(6)	**912**	**98**	**206**		**88**	**1,0**	**13,0**	**4,01**	**3,31**	**2,73**
					86	55	77					82		
599	**1,36**	**1,05**	**1,05**	(6)	**912**	**98**	**206**		**88**	**1,0**	**13,0**	**4,01**	**3,31**	**2,73**
	1,21				86	54	77					82		
600					**868**	**146**	**0**		**132**	**0,5**	**3,5**	**3,76**	**3,28**	**2,74**
					89	75						87		
601					**877**	**56**	**0**	**0**	**123**	**0,5**	**7,5**	**3,60**	**2,88**	**2,46**
					83	25						80		
602				(2)	**794**	**398**	**0**	**0**	**206**	**0,1**	**0,1**	**4,12**	**3,02**	**2,31**
					74	78						73		
603				(2)	**872**	**565**	**0**	**0**	**128**	**0,1**	**0,1**	**4,32**	**3,31**	**2,45**
					79	85						77		
604				(2)	**937**	**656**	**0**	**0**	**63**	**0,1**	**0,1**	**4,10**	**3,03**	**2,20**
					79	87						74		
605					**960**	**49**	**224**		**40**	**1,0**	**4,0**	**4,14**	**3,34**	**2,79**
					83	30	70					81		
606					**966**	**810**	**0**		**34**			**5,47**	**4,90**	**3,45**
					89	89						89		

N°	Aliments	MS (g/kg)	VALEUR ENERGETIQUE (g/kg MS)		VALEUR AZOTEE (g/kg MS)			
			UFL	UFV	MAD	PDIA	PDIN	PDIE
	CÉRÉALES							
610	Avoine	**1000** 874	**1,03** 0,90	**0,98** 0,86	**81** 71	**26** 23	**74** 65	**84** 73
611	Avoine décortiquée	**1000** 860	**1,29** 1,11	**1,29** 1,11	**120** 103	**35** 30	**100** 86	**104** 89
612	Blé	**1000** 862	**1,19** 1,03	**1,20** 1,04	**98** 84	**34** 29	**86** 74	**110** 95
613	Blé dur	**1000** 870	**1,19** 1,04	**1,19** 1,04	**130** 113	**43** 37	**108** 94	**118** 103
614	Maïs	**1000** 860	**1,27** 1,10	**1,29** 1,11	**70** 60	**61** 52	**82** 71	**120** 103
615	Millet	**1000** 880	**0,99** 0,87	**0,95** 0,84	**97** 85	**83** 73	**108** 95	**122** 107
616	Orge (CB⩽5 %)	**1000** 869	**1,16** 1,00	**1,15** 1,00	**85** 74	**30** 26	**79** 69	**102** 89
617	Orge (CB>5 %)	**1000** 865	**1,12** 0,97	**1,11** 0,96	**86** 74	**30** 26	**80** 69	**101** 87
618	Riz paddy	**1000** 870	**1,08** 0,94	**1,06** 0,92	**68** 59	**56** 49	**75** 65	**102** 89
619	Riz poli	**1000** 870	**1,32** 1,15	**1,37** 1,19	**74** 64	**56** 49	**75** 65	**113** 98
620	Sarrazin	**1000** 870	**0,93** 0,81	**0,87** 0,76	**101** 88	**34** 30	**89** 77	**94** 82
621	Seigle	**1000** 865	**1,18** 1,02	**1,19** 1,03	**88** 76	**28** 24	**80** 69	**104** 90
622	Sorgho	**1000** 860	**1,18** 1,01	**1,18** 1,01	**77** 66	**69** 59	**91** 78	**117** 101
623	Triticale	**1000** 871	**1,21** 1,05	**1,22** 1,06	**101** 88	**33** 29	**88** 77	**108** 94
	SOUS-PRODUITS DE CÉRÉALES							
	Blé							
624	Farine basse de Blé	**1000** 864	**1,26** 1,09	**1,29** 1,09	**76** 66	**29** 25	**73** 63	**109** 94
625	Remoulage blanc	**1000** 877	**1,16** 1,02	**1,11** 0,97	**131** 115	**40** 35	**108** 95	**109** 96
626	Remoulage bis	**1000** 861	**1,01** 0,87	**0,97** 0,84	**133** 115	**42** 36	**113** 97	**103** 89
627	Son fin de Blé	**1000** 868	**0,90** 0,78	**0,84** 0,73	**136** 118	**41** 36	**114** 99	**96** 84
628	Son gros de Blé	**1000** 870	**0,84** 0,73	**0,77** 0,67	**123** 107	**34** 30	**106** 92	**85** 74
629	Son de Blé dur	**1000** 877	**0,83** 0,77	**0,76** 0,67	**120** 105	**33** 29	**104** 91	**83** 73

En caractères gras : par kg de matière sèche. — En caractères maigres : par kg de produit brut.

N°	ENERGIE • teneurs (Mcal/kg MS) • digestibilité			CONSTITUANTS ORGANIQUES • teneurs (g/kg de MS) • digestibilité							CONSTITUANTS MINERAUX (g/kg de MS)		
	EB	ED	EM	MO	MAT	CB	MG	Parois	LC	Li	Cendres	P	Ca
610	**4,80**	**3,47**	**2,89**	**970**	**111**	**135**	**67**	**336**	**162**	**27**	**30**	**4,0**	**1,0**
	72			74	73								
611	**4,77**	**4,12**	**3,44**	**977**	**150**	**21**	**86**				**23**	**4,6**	**0,9**
	86			88	80								
612	**4,40**	**3,79**	**3,18**	**973**	**125**	**27**	**20**	**139**	**36**	**12**	**27**	**3,8**	**0,7**
	86			89	78								
613	**4,42**	**3,81**	**3,17**	**980**	**157**	**29**	**23**	**146**	**38**	**12**	**20**	**3,9**	**0,5**
	86			89	83								
614	**4,51**	**3,99**	**3,37**	**985**	**101**	**27**	**47**	**130**	**35**	**7**	**15**	**3,5**	**0,3**
	88			90	69								
615	**4,47**	**3,33**	**2,76**	**958**	**131**	**106**	**42**				**42**	**3,2**	**0,4**
	74			76	74								
616	**4,43**	**3,72**	**3,12**	**974**	**121**	**50**	**22**	**191**	**60**	**11**	**26**	**4,0**	**0,7**
	84			86	70								
617	**4,34**	**3,62**	**3,02**	**953**	**122**	**63**	**18**	**223**	**76**	**12**	**47**	**3,0**	**0,6**
	83			85	71								
618	**4,28**	**3,48**	**2,92**	**948**	**92**	**99**	**24**	**241**	**122**	**36**	**52**	**3,0**	**0,6**
	81			83	74								
619	**4,36**	**4,07**	**3,45**	**987**	**92**	**12**	**17**	**19**	**14**	**2**	**13**	**2,5**	**0,4**
	93			95	80								
620	**4,49**	**3,16**	**2,62**	**976**	**131**	**116**	**28**				**24**	**3,4**	**0,9**
	70			72	77								
621	**4,34**	**3,75**	**3,15**	**980**	**120**	**26**	**16**	**132**	**42**	**14**	**20**	**4,0**	**0,7**
	86			88	73								
622	**4,57**	**3,79**	**3,19**	**983**	**114**	**25**	**37**	**107**	**49**	**4**	**17**	**3,2**	**0,3**
	83			86	68								
623	**4,46**	**3,86**	**3,23**	**978**	**130**	**33**	**17**	**148**	**40**	**13**	**22**	**4,6**	**0,5**
	86			88	78								
624	**4,47**	**3,98**	**3,39**	**988**	**106**	**10**	**20**				**12**	**4,2**	**0,6**
	85			88	72								
625	**4,64**	**3,81**	**3,19**	**962**	**160**	**66**	**42**	**286**	**84**	**23**	**38**	**7,4**	**1,2**
	82			85	82								
626	**4,61**	**3,42**	**2,86**	**957**	**168**	**70**	**42**	**302**	**89**	**24**	**43**	**10,2**	**1,8**
	74			77	79								
627	**4,52**	**3,12**	**2,60**	**937**	**173**	**92**	**42**	**384**	**116**	**31**	**63**	**12,8**	**1,5**
	69			72	79								
628	**4,53**	**2,96**	**2,46**	**941**	**170**	**111**	**46**	**456**	**140**	**36**	**59**	**14,0**	**1,6**
	65			68	72								
629	**4,56**	**2,93**	**2,43**	**946**	**167**	**118**	**584**	**481**	**148**	**38**	**54**	**10,4**	**1,7**
	64			67	72								

En caractères gras : par kg de matière sèche. — En caractères maigres : digestibilité.

N°	Aliments	MS (g/kg)	VALEUR ENERGETIQUE (g/kg MS)		VALEUR AZOTEE (g/kg MS)			
			UFL	UFV	MAD	PDIA	PDIN	PDIE
	Maïs							
630	Brisures de Maïs	**1000**	**1,25**	**1,27**	**73**	**64**	**85**	**122**
		876	1,10	1,11	64	56	74	107
631	Drèches de Maïs	**1000**	**1,12**	**1,11**	**102**	**71**	**110**	**137**
		881	0,99	0,98	90	63	97	121
632	Farine de Maïs	**1000**	**1,28**	**1,30**	**74**	**65**	**88**	**120**
		867	1,11	1,13	64	56	76	104
633	Glutenfeed	**1000**	**1,16**	**1,15**	**164**	**63**	**145**	**125**
		887	1,03	1,02	145	56	129	111
634	Glutenmeal	**1000**	**1,22**	**1,19**	**581**	**482**	**555**	**514**
		893	1,09	1,06	519	430	496	459
635	Rafles de Maïs	**1000**	**0,60**	**0,51**	**0**	**17**	**31**	**63**
		902	0,54	0,46	0	15	28	57
636	Solubles de Maïs MG<7 %	**1000**	**1,13**	**1,10**	**253**	**83**	**195**	**141**
		891	1,01	0,99	225	74	174	126
637	Solubles de Maïs MG>7 %	**1000**	**1,16**	**1,13**	**249**	**82**	**193**	**138**
		887	1,03	1,00	221	73	171	122
638	Son de Maïs	**1000**	**0,98**	**0,94**	**60**	**55**	**76**	**113**
		883	0,87	0,83	53	49	67	100
639	Tourteau de Germes Pression	**1000**	**1,17**	**1,15**	**101**	**66**	**105**	**124**
		881	1,03	1,01	89	58	93	109
640	Tourteau de Germes Solvant	**1000**	**1,10**	**1,09**	**90**	**61**	**98**	**127**
		879	0,97	0,96	79	54	86	112
	Orge et Riz							
641	Drèches de Brasserie fraîches	**1000**	**0,92**	**0,84**	**239**	**156**	**223**	**189**
		205	0,19	0,17	49	32	46	39
642	Drèches de Brasserie sèches	**1000**	**0,92**	**0,84**	**239**	**156**	**223**	**189**
		850	0,78	0,71	203	133	190	161
643	Radicelles d'orge	**1000**	**0,93**	**0,88**	**197**	**51**	**165**	**108**
		896	0,84	0,79	177	46	148	97
644	Son d'orge	**1000**	**0,82**	**0,75**	**78**	**22**	**74**	**75**
		890	0,73	0,67	69	20	66	67
645	Brisures de Riz	**1000**	**1,22**	**1,24**	**59**	**51**	**68**	**105**
		876	1,07	1,09	52	45	60	92
646	Farine basse de Riz	**1000**	**1,02**	**0,97**	**109**	**76**	**109**	**101**
		893	0,91	0,87	97	68	97	90
647	Son de Riz	**1000**	**0,88**	**0,81**	**71**	**33**	**73**	**70**
		886	0,78	0,72	63	29	65	62
	GRAINES ENTIÈRES PROTÉAGINEUSES ET OLÉOPROTÉAGINEUSES							
648	Colza	**1000**	**1,24**	**1,12**	**165**	**14**	**126**	**24**
		899	1,12	1,01	148	13	113	22
649	Coton décortiqué	**1000**	**1,29**	**1,20**	**366**	**116**	**290**	**141**
		909	1,17	1,09	333	105	264	128
650	Féverole	**1000**	**1,17**	**1,17**	**251**	**28**	**175**	**104**
		865	1,01	1,01	217	24	152	90

En caractères gras : par kg de matière sèche. — En caractères maigres : par kg de produit brut.

N°	ENERGIE • teneurs (Mcal/kg MS) • digestibilité			CONSTITUANTS ORGANIQUES • teneurs (g/kg de MS) • digestibilité							CONSTITUANTS MINERAUX (g/kg de MS)		
	EB	ED	EM	MO	MAT	CB	MG	Parois	LC	Li	Cendres	P	Ca
630	**4,49**	**3,97**	**3,37**	**982**	**104**	**27**	**41**	**130**	**35**	**7**	**18**	**3,5**	**0,4**
	88			90	70								
631	**4,55**	**3,70**	**3,10**	**981**	**151**	**68**	**34**	**272**	**78**	**11**	**19**	–	–
	81			83	68								
632	**4,60**	**4,07**	**3,44**	**969**	**112**	**42**	**67**	**181**	**51**	**8**	**31**	**4,5**	**1,8**
	88			90	66								
633	**4,60**	**3,88**	**3,20**	**932**	**216**	**88**	**45**	**343**	**100**	**13**	**67**	**7,8**	**3,0**
	84			83	76								
634	**5,33**	**4,55**	**3,43**	**985**	**661**	**21**	**35**	**107**	**28**	**6**	**15**	**4,0**	**0,2**
	85			87	88								
635	**4,28**	**2,20**	**1,84**	**960**	**44**	**302**	**5**	**822**	**408**	**38**	**40**	**0,7**	**1,2**
	51			53	0								
636	**4,74**	**3,86**	**3,13**	**933**	**293**	**85**	**65**	**330**	**96**	**13**	**67**	–	–
	81			83	86								
637	**3,97**	**3,22**	**3,69**	**935**	**289**	**87**	**88**	**336**	**97**	**13**	**65**	–	–
	81			83	86								
638	**4,41**	**3,28**	**2,75**	**946**	**101**	**150**	**40**	**557**	**164**	**19**	**54**	**2,5**	**0,3**
	74			76	59								
639	**4,68**	**3,84**	**3,22**	**952**	**146**	**72**	**82**	**285**	**82**	**11**	**48**	**4,7**	**0,6**
	82			82	69								
640	**4,32**	**3,59**	**3,01**	**952**	**135**	**79**	**17**	**310**	**89**	**12**	**48**	**5,0**	**0,9**
	83			83	67								
641	**5,10**	**3,36**	**2,71**	**950**	**300**	**150**	**86**	**525**	**206**	**47**	**50**	**5,7**	**3,3**
	66			64	80								
642	**5,10**	**3,36**	**2,71**	**950**	**300**	**150**	**86**	**525**	**206**	**47**	**50**	**5,7**	**3,3**
	66			64	80								
643	**4,43**	**3,20**	**2,64**	**935**	**255**	**12**	**23**	**94**	**10**	**6**	**65**	**7,5**	**2,7**
	72			74	77								
644	**4,38**	**2,86**	**2,38**	**937**	**118**	**187**	**32**	**539**	**239**	**28**	**63**	–	–
	65			67	66								
645	**4,34**	**3,83**	**3,27**	**989**	**83**	**15**	**14**	**25**	**18**	**4**	**11**	**1,5**	**0,4**
	88			90	71								
646	**4,88**	**3,49**	**2,92**	**886**	**158**	**75**	**169**	**181**	**93**	**23**	**114**	**1,7**	**0,4**
	71			73	69								
647	**4,66**	**3,05**	**2,55**	**877**	**124**	**129**	**137**	**318**	**159**	**53**	**123**	**15,0**	**0,7**
	65			67	57								
648	**6,71**	**4,36**	**3,56**	**944**	**217**	**68**	**457**	**199**	**116**	**41**	**56**	**5,3**	**3,3**
	65			62	76								
649	**6,44**	**4,73**	**3,66**	**953**	**431**	**30**	**334**	**474**	**324**	**93**	**47**	**8,5**	**2,1**
	73			75	85								
650	**4,42**	**3,95**	**3,14**	**958**	**302**	**90**	**16**	**171**	**108**	**3**	**42**	**7,0**	**1,3**
	89			91	83								

En caractères gras : par kg de matière sèche. – En caractères maigres : digestibilité.

N°	Aliments	MS (g/kg)	VALEUR ENERGETIQUE (g/kg MS)		VALEUR AZOTEE (g/kg MS)			
			UFL	UFV	MAD	PDIA	PDIN	PDIE
651	Haricot	**1000**	**1,12**	**1,10**	**205**	**23**	**154**	**94**
		880	0,99	0,97	180	20	135	83
652	Lentille	**1000**	**1,13**	**1,11**	**229**	**25**	**169**	**97**
		880	0,99	0,98	202	22	149	85
653	Lin	**1000**	**1,46**	**1,41**	**207**	**33**	**146**	**64**
		880	1,29	1,24	182	29	128	56
654	Lupin blanc	**1000**	**1,25**	**1,23**	**352**	**13**	**230**	**82**
		867	1,08	1,07	305	11	199	71
655	Pois	**1000**	**1,16**	**1,16**	**223**	**23**	**155**	**100**
		857	0,99	0,99	191	20	133	86
656	Soja	**1000**	**1,23**	**1,19**	**350**	**38**	**244**	**86**
		881	1,08	1,05	308	34	215	76
657	Soja extrudé	**1000**	**1,24**	**1,20**	**350**	**194**	**294**	**226**
		880	1,09	1,10	308	167	259	199
658	Tournesol	**1000**	**1,17**	**1,05**	**149**	**17**	**106**	**28**
		933	1,09	0,98	139	16	99	26
659	Vesce	**1000**	**1,15**	**1,14**	**264**	**29**	**181**	**101**
		890	1,02	1,02	235	26	161	90
	SOUS-PRODUITS DES GRAINES PROTEÁGINEUSES ET OLÉOPROTÉAGINEUSES							
	Tourteaux							
660	Arachide 48	**1000**	**1,14**	**1,12**	**466**	**133**	**345**	**192**
		886	1,01	0,99	413	118	306	170
661	Arachide 50	**1000**	**1,12**	**1,10**	**499**	**141**	**365**	**199**
		903	1,01	0,99	451	127	330	180
662	Arachide Expeller	**1000**	**1,20**	**1,17**	**485**	**137**	**355**	**190**
		938	1,13	1,10	455	129	333	178
663	Arachide traité	**1000**	**1,09**	**1,06**	**526**	**249**	**418**	**295**
		885	0,96	0,94	466.	220	370	261
664	Cacao	**1000**	**0,54**	**0,44**	**85**	**26**	**85**	**53**
		866	0,47	0,38	74	23	74	46
665	Colza 35	**1000**	**1,06**	**1,02**	**325**	**101**	**253**	**160**
		891	0,94	0,91	290	90	225	143
666	Colza importé	**1000**	**1,02**	**0,96**	**352**	**108**	**271**	**163**
		901	0,83	0,78	317	97	244	141
667	Colza 35 tanné	**1000**	**1,06**	**1,02**	**319**	**226**	**288**	**272**
		891	0,94	0,91	284	201	257	242
668	Coprah	**1000**	**0,99**	**0,96**	**192**	**131**	**185**	**186**
		900	0,89	0,86	173	118	167	167
669	Coton déshuilé	**1000**	**0,92**	**0,84**	**396**	**170**	**316**	**213**
		899	0,83	0,76	356	153	284	191
670	Lin déshuilé	**1000**	**1,04**	**0,99**	**325**	**135**	**261**	**184**
		892	0,93	0,88	290	120	233	164
671	Lin Expeller	**1000**	**1,06**	**1,02**	**291**	**123**	**237**	**170**
		909	0,96	0,93	265	112	215	155
672	Palmiste	**1000**	**1,05**	**1,02**	**165**	**127**	**164**	**185**
		900	0,95	0,92	149	114	148	167

En caractères gras : par kg de matière sèche. — En caractères maigres : par kg de produit brut.

N°	ENERGIE • teneurs (Mcal/kg MS) • digestibilité			CONSTITUANTS ORGANIQUES • teneurs (g/kg de MS) • digestibilité							CONSTITUANTS MINERAUX (g/kg de MS)		
	EB	ED	EM	MO	MAT	CB	MG	Parois	LC	Li	Cendres	P	Ca
651	**4,50**	**3,75**	**3,03**	**956**	**257**	**51**	**19**	**162**	**74**	**3**	**44**	**5,1**	**1,3**
	83			85	80								
652	**4,61**	**3,84**	**3,09**	**964**	**281**	**49**	**19**	**160**	**72**	**3**	**36**	**4,5**	**1,1**
	83			85	81								
653	**6,38**	**5,00**	**4,04**	**945**	**251**	**77**	**379**	**142**	**84**	**36**	**55**	**6,9**	**2,4**
	78			80	82								
654	**5,01**	**4,42**	**3,39**	**955**	**399**	**161**	**104**	**229**	**172**	**17**	**45**	**4,6**	**2,0**
	88			90	88								
655	**4,39**	**3,85**	**3,11**	**963**	**259**	**61**	**15**	**167**	**76**	**6**	**37**	**4,6**	**0,9**
	88			90	86								
656	**5,48**	**4,41**	**3,42**	**939**	**402**	**74**	**213**	**146**	**92**	**7**	**61**	**6,4**	**2,8**
	81			82	87								
657	**5,48**	**4,44**	**3,44**	**939**	**402**	**74**	**213**	**146**	**92**	**7**	**61**	**6,4**	**2,8**
	81			82	87								
658	**6,70**	**4,18**	**3,41**	**961**	**174**	**164**	**485**	**294**	**200**	**56**	**39**	**4,8**	**1,8**
	62			64	86								
659	**4,57**	**3,91**	**3,12**	**948**	**296**	**74**	**24**				**52**	**5,1**	**1,8**
	85			87	89								
660	**4,73**	**4,16**	**3,12**	**936**	**524**	**74**	**16**	**150**	**101**	**26**	**64**	**6,6**	**1,8**
	88			84	89								
661	**4,74**	**4,17**	**3,09**	**937**	**555**	**108**	**19**	**176**	**133**	**38**	**63**	**6,6**	**1,8**
	88			84	90								
662	**4,98**	**4,39**	**3,28**	**937**	**539**	**71**	**76**	**148**	**99**	**25**	**63**	**6,6**	**1,8**
	88			84	90								
663	**4,67**	**4,11**	**3,01**	**923**	**586**	**118**	**9**	**184**	**142**	**42**	**77**	**6,6**	**1,8**
	88			84	90								
664	**4,33**	**2,08**	**1,67**	**903**	**232**	**161**	**20**				**97**	**1,3**	**2,6**
	48			48	37								
665	**4,62**	**3,79**	**2,93**	**923**	**391**	**129**	**26**	**302**	**193**	**79**	**77**	**12,4**	**8,4**
	82			82	83								
666	**4,50**	**3,69**	**2,83**	**899**	**418**	**120**	**26**	**287**	**182**	**74**	**101**	–	–
	82			82	84								
667	**4,62**	**3,79**	**2,93**	**923**	**391**	**129**	**26**	**302**	**193**	**79**	**77**	**12,4**	**8,4**
	82			82	82								
668	**4,27**	**3,42**	**2,73**	**922**	**239**	**178**	**18**	**580**	**316**	**78**	**78**	**6,6**	**2,0**
	80			80	80								
669	**4,82**	**3,47**	**2,62**	**936**	**466**	**127**	**20**	**232**	**138**	**32**	**64**	**11,0**	**2,2**
	72			72	85								
670	**4,78**	**3,73**	**2,89**	**936**	**377**	**118**	**58**	**236**	**149**	**58**	**64**	**9,4**	**4,7**
	78			78	86								
671	**4,85**	**3,79**	**2,97**	**932**	**343**	**115**	**89**	**233**	**147**	**56**	**68**	**9,5**	**3,7**
	78			78	85								
672	**4,48**	**3,59**	**2,90**	**957**	**206**	**167**	**19**	**632**	**241**	**103**	**43**	**6,7**	**3,1**
	80			80	80								

En caractères gras : par kg de matière sèche. – En caractères maigres : digestibilité.

N°	Aliments	MS (g/kg)	VALEUR ENERGETIQUE (g/kg MS)		VALEUR AZOTEE (g/kg MS)			
			UFL	UFV	MAD	PDIA	PDIN	PDIE
673	Sésame Expeller	**1000**	**1,17**	**1,13**	**410**	**129**	**305**	**174**
		920	1,08	1,04	377	119	281	160
674	Soja 44	**1000**	**1,14**	**1,12**	**438**	**185**	**348**	**241**
		872	0,99	0,98	382	161	303	210
675	Soja 46	**1000**	**1,16**	**1,15**	**454**	**192**	**360**	**249**
		878	1,02	1,01	399	169	316	219
676	Soja 48	**1000**	**1,17**	**1,16**	**468**	**198**	**371**	**254**
		883	1,03	1,02	413	175	328	224
677	Soja 50	**1000**	**1,18**	**1,17**	**491**	**207**	**388**	**263**
		878	1,04	1,03	431	182	341	231
678	Soja 48 tanné	**1000**	**1,17**	**1,16**	**460**	**338**	**421**	**382**
		888	1,04	1,03	408	300	374	339
679	Tournesol 30	**1000**	**0,66**	**0,56**	**285**	**73**	**218**	**111**
		896	0,59	0,50	255	65	195	99
680	Tournesol 35	**1000**	**0,81**	**0,72**	**326**	**82**	**245**	**128**
		895	0,73	0,64	292	73	219	115
681	Tournesol 42	**1000**	**0,95**	**0,88**	**441**	**108**	**321**	**159**
		906	0,86	0,80	400	98	291	144
	Enveloppes							
682	Arachide	**1000**	**0,20**	**0,09**	**37**	**49**	**67**	**59**
		900	0,18	0,08	33	44	60	53
683	Cacao	**1000**	**0,22**	**0,11**	**27**	**9**	**80**	**18**
		900	0,20	0,10	24	8	72	16
684	Colza	**1000**	**0,87**	**0,75**	**118**	**76**	**127**	**98**
		870	0,76	0,65	103	66	110	85
685	Coton	**1000**	**0,57**	**0,46**	**29**	**29**	**55**	**68**
		910	0,52	0,42	26	26	50	62
686	Féverole	**1000**	**0,73**	**0,64**	**89**	**75**	**106**	**120**
		880	0,64	0,56	78	66	93	106
687	Pois	**1000**	**1,09**	**1,07**	**73**	**31**	**75**	**99**
		890	0,97	0,95	65	28	67	88
688	Soja	**1000**	**1,01**	**0,97**	**83**	**49**	**88**	**111**
		920	0,93	0,89	76	45	81	102
689	Tournesol	**1000**	**0,18**	**0,08**	**3**	**16**	**26**	**27**
		910	0,16	0,07	3	15	24	25
	SOUS-PRODUITS DES FRUITS ET LÉGUMES							
690	Pulpes d'agrumes déshydratées	**1000**	**1,11**	**1,10**	**34**	**21**	**47**	**90**
		902	1,00	0,99	31	19	42	81
691	Écarts de pommes	**1000**	**1,05**	**1,04**	**23**	**5**	**16**	**75**
		220	0,23	0,23	5	1	4	17
692	Marc de pommes déshydraté	**1000**	**0,73**	**0,63**	**34**	**39**	**61**	**85**
		941	0,69	0,59	32	37	57	80
693	Marc de raisins épépiné	**1000**	**0,30**	**0,18**	**26**	**33**	**55**	**36**
		670	0,20	0,12	17	22	37	24
694	Pulpe de raisins	**1000**	**0,25**	**0,14**	**0**	**28**	**32**	**40**
		903	0,23	0,13	0	25	29	36
695	Tourteau de pépins	**1000**	**0,25**	**0,14**	**11**	**16**	**44**	**31**
		890	0,22	0,13	10	14	39	27

En caractères gras : par kg de matière sèche. — En caractères maigres : par kg de produit brut.

N°	ENERGIE • teneurs (Mcal/kg MS) • digestibilité			CONSTITUANTS ORGANIQUES • teneurs (g/kg de MS) • digestibilité							CONSTITUANTS MINERAUX (g/kg de MS)		
	EB	ED	EM	MO	MAT	CB	MG	Parois	LC	Li	Cendres	P	Ca
673	**5,09**	**4,22**	**3,28**	**888**	**457**	**63**	**120**				**112**	**12,9**	**21,1**
	83			83	90								
674	**4,61**	**4,10**	**3,10**	**917**	**488**	**84**	**22**	**163**	**104**	**8**	**83**	**7,0**	**3,4**
	89			88	90								
675	**4,65**	**4,18**	**3,16**	**925**	**505**	**72**	**20**	**143**	**89**	**7**	**75**	**7,4**	**3,4**
	90			89	90								
676	**4,66**	**4,24**	**3,18**	**927**	**520**	**70**	**23**	**140**	**87**	**7**	**73**	**7,8**	**3,4**
	91			90	90								
677	**4,65**	**4,27**	**3,20**	**925**	**544**	**47**	**28**	**102**	**59**	**6**	**75**	**7,8**	**3,0**
	92			91	90								
678	**4,66**	**4,24**	**3,19**	**927**	**520**	**70**	**23**	**140**	**87**	**7**	**73**	**7,8**	**3,4**
	91			90	88								
679	**4,61**	**2,58**	**1,99**	**925**	**337**	**254**	**29**	**410**	**292**	**93**	**75**	**5,7**	**3,9**
	56			55	85								
680	**4,65**	**3,07**	**2,84**	**923**	**380**	**228**	**21**	**377**	**266**	**82**	**77**	**10,3**	**3,1**
	66			65	86								
681	**4,73**	**3,59**	**2,69**	**916**	**497**	**155**	**26**	**282**	**191**	**52**	**84**	**9,9**	**2,8**
	76			75	89								
682	**4,78**	**0,86**	**0,67**	**973**	**92**	**656**	**28**	**749**	**617**	**259**	**27**	**0,4**	**2,0**
	18			20	40								
683	**4,47**	**0,91**	**0,74**	**915**	**183**	**167**	**50**	**534**	**376**	**167**	**85**	**0,4**	**0,3**
	20			22	15								
684	**5,62**	**3,26**	**2,57**	**957**	**197**	**368**	**208**	**472**	**342**	**174**	**42**	**1,5**	**14,2**
	58			56	60								
685	**4,55**	**2,20**	**1,75**	**958**	**81**	**547**	**19**				**42**	**1,1**	**1,4**
	48			50	36								
686	**4,54**	**2,69**	**2,15**	**962**	**162**	**344**	**9**	**647**	**546**	**33**	**38**		
	59			61	55								
687	**4,46**	**3,72**	**2,97**	**936**	**115**	**438**	**20**				**64**		
	83			85	63								
688	**4,46**	**3,50**	**2,80**	**938**	**138**	**370**	**22**	**622**	**446**	**19**	**62**	**1,8**	**4,3**
	78			80	60								
689	**4,67**	**0,77**	**0,61**	**973**	**49**	**604**	**27**	**859**	**647**	**234**	**27**	**2,2**	**4,3**
	16			18	7								
	4,26	**3,55**	**2,98**	**935**	**70**	**137**	**28**	**223**	**158**	**14**	**65**	**1,3**	**23,0**
	83			85	49								
691	**4,27**	**3,35**	**2,87**	**981**	**22,7**	**68**	**18**				**19**	**0,6**	**0,6**
	78			80	80								
692	**4,65**	**2,62**	**2,16**	**981**	**79**	**256**	**39**	**478**	**354**	**121**	**19**	**1,6**	**1,9**
	56			58	43								
693	**4,73**	**1,25**	**0,98**	**888**	**172**	**403**	**97**	**777**	**685**	**536**	**112**	**2,5**	**6,0**
	26			28	15								
694	**4,44**	**1,04**	**0,84**	**959**	**120**	**372**	**7**	**754**	**653**	**499**	**41**	**4,0**	**8,0**
	23			25	0								
695	**4,59**	**1,07**	**0,85**	**962**	**112**	**503**	**16**	**847**	**751**	**644**	**38**	**1,3**	**6,6**
	23			25	0								

En caractères gras : par kg de matière sèche. — En caractères maigres : digestibilité.

N°	Aliments	MS (g/kg)	VALEUR ENERGETIQUE (g/kg MS)		VALEUR AZOTEE (g/kg MS)			
			UFL	UFV	MAD	PDIA	PDIN	PDIE
696	Pulpes de tomates	**1000** 270	**0,60** 0,16	**0,47** 0,13	**141** 38	**75** 20	**130** 35	**107** 29
697	Haricots	**1000** 90	**0,88** 0,08	**0,83** 0,08	**157** 14	**65** 6	**127** 11	**112** 10
698	Petits Pois	**1000** 120	**0,91** 0,11	**0,86** 0,10	**172** 21	**61** 7	**135** 16	**109** 13
	ALIMENTS D'ORIGINE ANIMALE							
700	Lactosérum	**1000** 62	**1,15** 0,07	**1,18** 0,07	**116** 7	**0** 0	**74** 5	**77** 5
	ALIMENTS DIVERS							
701	Levure de brasserie	**1000** 900	**1,06** 0,95	**1,04** 0,94	**440** 396	**92** 83	**324** 292	**153** 138
702	Urée	**1000** 980	**0** 0	**0** 0	**0** 0	**0** 0	**1472** 1443	**0** 0

En caractères gras : par kg de matière sèche. — En caractères maigres : par kg de produit brut.

N°	ENERGIE • **teneurs (Mcal/kg MS)** • digestibilité			CONSTITUANTS ORGANIQUES • **teneurs (g/kg de MS)** • digestibilité							CONSTITUANTS MINERAUX (g/kg de MS)		
	EB	ED	EM	MO	MAT	CB	MG	Parois	LC	Li	Cendres	P	Ca
696	**5,12**	**2,36**	**1,85**	**959**	**189**	**423**	**108**	**579**	**457**	**262**	**41**	**5,5**	**4,0**
	46			56	75								
697	**4,20**	**3,09**	**2,48**	**870**	**195**	**210**	**27**	**350**	**210**	**15**	**130**	**3,0**	**10,0**
	73			75	81								
698	**4,38**	**3,21**	**2,58**	**890**	**210**	**210**	**40**	**350**	**210**	**15**	**110**	**3,0**	**9,0**
	73			75	82								
700	**3,87**	**3,58**	**3,00**	**885**	**129**		**8**				**115**	**10**	**19**
	92			94	90								
701	**4,57**	**2,57**	**2,15**	**918**	**518**	**17**	**14**				**82**	**14,7**	**1,9**
	84			85									
702					**2875**								

En caractères gras : par kg de matière sèche. – En caractères maigres : digestibilité.

9. Annexes

Annexe 9.1. — Correction des valeurs UF et UE des ensilages d'herbes.

Un fourrage donné peut avoir, dans la pratique, une teneur en matière sèche à la mise en silo variable selon les conditions d'exploitation et perdre des quantités également variables d'eau et d'éléments nutritifs très digestibles. Pour les ensilages dont la teneur en matière sèche est différente de celle des ensilages correspondants des Tables, il conviendra de corriger la valeur énergétique, ainsi que la valeur d'encombrement pour les bovins.

La valeur énergétique lue dans les Tables sera corrigée à partir de la différence de teneur en matière sèche (MS) entre l'ensilage considéré et celui des Tables. On ne prendra en compte que les points de matière sèche inférieurs à 22 p. 100 car, au dessus de cette teneur, on peut considérer que les pertes dans les jus sont trop faibles pour modifier la valeur UF.

Différence de teneur en MS (en points)	Correction des valeurs UFL ou UFV des Tables
−5	−0,04
−4	−0,03
−3	−0,02
−2	−0,01
−1	−0,01
0	0
+1	+0,01
+2	+0,01
+3	+0,02
+4	+0,03
+5	+0,04

Exemple d'un ensilage de ray-grass d'Italie récolté au stade début épiaison, en coupe fine et sans conservateur (aliment n° 410), et dont la teneur en MS n'est pas de 19 p. 100 mais de 15 p. 100. La différence de teneur est de $15-19=-4$ points et la valeur UFL corrigée est de $0{,}90-0{,}03=0{,}87$.

Les valeurs UEB ou UEL lues dans les Tables seront corrigées (et non la valeur UEM car les ovins sont peu sensibles à la teneur en matière sèche des ensilages) en les multipliant par un coefficient K :

$$K = \frac{\text{valeur UE relative (UER) de l'ensilage considéré}}{\text{valeur UE relative (UER) de l'ensilage des Tables}}$$

Ces deux valeurs UER expriment la valeur UE des ensilages en proportion de celle du fourrage vert sur pied (base 100). Elles sont lues dans le tableau ci-dessous pour les teneurs en matière sèche correspondantes et selon les conditions de préparation des ensilages.

Catégorie de bovins	Teneur MS ensilage p. 100	Brins courts		Brins longs	
		sans conservateur	avec conservateur	sans conservateur	avec conservateur
Bovins en croissance et à l'engrais	15	136,7	118,0	161,6	139,0
	16	133,8	116,2	158,3	136,9
	17	131,1	114,5	155,2	134,9
	18	128,4	112,9	152,2	132,9
	19	125,8	111,3	149,3	131,0
	20	123,4	109,8	146,5	129,1
	21	121,0	108,2	143,8	127,3
	22	118,8	106,8	141,3	125,5
	23	116,6	105,4	138,8	123,8
	24	114,5	104,0	136,4	122,2
	25	112,4	102,6	134,0	120,6
Vaches laitières	15	122,2	111,5	134,8	123,6
	16	120,7	110,4	133,2	122,5
	17	119,1	109,4	131,7	121,4
	18	117,6	108,4	130,2	120,3
	19	116,2	107,4	128,8	119,2
	20	114,7	106,4	127,4	118,2
	21	113,3	105,4	126,0	117,1
	22	112,0	104,5	124,7	116,1
	23	110,7	103,6	123,3	115,1
	24	109,4	102,6	122,0	114,1
	25	108,1	101,8	120,8	113,2

Exemple du même ensilage que précédemment (aliment 410, valeur UEB = 1,30) dont la teneur en matière sèche n'est pas de 19 p. 100 comme dans les Tables mais de 15 p. 100. Les valeurs d'encombrement relatives pour les bovins en croissance lues dans le tableau ci-dessus sont de 136,7 pour l'ensilage à 15 p. 100 et 125,8 pour l'ensilage à 19 p. 100.

La valeur UEB corrigée est égale à $1{,}30 \times \frac{136{,}7}{125{,}8} = 1{,}41$.

ANNEXE 9.2. — Apports recommandés en P et Ca et teneurs de quelques aliments.

Animaux	Apports recommandés[1] (g/kg MS ration totale)		Aliments	Teneurs (g/kg MS)	
	P	Ca		P	Ca
Vache laitière			**Fourrages verts**		
Fin gestation	2,3-2,8	3,6-4,2	Graminées 1er		
(13-15 kg MSI)			cycle	3,2-5,4	4,0-7,0
			Cycles suivants	2,5-5,0	3,4-8,0
20 kg de lait	3,8-4,0	6,5-7,2	Prairie nat. 1er cycle	2,6-4,6	5,4-7,0
(16-17 kg MSI)			Cycles suivants	3,0-4,5	6,5-10,0
40 kg de lait	3,7-3,9	7,0-7,3	Légumineuses		
(22-23 kg MSI)			1er cycle	2,5-4,5	12,5-15,5
			Cycles suivants	2,0-4,0	13,5-20,0
Bovins viande			**Foins**		
100-200 kg			Graminées		
700 g/jour	3,5-4,0	5,5-6,0	bon	2,0-4,5	3,5-7,0
1 400 g/jour	5,5-6,0	9,0-10,0	mauvais	1,4-3,0	2,4-5,0
200-400 kg			Prairie naturelle		
			bon	2,5-4,0	3,0-8,0
700 g/jour	3,2-3,8	5,5-6,5	mauvais	2,0-3,0	3,0-6,0
1 400 g/jour	4,5-5,0	8,0-9,5	Légumineuses		
400-600 kg			bon	2,5-3,5	13,0-20,0
700 g/jour	3,5-3,8	5,0-5,5	mauvais	1,5-3,0	10,0-15,0
1 400 g/jour	4,5-5,0	7,5-8,0	**Ensilage**		
			Graminées	2,5-3,0	2,5-4,5
Ovins en			Maïs	1,5-3,0	1,8-4,5
croissance			Prairie naturelle	2,5-3,5	4,5-7,5
<200 g/jour	3,0	5,0-6,0	Légumineuses	2,5-3,5	13,5-17,5
>200 g/jour	3,5-4,0	7,0-9,0	**Choux**	2,0-5,0	10,0-20,0
Brebis			**Colza**	3,0-5,0	10,0-20,0
gestante	3,5	7,0-8,0	**Betteraves**		
			Fourragère	1,5-3,0	1,5-6,0
Brebis début			Pulpes surpressées	1,0-1,2	8,0-40,0
lactation	4,0	7,0-8,0	**Paille céréale**	0,5-1,5	2,5-4,0
Chèvre			**Céréales grain**	2,5-4,5	0,6-1,5
laitière			**Manioc**	0,5-1,5	1,0-2,5
			Tourteau soja	7,0-8,5	2,2-3,4
<3 litres	3,5	6,0-7,0	**Tourteau colza**	10,0-13,0	6,5-9,5
>3 litres	3,5	7,5-8,5	**Tourteau arachide**	5,5-7,0	1,0-2,5

(1) Ces concentrations impliquent que les animaux consomment les quantités de matière sèche indiquées dans les tableaux d'apports alimentaires recommandés pour chaque catégorie.

ANNEXE 9.3. — Apports recommandés en oligo-éléments et seuils de toxicité (mg/kg MS de la ration)

Élément	Limite de carence	Apport recommandé	Limite de toxicité
Cu	7	10	Ovins : 15 Bovins : 30
Co	0,07	0,1	10
I	0,15	0,2-0,8	8
Mn	45	50	1 000
Zn	45	50	250
Se	0,1	0,1	0,5
Mo	—	—	3

ANNEXE 9.4. — Apports vitaminiques recommandés (en UI/kg MS de la ration) (d'après le National Research Council des U.S.A.)

	Vitamine A	Vitamine D	Vitamine E
Vaches taries 600 kg	4 000	1 200	15
Vaches laitières en début de lactation (0-3 semaines)	4 000	1 000	15
Vaches laitières en pleine lactation	3 200	1 000	15
Vaches allaitantes	3 900		
Taureaux	3 200	300	15
Génisses et taurillons en croissance	2 200	300	25
Veaux : aliment d'allaitement	3 750	600	40
Veaux : aliment concentré	2 200	300	25
Brebis à l'entretien et en début de gestation	2 700		15
Brebis au dernier mois de gestation	3 300		15
Brebis en lactation	2 400		15
Agneau 20 kg	950		15
Agnelle 40 kg	1 350		15
Belier 80 kg	2 000		15
Teneurs maximales tolérables	66 000	2 200	2 000

ANNEXE 9.5. — Valeurs approximatives des quantités d'eau totale ingérées (en kg par kg de matière sèche ingérée) par les ruminants en stabulation hivernale ($t° < 15$ °C)[1]

Bovins	
Veau pendant la phase d'allaitement	6,0-7,0
Bovins en croissance ou à l'engrais	3,5
Vaches en fin de gestation	4,0-5,0
Vaches en lactation	4,5-5,5
Ovins	
Ovins en croissance ou à l'engrais	2,0
Brebis à l'entretien ou en début de gestation	2,0-2,5
Brebis en fin de gestation :	
1 agneau	3,0-3,5
2 ou 3 agneaux	3,5-4,5
Brebis en lactation	
1er mois	4,0-4,5
mois suivants	4,0-3,0
Caprins	
Chèvres en début de gestation	2,0-3,0
Chèvres en fin de gestation	3,5-4,0
Chèvres en lactation	4,0-3,0

(1) Quantités à augmenter de 30 p. 100, 50 p. 100 et 100 p. 100 respectivement pour des températures de 20°, 25° et 30°C.

ANNEXE 9.6. — Quelques définitions

Apports alimentaires recommandés (ou recommandations alimentaires) : quantités d'énergie ou d'éléments nutritifs que l'animal doit ingérer pour réaliser les performances souhaitées, dans la limite de ses capacités de production. Dans la plupart des cas, ces apports alimentaires couvrent les dépenses physiologiques, ou besoins nets, avec une certaine marge de sécurité ; on peut alors parler aussi de besoins alimentaires. Dans certains cas, cependant, ils ne couvrent pas la totalité des dépenses physiologiques et impliquent une mobilisation des réserves corporelles : femelles taries ou en début de lactation des troupeaux de nourrices ; femelles traites pendant les premières semaines de la lactation.

Azote alimentaire dégradable : azote des constituants azotés alimentaires qui peuvent être dégradés, ou utilisés directement (acides aminés libres, ammoniac...), par la population microbienne du rumen.

Capacité d'ingestion d'un animal : souvent appelée à tort appétit, elle désigne la quantité d'aliments que peut ingérer volontairement l'animal alimenté à volonté. Elle est fondamentalement déterminée par la dépense énergétique, donc par le niveau de production ; elle dépend aussi de caractéristiques anatomiques (taille du rumen...) et physiologiques (appétit). Exprimée en Unités d'encombrement (UE), la capacité d'ingestion devient par principe indépendante de la composition de la ration. On compare la capacité d'ingestion d'animaux différents en leur distribuant à volonté la même ration.

Cellulose brute (CB) : résidu organique obtenu à l'issue de deux hydrolyses successives (acide sulfurique 0,26 N puis potasse 0,23 N) selon une méthode dérivée de celle de la station de Weende. C'est une estimation par excès de la cellulose puisqu'il contient une fraction variable de la lignine et des hémicelluloses.

Densité énergétique (DE) : rapport de la teneur en UF de l'aliment, ou de la ration, à sa valeur d'encombrement (UF/UE), les deux valeurs étant rapportées au kg de matière sèche.

Digestibilité (apparente) : la digestibilité d'un aliment est la proportion de sa matière organique (d MO) qui disparaît dans le tube digestif :

$$\text{d MO} = \frac{\text{quantité de matière organique ingérée} - \text{quantité de matière organique des fèces}}{\text{quantité de matière organique ingérée}}$$

En plus de cette d MO, les Tables des aliments donnent la digestibilité de l'énergie (dE) et de certains constituants organiques : matières azotées, matières grasses, cellulose brute.

Encombrement du rumen : les aliments distribués sous forme non broyée, les fourrages plus particulièrement, sont retenus dans le rumen (+réseau) pendant le temps nécessaire à leur réduction en fines particules sous l'action de la mastication lors de la rumination. Ils y exercent un effet d'encombrement, mesuré par la quantité de matière sèche présente dans le rumen qui augmente en même temps que la proportion des tissus lignifiés parce qu'ils sont les plus résistants à la mastication.

Énergie nette (EN) : l'énergie nette d'un aliment est la quantité d'énergie qui contribue à couvrir les dépenses d'entretien et de production de l'animal. Elle correspond à l'énergie métabolisable diminuée des pertes d'énergie sous forme d'extra-chaleur qui se produisent au cours de l'ingestion et de la digestion de l'aliment et de l'utilisation métabolique des nutriments. Elle est exprimée en Unités fourragères (UF).

Entretien : dans la situation d'entretien, l'animal maintient constants son poids vif et sa composition corporelle et il ne produit rien, ni croît, ni lait, ni travail.

Ingestibilité d'un fourrage (néologisme) : quantité de ce fourrage (matière sèche) qui est ingérée lorsqu'il est distribué à volonté comme seul aliment. On compare l'ingestibilité des différents fourrages en les distribuant à des animaux de même capacité d'ingestion ; le mouton standard de 60 kg a été utilisé pour établir les Tables. L'ingestibilité varie fondamentalement en sens inverse de la teneur en parois lignifiées du fourrage et de l'effet d'encombrement qu'il exerce dans le rumen. Elle dépend en outre de l'appétibilité du fourrage. Elle est exprimée en Unité d'encombrement (UE) dans les Tables.

Lignine : polymère très complexe de haut poids moléculaire et de structure condensée qui incruste les parois épaisses des cellules végétables et empêche leur dégradation par la population microbienne du rumen et du gros intestin. Elle est assimilée au résidu organique obtenu après la solubilisation de tous les autres constituants.

Lignocellulose : résidu obtenu après l'hydrolyse de l'aliment par $H_2\ SO_4$ 0,5 M en présence de détergent (acide détergent fibre-ADF de Van Soest. En plus de la lignine et de la cellulose, il contient une fraction des hémicelluloses et d'autres constituants.

Matières azotées (totales) (MAT) : ensemble des constituants azotés des aliments végétaux : protéines mais aussi acides aminés libres, amides, nitrates... Elles contiennent en moyenne 16 p. 100 d'azote ; leur teneur est donc le produit de la teneur en azote de l'aliment par le facteur 6,25.

Parois cellulaires : ensemble des parois squelettiques des aliments d'origine végétale. Elles comportent quatre groupes de constituants : la cellulose, les hémicelluloses, les substances pectiques et la lignine. La teneur en parois cellulaires est estimée de façon approximative par le résidu obtenu à la suite du traitement de l'aliment par une solution aqueuse contenant un détergent neutre (neutral détergent fibre NDF de Van Soest).

Protéines vraies digestibles dans l'intestin (PDI).

PDIA : PDI qui proviennent des protéines alimentaires non dégradées dans le rumen (+réseau).

PDIM : PDI qui proviennent des protéines vraies formées par la population microbienne du rumen (+réseau).

PDIME : PDIM qui correspondent à la teneur de l'aliment en énergie fermentée dans le rumen.

PDIMN : PDIM qui correspondent à la teneur de l'aliment en azote dégradé dans le rumen.
PDIE : somme PDIA+PDIME
PDIN : somme PDIA+PDIMN

Recyclage de l'urée endogène : l'urée endogène qui arrive dans le rumen par la salive ou à travers la paroi du rumen est rapidement dégradée en ammoniac. Elle permet une augmentation de la quantité de protéines microbiennes formées dans le rumen et digérée dans l'intestin grêle, quand la quantité d'azote alimentaire dégradable est insuffisante. Il y a alors un recyclage utile à l'animal.

Taux de substitution de l'aliment concentré au fourrage (S) : rapport de la quantité de matière sèche de fourrage (kg) consommée en moins à la quantité de matière sèche d'aliment concentré consommée en plus. On distingue le taux de substitution global du taux de substitution marginal.

Unité d'encombrement (UE) : par définition, la jeune herbe de pâturage, qui a une ingestibilité de 75 g de matière sèche par kg $P^{0,75}$ chez le mouton standard (bélier castré en fin de croissance) a une valeur d'encombrement de une unité chez le mouton (1 UEM), chez la vache laitière (1 UEL) et chez les autres bovins (1 UEB) par kg de matière sèche.

Unité fourragère « lait » (UFL) : quantité d'énergie nette pour la production laitière (ENL) contenue dans un kg d'orge de référence (870 g de matière sèche ; 2 700 kcal d'énergie métabolisable). 1 UFL=1 700 kcal ou 1,70 Mcal d'ENL.

Unité fourragère « viande » (UFV) : quantité d'énergie nette (ENEV) contenue dans un kg d'orge de référence (870 g de matière sèche, 2 700 kcal d'énergie métabolisable) pour l'entretien et le croît chez l'animal à l'engrais, à un niveau de production de 1,5. 1 UFV=1 820 kcal ou 1,82 Mcal d'ENEV.

Achevé d'imprimer sur les presses de
l'imprimerie Darantiere à Dijon-Quetigny
en avril 2002

Dépôt légal : 4e trimestre 1988
N° d'impression : 22-0414